普通高等教育通识课系列教材

U0159714

Python 程序设计入门与实践

董付国　编著

西安电子科技大学出版社

内 容 简 介

全书共 9 章。第 1 章讲解 Python 开发环境的搭建与使用，标准库与扩展库对象的导入与使用，以及 Python 代码编写规范。第 2 章重点讲解内置函数和运算符的使用。第 3 章讲解选择结构、循环结构、异常处理结构的语法与应用。第 4 章讲解列表常用方法、列表推导式和切片的语法与应用、元组与生成器表达式、序列解包等内容。第 5 章讲解字典与集合的创建与使用。第 6 章讲解字符串常用方法，标准库 string、zlib、json 的基本用法，以及中英文分词、中文拼音处理、简体中文与繁体中文的转换。第 7 章讲解函数定义与调用的语法，位置参数、默认值参数、关键参数和可变长度参数的使用，变量作用域的分类与搜索顺序，lambda 表达式语法与应用、生成器函数和修饰器函数的定义与应用。第 8 章讲解文本文件和二进制文件内容读写以及文件复制、移动、重命名、删除、查看属性、文件夹遍历等操作。第 9 章通过几个案例介绍标准库 tkinter、sqlite3 在 GUI 编程和 SQLite 数据库编程方面的应用，扩展库 python-docx、openpyxl、python-pptx 对 Office 文档的简单操作，扩展库 requests、BeautifulSoup 在网络爬虫方面的应用，以及扩展库 matplotlib 在可视化领域的应用。

本书适合作为研究生、本科、专科各专业程序设计课程的教材，也可以作为 Python 工程师和爱好者的自学用书。全书代码支持 Python 3.6 以上的版本，部分代码用到了 Python 3.8 和 Python 3.9 的新特性。

图书在版编目(CIP)数据

Python 程序设计入门与实践 / 董付国编著. —西安：西安电子科技大学出版社，2021.1
(2022.8 重印)
ISBN 978-7-5606-5960-2

Ⅰ. ①P… Ⅱ. ①董… Ⅲ. ①软件工具—程序设计 Ⅳ. ①TP311.561

中国版本图书馆 CIP 数据核字(2021)第 010853 号

策　　划　刘小莉
责任编辑　阎彬
出版发行　西安电子科技大学出版社(西安市太白南路 2 号)
电　　话　(029)88202421　88201467　　　　邮　　编　710071
网　　址　www.xduph.com　　　　　　电子邮箱　xdupfxb001@163.com
经　　销　新华书店
印刷单位　西安创维印务有限公司
版　　次　2021 年 1 月第 1 版　2022 年 8 月第 5 次印刷
开　　本　787 毫米×1092 毫米　1/16　印 张　20.5
字　　数　487 千字
印　　数　8501～11 500 册
定　　价　53.00 元
ISBN 978 - 7 - 5606 - 5960 - 2 / TP
XDUP　6262001-5
如有印装问题可调换

前　　言

自 1991 年发行第一个版本以来，Python 一直是信息安全领域人士必须掌握的编程语言之一，近几年迅速渗透到数据采集、数据分析、数据挖掘、数据可视化、科学计算、人工智能、网站开发、系统运维、办公自动化、游戏策划与开发、图像处理、计算机图形学、虚拟现实、音频处理、视频处理、辅助设计与辅助制造、移动终端开发等众多领域，展示出了强大的生命力和良好的生态。截至 2021 年 2 月，Python 扩展库索引网站 https://pypi.org/维护的各领域扩展库已经有超过 29 万个项目，并且每天都有新的成员加入到这个大家庭中。

目前国内外很多高校和中小学已经开设了 Python 程序设计相关的课程，部分学校还建设了以 Python 为中心的课程群，可以说 Python 已经全面进入大众视野。尽管如此，仍有很多 Python 开发者和任课老师并不是很熟悉 Python，只是到处复制一些代码来用，一旦代码出现问题就茫然无措，不知从何处下手调试和解决。网上搜索到的答案良莠不齐，初学者难以判断真假，甚至有的答主都不知道自己在说什么，答非所问、似是而非的情况比比皆是。

针对以上状况，本书内容的组织是这样的：首先详细介绍 Python 开发环境的搭建与使用，然后讲解内置函数、内置数据类型、运算符、程序控制结构、自定义函数、文件操作以及常用标准库的用法，最后通过几个综合案例演示 Python 的实战应用。通过大量演示性代码和例题，本书展示了 Python 基础语法的细节和应用，还介绍了很多学习方法和常见错误解决方法，并且把一些标准库和扩展库的用法以及代码调试方法分散融入到相应的演示性代码和案例中，几乎每一句话、每一行代码都是知识。

本书适合作为研究生、本科、专科各专业的程序设计课程教材，也可以作为 Python 工程师和爱好者的自学用书。在阅读和学习时读者需要注意以下几点：

(1) 至少把书从头到尾认真阅读三遍以上，不要以为把书买回来或发到手以后写上自己的名字就学会了。

(2) 至少把书中的演示性代码和例题代码亲自输入、调试、运行一遍，一定要自己对着书敲代码，即使有源码文件，也尽量不要拿来直接运行，避免一看就会一写就错。

(3) 学习书中代码时遇到不懂的要多查官方文档，做一些必要的笔记作为补充。直接记在书上空白处即可，不必使用专门的笔记本。

(4) 多思考每个案例的知识点能解决什么问题，不同案例组合之后能够解决什么问题。理解和熟练掌握书中代码之后，尝试做一些修改、集成和二次开发来实现实际生活和工作中的更多功能，这样会提高得更快。

(5) 学会学习比学习知识本身更重要。本书开始策划时刚刚有 Python 3.8，写完时 Python 3.9 已经发行了，并且 Python 3.10 已经开始设计，估计大家学完这本书的时候最新版本就变成 Python 3.10 了，几乎所有扩展库也会保持同样的更新速度。虽然 Python 语言的版本更新速度很快，但好处在于向下兼容(本书不考虑 Python 2.x)。本书中涉及基础语法和标准库的内容完全可以在新版本中使用。扩展库就不一定了，在版本升级时很多用法会发生改变，使用低版本扩展库编写的代码在升级扩展库之后无法运行是很常见的事情。所以，学习书中知识是一方面，更重要的是体会和理解这些知识，掌握学习方法和调试代码的方法，升级到新版本后能够以最短的时间熟悉并运用新特性。

本书为授课教师提供教学大纲、课件、源码、习题答案等教学资源，部分难度较大的案例还提供了相应的视频讲解二维码，同时还提供了讲解课程思政切入点与案例分享的微课视频。读者可以通过扫描书中二维码以及登录西安电子科技大学出版社官方网站获取这些资源，也可以通过微信公众号"Python 小屋"直接联系作者反馈问题和交流。

董付国

2020 年 9 月

课程思政

目　录

第1章

Python 开发环境的搭建与使用

本章 学习目标 ▶▶

➢ 了解 Python 语言的应用领域
➢ 了解 Python 语言的特点
➢ 熟练安装 Python 和 Anaconda3
➢ 熟练安装 Python 扩展库
➢ 了解 IDLE、Jupyter Notebook 和 Spyder 这几个开发环境的简单使用
➢ 了解标准库对象和扩展库对象的导入和使用方法以及常见问题与解决方法
➢ 了解 Python 代码编写规范

1.1　Python 语言特点与应用领域

1991 年推出第一个发行版本之后，Python 语言迅速得到了信息安全领域相关人员的认可，多年来一直是黑客技术相关领域从业人员的必备语言之一。近些年来，随着大数据与人工智能的发展，Python 迅速进入大众视野，成为众多应用领域的首选语言之一。经过 30 年的发展，目前 Python 已经渗透到几乎所有领域，包括但不限于：

• 计算机安全、网络安全、软件漏洞挖掘、软件逆向工程、软件测试与分析、电子取证、密码学；
• 数据采集、数据分析与处理、机器学习、深度学习、自然语言处理、推荐系统构建；
• 统计分析、科学计算、符号计算、可视化；
• 计算机图形学、图像处理、音乐编程、语音识别、视频采集、视频处理、动画制作、游戏设计与策划；
• 网站开发、套接字编程、网络爬虫、系统运维；
• 树莓派、无人机、移动终端应用开发、电子电路设计；
• 辅助教育、辅助设计、办公自动化。

Python 是一门跨平台、开源、免费的解释型高级动态编程语言，是一种通用编程语言。除了可以解释执行之外，Python 还可以把源代码伪编译为字节码来优化程序，提高加载速度并对源代码进行一定程度的保密(但实际很容易反编译还原源代码，本书

不做介绍），也支持使用 py2exe、pyinstaller、cx_Freeze、py2app 或其他类似工具将 Python 程序及其所有依赖库打包为特定平台上的可执行文件，从而可以脱离 Python 解释器环境和相关依赖库，在其他同类平台上独立运行，同时也可以起到更好的源代码保护作用。

与其他编程语言相比，Python 语言具有非常明显的特点和优势，例如：

• 以快速解决问题为主要出发点，不涉及过多的计算机底层知识，需要记忆的语言细节少，可以快速入门。

• 支持命令式编程、函数式编程，支持面向对象程序设计，其中函数式编程模式可以让代码更优雅。

• 语法简洁清晰，代码布局优雅，可读性和可维护性强。在编写 Python 程序时，强制要求的缩进使得代码排版非常漂亮并且方便人们阅读，建议适当添加的空行和空格使得代码不至于过度密集，大幅度提高了代码的可读性和可维护性。

• 内置数据类型、内置模块和标准库提供了大量功能强大的操作和对象。很多在其他编程语言中需要十几行甚至几十行代码才能实现的功能，在 Python 中被封装为一个函数，直接调用即可，降低了非计算机专业人士学习和使用 Python 的门槛。

• 拥有大量的几乎支持所有领域应用开发的成熟扩展库和狂热支持者。2020 年 8 月的数据显示，PyPI(Python Pachage Index，Python 第三方库的仓库)已经收录了超过 25 万个扩展库项目，可以快速解决不同领域的问题。

1.2 Python 安装与 IDLE 简单使用

如果已经使用低版本 Python 语言编写了很多代码甚至是应用软件的话，升级为高版本之前一定要慎重考虑，因为 Python 语言在版本升级过程中有些内置函数、标准库函数会略有变化，扩展库函数的用法可能会有较大调整，从而导致升级 Python 版本尤其是扩展库版本后无法再运行以前的程序。但对于初学者，不建议在版本选择上花费时间，直接使用自己计算机操作系统支持的最高版本即可。本书主要以 Win 10 系统和 Python 3.8.3 为例进行演示，部分新特性、新运算符和新用法不支持 Python 3.8 之前的版本，但会尽量同时提供低版本的写法。

首先从 Python 官方网站下载适合 Windows 操作系统的 64 位安装包，如图 1-1 中箭头所示。如果使用 32 位操作系统的话，可以选择下载 x86 版的安装包，不要选择 x86-64 版本的。如果仍在使用 Windows XP 操作系统，则无法安装 Python 3.5 及以上的版本，可以下载和安装 Python 3.4，其安装步骤与下面的过程类似。如果使用苹果机 MacOS 系统，可以在官方网站下载相应版本进行安装。使用其他操作系统的，可以查阅资料进行安装。

安装 Python 解释器

图 1-1　从官方网站下载 Python 3.8.3 64 位安装包

双击下载的安装包，启动安装过程。如果计算机上已经安装了 Python 3.8.0/3.8.1/3.8.2 这样的低版本，可以直接升级为 Python 3.8.3，不会影响已经安装好的扩展库。如果计算机上安装了 Python 3.6.x 或 Python 3.7.x，可以保留那些版本并直接安装 Python 3.8.3 到另外的路径，在不同版本的 IDLE 中运行代码时不会产生冲突。建议在安装界面对话框中选择同时安装 pip(用来管理扩展库的工具)、IDLE(Python 自带的开发环境)，如图 1-2 所示。

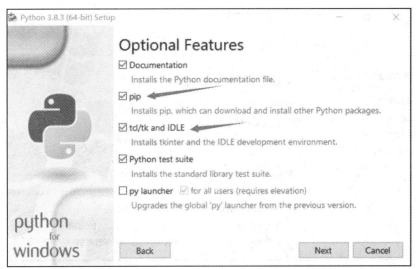

图 1-2　Python 3.8.3 安装过程截图

单击 "Next" 按钮，在接下来的界面中，勾选 "Install for all users" 和 "Add Python to environment variables"，把 Python 安装路径添加至系统环境变量。修改默认安装路径，一般不建议安装到太深的路径中，否则在进行后面的操作或者编写程序时不方便。图 1-3 显示了作者计算机上 Python 安装路径为 C:\Python38。

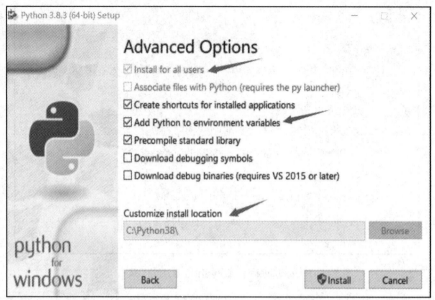

图 1-3　配置安装路径和环境变量

　　如果安装时没有勾选"Add Python to environment variables"，可以在安装之后配置系统环境变量，确保 Path 变量中包含 Python 安装路径以及 scripts 子文件夹。如果使用 Windows 10 操作系统的话，可以在资源管理器中用鼠标右键单击"此电脑"，在弹出的菜单中左键单击"属性"，在弹出的窗口中左键单击"高级系统设置"，如图 1-4 所示。

图 1-4　左键单击"高级系统设置"

　　在弹出的对话框中左键单击"环境变量"，如图 1-5 所示。
　　在弹出的对话框中选择系统变量 Path，然后单击"编辑"按钮，如图 1-6 所示，在弹出的对话框中单击"新建"按钮，输入 Python 3.8 的安装路径以及 Scripts 子文件夹路径，如图 1-7 所示。全部设置完成之后，单击"确定"按钮一路返回和关闭这些对话框即可。

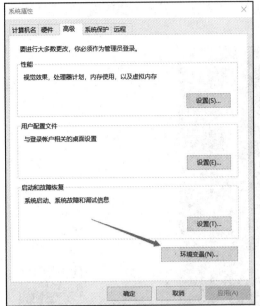

图 1-5　左键单击"环境变量"

图 1-6　编辑系统变量 Path

图 1-7　确保系统环境变量 Path 中包含 Python 安装路径

　　如果不清楚 Python 的安装路径,可以在开始菜单中找到"Python 3.8"→"IDLE(Python 3.8 64-bit)",单击鼠标右键,在弹出的菜单中选择"打开文件位置",在弹出的资源管理器窗口中再次选择快捷方式"IDLE(Python 3.8 64-bit)",单击鼠标右键,在弹出的菜单中选择"打开文件所在的位置",即可进入 Python 安装目录。

　　成功安装之后,在开始菜单中找到"Python 3.8"→"IDLE(Python 3.8 64-bit)",如图 1-8 所示,单击鼠标左键,打开 IDLE 交互式开发界面。IDLE 是 Python 官方安装包自带的开发环境，虽然界面简陋了一些，也缺乏大型软件开发所需要的项目管理功能，但用于学习的话仍然是不错的选择。

IDLE 简单使用

图 1-8　开始菜单

在使用之前，最好简单配置一下 IDLE。可以单击菜单"Options"→"Configure IDLE"打开配置界面，在"Fonts/Tabs"选项卡中设置字体(推荐使用 Consolas 字体)、字号以及代码缩进的单位(推荐使用 4 个空格)，在"General"选项卡中勾选复选框"Show line numbers in new windows"，设置在程序文件中显示行号，其他设置可以暂时不用修改。

在 IDLE 交互模式下，每次只能执行一条语句，执行完一条语句之后必须等提示符再次出现才能继续输入下一条语句。三个大于号和一个空格 "＞＞＞ " 表示提示符，不用输入，如图 1-9 所示。

```
Python 3.8.3 Shell
File  Edit  Shell  Debug  Options  Window  Help
Python 3.8.3 (tags/v3.8.3:6f8c832, May 13 2020, 22:37:02) [MSC v.1924 64
bit (AMD64)] on win32
Type "help", "copyright", "credits" or "license()" for more information.
>>> 3 + 5          ← 计算表达式的值
8
>>> import math    ← 导入内置模块 math
>>> math.comb(10, 4) ← 调用内置模块 math 中的函数 comb()，计算 10 选 4 的组合数
210
>>> math.gcd(36, 48) ← 计算最大公约数
12
>>> from random import sample
>>> sample(range(10), 5) ← 从 0 到 9 之间的整数中任选 5 个不相同的整数，返回列表
[5, 4, 0, 6, 3]
>>>
```

图 1-9　IDLE 交互式开发界面

如果需要再次执行前面执行过的语句，可以按组合键 "Alt+P" 和 "Alt+N" 翻看上一条语句和下一条语句，也可以把鼠标放在前面执行过的某条语句上然后按回车键，把整

条语句或整个选择结构、循环结构、异常处理结构、函数定义、类定义、`with` 块复制到当前输入位置，或者使用鼠标选中其中一部分代码然后按回车键，把选中的代码复制到当前输入位置。IDLE 开发环境的更多快捷键如表 **1-1** 所示。

表 1-1　IDLE 常用快捷键

快捷键	功　能　说　明
Alt+P	查看上一条执行过的语句
Alt+N	查看下一条执行过的语句
Ctrl+F6	重启 Shell，之前定义的对象和导入的模块全部失效
F1	打开 Python 帮助文档
Alt+/	自动补全前面曾经出现过的单词，如果之前有多个单词具有相同前缀，则在多个单词中循环选择
Ctrl+]	缩进代码块
Ctrl+[	反缩进代码块
Alt+3	注释代码块
Alt+4	取消代码块注释
Tab	代码补全或代码块缩进

在交互模式中运行代码能更清楚地了解执行过程，比较适合用来查看或验证某个特定的用法，但这样的代码不便于保存和修改。如果需要保存和反复修改、运行代码，可以通过 IDLE 菜单 "File" → "New File" 创建文件并保存为扩展名为 .py 或 .pyw 的文件，后者一般用于带有菜单、按钮、单选钮、复选框、组合框或其他元素的 GUI 程序。在本书中，用来演示知识点或语法和函数用法时，会使用交互模式，完整例题或大段代码则通过程序文件来运行。

自己编写的程序文件名不要和 Python 内置模块、标准库模块和已安装的扩展库模块一样，否则会影响运行，这一点一定要特别注意。

按照上面描述的步骤，创建程序文件 "排序数字.py"，输入下面的代码，代码含义参考其中的注释。

```python
# 从标准库 random 中导入函数 shuffle()
from random import shuffle

# 创建列表
data = list(range(10))
# 输出列表的值
print(data)
# 随机打乱列表中元素的顺序
shuffle(data)
print(data)
# 把列表中的元素从小到大升序排序
```

```
data.sort()
print(data)
```

按组合键"Ctrl+S"或菜单"File"→"Save"保存文件内容，然后通过菜单"Run"→"Run Module"或者快捷键 F5 运行程序，输出结果显示在 IDLE 交互式界面，如图 1-10 所示。细心的读者已经注意到了，在图 1-9 所示的交互模式中，直接运行一个语句或者表达式可以立刻得到结果，但在图 1-10 所示的这段代码中，明确使用函数 print() 输出 data 的值。这在自己编写程序时一定要特别注意，在程序中必须这样才能得到输出，只写一个表达式作为语句是不会有输出结果的，这一点并不是 IDLE 特有的，同样适用于所有 Python 开发环境中，除非开启特殊设置，例如 Jupyter Notebook，请自行查阅资料。

有些程序可能需要在运行时接收命令行参数，但很多人对命令行执行 Python 程序的方法不是很熟悉，这时可以使用 IDLE 运行程序并输入命令行参数。例如下面的程序"问候.py"。

```
import sys

# 接收多个命令行参数，相邻参数之间使用空格分隔
names = sys.argv[1:]
# 循环结构，处理每个参数，见 3.3 节
for name in names:
    print(f'你好，{name}')
```

程序中 sys.argv 用来接收命令行参数并返回一个列表，其中下标 0 的元素是程序本身的命令，从下标 1 开始往后是实际的命令行参数。在 IDLE 中单击菜单"Run"→"Run... Customized"，如图 1-11 所示。代码看不懂没有关系，跟着做一遍，本节只需重点熟悉 IDLE 的用法即可。

图 1-10　在 IDLE 中运行程序

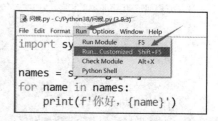

图 1-11　在 IDLE 中自定义程序运行方式

然后在弹出的窗口中输入多个命令行参数，相邻参数之间使用空格分隔，如图 1-12 所示。

单击"确定"按钮运行程序，输出结果如图 **1-13** 所示。

图 **1-12**　输入命令行参数

```
============== RESTART: C:/Python38/问候.py ===
你好，董付国
你好，张三
你好，李四
>>>
```

图 **1-13**　程序运行结果

1.3　Anaconda3 安装与 Jupyter Notebook、Spyder 简单使用

除了 Python 官方安装包自带的 IDLE，Eclipse、PyCharm、wingIDE、Anaconda3、VS Code 等软件提供了功能更加强大的 Python 开发环境，其中 Anaconda3 是非常优秀的数据科学平台，支持 Python 和 R 语言，集成安装了大量扩展库，减少了环境搭建所需要的时间，受到了数据科学领域工程师和科研人员的青睐，也成为主流教学环境之一。

每种开发环境都有自己的优势和独到之处，初学者不建议安装太多，选择其中一种即可。本书部分内容会以 Anaconda3 中的 Jupyter Notebook 和 Spyder 为例演示编写和运行 Python 程序的过程，但本书编写时 Anaconda3 还没有推出支持 Python 3.8 的版本，最新只支持到 Python 3.7，所以部分涉及 Python 3.8 和 Python 3.9 新特性的内容会使用 IDLE 进行介绍和演示，支持 Python 3.8 和 Python 3.9 的 Anaconda3 推出之后可以直接使用这些代码(本书出版时已有支持 Python3.8 的 Anaconda3)。

Anaconda3 官方网站提供了适用于 Windows、MacOS 和 Linux 操作系统的安装包，可以根据需要下载和安装，Python 2.7 已逐渐退出历史舞台，建议安装 Python 3.7 或更高版本的安装包，选择 32 位还是 64 位的版本取决于自己的操作系统是 32 位还是 64 位。以 64 位 Windows 10 为例，下载 Python 3.7 版本的 64 位安装包，如图 **1-14** 所示。

图 **1-14**　Anaconda3 官方网站下载安装包

安装成功之后从开始菜单中启动 Jupyter Notebook 或 Spyder 即可，如图 **1-15** 中箭头 **1** 和 **2** 所示。除了这两个比较常用的环境之外，Anaconda3 也提供了一个 IDLE

环境,可以单击图 **1-15** 中的箭头 **3** 进入命令提示符环境,然后手动输入并执行命令 `idle` 即可打开 `IDLE`。如果遇到在 Anaconda3 的 `IDLE` 环境中无法使用 Anaconda3 安装的扩展库的情况,可以把 Anaconda3 的安装路径及其几个子文件夹路径添加到系统环境变量 **Path** 中,具体操作可以参考微信公众号"**Python** 小屋"的文章"**3** 个常见的 **Python** 环境搭建与使用问题的解决方法",此文章可以在公众号菜单"最新资源"→"历史文章"中搜索找到。

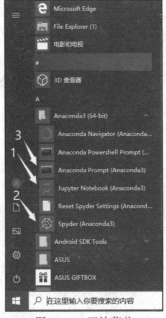

图 1-15　开始菜单

1. Jupyter Notebook

启动 Jupyter Notebook 会启动一个控制台服务窗口(如图 **1-16** 所示)并自动启动浏览器打开一个网页,如果浏览器没有正常进入 Jupyter Notebook 的主页面,可以更改默认浏览器(推荐使用 Chrome 浏览器)并重启 Jupyter Notebook,或者复制图 **1-16** 中箭头所指的任意一个链接地址在浏览器窗口中打开。把图 **1-16** 所示的控制台服务窗口最小化(注意,不要关闭这个窗口),然后在浏览器中 Jupyter Notebook 主页面的右上角单击菜单"New",选择"Python 3"打开一个新的浏览器窗口,如图 **1-17** 中箭头 **1** 和 **2** 所示。在该窗口中即可编写和运行 Python 代码,如图 **1-18** 所示。

```
选择Jupyter Notebook (Anaconda3)
[I 10:09:39.098 NotebookApp] JupyterLab extension loaded from C:\ProgramData\Anaconda3\lib\site-packages\jupyterlab
[I 10:09:39.099 NotebookApp] JupyterLab application directory is C:\ProgramData\Anaconda3\share\jupyter\lab
[I 10:09:39.104 NotebookApp] Serving notebooks from local directory: C:\Users\d
[I 10:09:39.105 NotebookApp] The Jupyter Notebook is running at:
[I 10:09:39.105 NotebookApp] http://localhost:8888/?token=48d25250761d1e9a09f0236487e4a7bd5fe14eae71ac4d9b
[I 10:09:39.105 NotebookApp]  or http://127.0.0.1:8888/?token=48d25250761d1e9a09f0236487e4a7bd5fe14eae71ac4d9b
[I 10:09:39.105 NotebookApp] Use Control-C to stop this server and shut down all kernels (twice to skip confirmation).
[C 10:09:39.651 NotebookApp]

    To access the notebook, open this file in a browser:
        file:///C:/Users/d/AppData/Roaming/jupyter/runtime/nbserver-394276-open.html
    Or copy and paste one of these URLs:
        http://localhost:8888/?token=48d25250761d1e9a09f0236487e4a7bd5fe14eae71ac4d9b
     or http://127.0.0.1:8888/?token=48d25250761d1e9a09f0236487e4a7bd5fe14eae71ac4d9b
[I 10:10:39.788 NotebookApp] 302 GET /?token=48d25250761d1e9a09f0236487e4a7bd5fe14eae71ac4d9b (127.0.0.1) 1.00ms
```

图 1-16　Jupyter Notebook 控制台服务窗口

在 Jupyter Notebook 开发页面上每个单元格叫做一个 cell，每个 cell 中可以编写和运行一段代码，前面 cell 中的代码运行结果会影响后面的 cell，也就是说前面 cell 中定义的变量和导入的标准库或扩展库对象在后面的 cell 中仍可以访问。

图 1-17　Jupyter Notebook 主页
面右上角菜单

图 1-18　Jupyter Notebook 运行界面

另外，还可以通过菜单"File"→"Download as"把当前代码以及运行结果保存为 .py、.ipynb 或其他形式的文件，方便日后学习和演示，如图 1-19 所示。

图 1-19　下载保存 Jupyter Notebook 环境中的代码和结果

把保存的 .ipynb 文件复制到别的计算机上，启动 Jupyter Notebook 之后可以在主页面中使用"Upload"按钮上传后进行阅读、修改和运行，如图 1-17 中箭头 3 所示。如果由于代码错误(例如陷入死循环)导致长时间运行无法停止，可以单击菜单"Kernel"之后在弹出的菜单中选择"Interrupt"中断代码运行或选择"Restart"重启服务程序来结束代码的运行，如图 1-20 所示。由于篇幅限制，Jupyter Notebook 其他用法不再详细介绍，请自行查阅资料进行了解。

Python 程序设计入门与实践

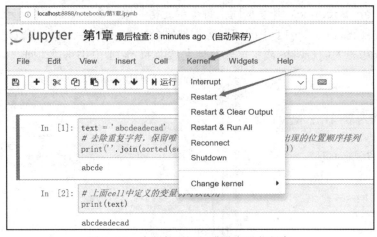

图 1-20　中断代码运行或重启服务程序

2. Spyder

　　Anaconda3 自带的集成开发环境 Spyder 同时提供了交互式开发界面和程序编写与运行界面，以及程序调试和项目管理功能，使用更加方便。在图 1-21 中，箭头 1 处列出了工程与程序文件，箭头 2 指向程序编写窗口，单击工具栏中的"Run File"按钮则运行程序并在交互式窗口显示运行结果，如图中箭头 3 所示。另外，在箭头 4 处的交互界面中，也可以执行单条语句，与 IDLE 交互模式类似。在 Spyder 交互界面中，提示符形式类似于"In [1]:"，如果一条语句有输出结果会以"Out [1]:"的形式给出，其中数字表示当前语句的序号并且会自动增加。可以使用键盘上的上下方向键切换执行过的上一条语句和下一条语句，可以使用命令"cls"清除窗口中显示的历史语句和输出结果，清除之后仍可以使用上下方向键切换执行过的语句。

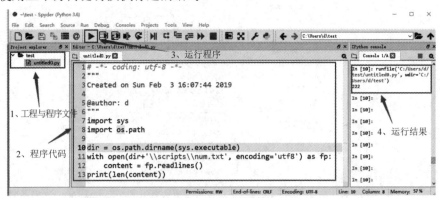

图 1-21　Spyder 运行界面

　　如果在 Spyder 中运行程序时需要接收命令行参数，可以单击菜单"Run" ==> "Run configuration per file"，然后在弹出的对话框中勾选"Command line options"复选框并在后面的文本框中输入命令行参数，请自行实验和练习。

　　在 Spyder 中运行程序时，如果代码陷入死循环无法结束，可以单击交互窗口上方的红色小方块按钮强制停止程序，或者使用菜单"Consoles"中的"Interrupt kernel"或"Restart kernel"命令中断内核或者重启内核。

·12·

1.4　在 PowerShell 或命令提示符环境中运行 Python 程序

除了在 IDLE、Spyder、Jupyter Notebook、PyCharm、VS Code 或其他 Python 开发环境中直接运行程序之外，也可以在 PowerShell 或命令提示符环境中使用 Python 解释器来运行 Python 程序，这种运行方式在某些场合中是很有用的，甚至是必须的。

1. 在 PowerShell 环境中执行 Python 程序

假设有程序文件"D:\教学课件\Python 程序设计入门与实践教程\code\欢迎.py"，编写代码如下：

```
# 内置函数 input()用于接收用户的键盘输入，见 2.3.1 节
name = input('输入你的名字：')
# 字符串前面加字母 f 表示对其中大括号里的内容进行替换和格式化，见 6.1.3 节
print(f'{name} 你好，欢迎加入 Python 的奇妙世界！')
```

在"资源管理器"中进入文件夹"D:\教学课件\Python 程序设计入门与实践教程\code"，按下 Shift 键，然后在窗口空白处单击鼠标右键，在弹出的窗口中选择"在此处打开 Powershell 窗口"，如图 1-22 所示。

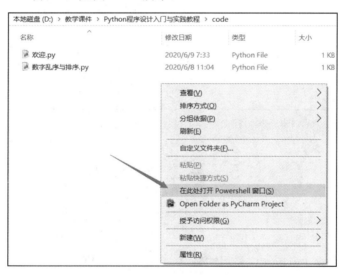

图 1-22　从资源管理器中进入 Powershell 窗口

然后在 Powershell 窗口中使用 Python 解释器来运行程序"欢迎.py"，如图 1-23 所示。如果计算机上只安装了一个版本的 Python 解释器并且已经把安装路径添加到系统变量 Path 中，那么在 Powershell 中不需要输入 Python 主程序的完整路径，只需要输入并执行命令"python 欢迎.py"就可以了。但是如果计算机上安装了多个版本的 Python 解释器，那么建议按照图 1-23 中所示输入命令，除非可以确保系统变量 Path 中 Python 3.8 的安装路径在其他版本的前面。

图 1-23　在 PowerShell 窗口中执行 Python 程序

2. 在命令提示符环境中执行 Python 程序

在 Windows 10 系统中，如果要在命令提示符环境下执行 Python 程序，可以在左下角开始菜单旁边的搜索框输入 cmd 或按下组合键 Win+R，在弹出的对话框中输入 cmd 再单击"确定"按钮进入命令提示符环境。然后切换到程序所在文件夹中执行命令执行程序，也可以切换到 Python 解释器主程序所在文件夹中执行命令指定程序的完整路径，如图 1-24 所示。关于路径的描述可以参考前面对 PowerShell 环境的描述。

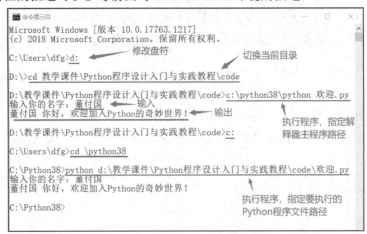

图 1-24　在命令提示符环境中执行 Python 程序

1.5　安装扩展库

1.5.1　基本概念

包、库、模块是 Python 中常用的概念。一般来说，模块指一个包含若干函数定义、类定义或常量的 Python 源程序文件，库或包指包含若干模块并且其中一个文件名为 __init__.py 的文件夹。对于包含完整功能代码的单个模块，叫作库也可以，例如标准库 re 和 re 模块这两种说法都可以。但一般不把库叫作模块，例如 tkinter 库包含若干模块文件，此时一般说标准库 tkinter 而不说 tkinter 模块。

在 Python 中，有内置模块、标准库和扩展库之分。内置模块和标准库是 Python 官方的标准安装包自带的。内置模块没有对应的文件，可以认为是封装在 Python 解释器主程序中的；标准库有对应的 Python 程序文件，这些文件在 Python 安装路径中的 Lib 文件夹中。内置模块、标准库、扩展库的区别如图 1-25 中 1、2、3 所示。

```
>>> import math
>>> math          1. math是内置模块，没有对应的磁盘文件
<module 'math' (built-in)>
>>> import re
>>> re            2. re是标准库，在Lib文件夹中有对应的单个文件
<module 're' from 'C:\\Python38\\lib\\re.py'>
>>> import tkinter
>>> tkinter       3. tkinter是标准库，在Lib文件夹中有对应的子文件夹，其中包含多个模块文件
<module 'tkinter' from 'C:\\Python38\\lib\\tkinter\\__init__.py'>
>>> import pefile
>>> pefile        4. pefile是扩展库，在Lib\site-packages文件夹中有对应的单个模块文件
<module 'pefile' from 'C:\\Python38\\lib\\site-packages\\pefile.py'>
>>> from PIL import Image
>>> Image         5. Image是扩展库pillow中的一个模块，在Lib\site-packages文件夹中扩展库文件夹中有对应的模块文件
<module 'PIL.Image' from 'C:\\Python38\\lib\\site-packages\\PIL\\Image.py'>
>>> import jieba
>>> jieba         6. jieba是扩展库，在Lib\site-packages文件夹中有对应的子文件夹，其中包含多个模块文件
<module 'jieba' from 'C:\\Python38\\lib\\site-packages\\jieba\\__init__.py'>
>>>
```

图 1-25　内置模块、标准库、扩展库的区别

Python 官方的标准安装包自带了 math(数学模块)、random(随机模块)、datetime(日期时间模块)、collections(包含更多扩展版本序列的模块)、functools(与函数以及函数式编程有关的模块)、urllib(与网页内容读取以及网页地址解析有关的库)、itertools(与序列迭代有关的模块)、string(字符串操作)、re(正则表达式模块)、os(系统编程模块)、os.path(与文件、文件夹有关的模块)、zlib(数据压缩模块)、hashlib(安全哈希与报文摘要模块)、socket(套接字编程模块)、tkinter(GUI 编程库)、sqlite3(操作 SQLite 数据库的模块)、csv(读写 CSV 文件的模块)、json(读写 JSON 文件的模块)、pickle(数据序列化与反序列化的模块)、statistics(统计模块)、time(时间操作有关的模块)等大量内置模块和标准库(完整清单可以通过官方在线帮助文档 https://docs.python.org/3/library/index.html 进行查看)，但没有集成任何扩展库，程序员可以根据实际需要再安装第三方扩展库。

截至 2021 年 2 月，pypi 已经收录了超过 29 万个扩展库项目，涉及很多领域的应用，例如 jieba(用于中文分词)、moviepy(用于编辑视频文件)、xlrd(用于读取 Excel 2003 之前版本文件)、xlwt(用于写入 Excel 2003 之前版本文件)、openpyxl(用于读写 Excel 2007 及更高版本文件)、python-docx(用于读写 Word 2007 及更新版本文件)、python-pptx(用于读写 PowerPoint 2007 及更新版本文件)、pymupdf(用于操作 PDF 文件)、pymssql(用于操作 Microsoft SQLServer 数据库)、pypinyin(用于处理中文拼音)、pillow(用于数字图像处理)、pyopengl(用于计算机图形学编程)、numpy(用于数组计算与矩阵计算)、scipy(用于科学计算)、pandas(用于数据分析与处理)、matplotlib(用于数据可视化或科学计算可视化)、requests(用于实现网络爬虫功能)、beautifulsoup4(用于解析网页源代码)、scrapy(爬虫框架)、sklearn(用于机器学习)、PyTorch(用于机器学习)、tensorflow(用于深度学习)、flask(用于网站开发)、django(用于网站开发)等几乎渗透到所有领域的扩展库或第三方库。

1.5.2　安装扩展库

Python 官方提供的安装包只包含了内置模块和标准库，没有包含任何扩展库，开发人员可以根据实际需要再安装和使用合适的扩展库，成功安装之后扩展库文件会存放于

Python 程序设计入门与实践

Python 安装路径的 Lib\site-packages 文件夹中，如图 1-25 中 4、5、6 所示。Python 自带的 pip 工具是管理扩展库的主要方式，支持 Python 扩展库的安装、升级和卸载等操作。pip 命令需要在命令提示符环境中执行，在线安装扩展库的话需要计算机保持联网状态。该命令常用方法如表 1-2 所示，可以在命令提示符环境中执行命令"pip -h"查看完整用法。

安装扩展库

表 1-2　常用 pip 命令使用方法

pip 命令示例	说　明
pip freeze	列出已安装模块及其版本号
pip install SomePackage[==version]	在线安装 SomePackage 模块，可以指定扩展库版本，如果不指定则默认安装最新版本，使用时把 SomePackage 替换为实际的扩展名名称，例如 jieba、pillow、pypinyin
pip install SomePackage.whl	通过 whl 文件离线安装扩展库
pip install --upgrade SomePackage	升级 SomePackage 模块到最新版本
pip uninstall SomePackage	卸载 SomePackage 模块

如果使用 Anaconda3 的话，除了 pip 之外，也可以使用 conda 命令安装、更新和卸载 Python 扩展库。命令 conda 支持 clean、config、create、info、install、list、uninstall、upgrade 等子命令，可以使用命令"conda -h"查看具体用法。在开始菜单中依次打开"Anaconda3(64-bit)"→"Anaconda Prompt(Anaconda3)"，如图 1-15 中箭头 3 所示，进入 Anaconda 命令提示符环境，执行 conda 命令管理扩展库即可。

并不是每个扩展库都有相应的 conda 版本，如果遇到 conda 无法安装的扩展库，进入 Anaconda Prompt(Anaconda3) 命令提示符环境使用 pip 安装之后一样可以在 Anaconda3 的 Jupyter Notebook 和 Spyder 环境中使用，如图 1-26 所示。

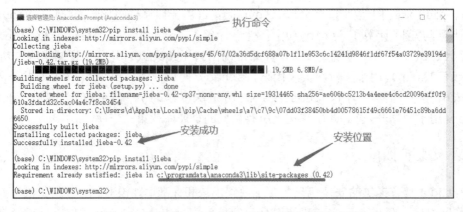

图 1-26　使用 pip 命令为 Anaconda3 安装扩展库

· 16 ·

1.5.3　常见问题与解决方法

很多初学者由于不熟悉环境搭建尤其是扩展库的安装，浪费了大量宝贵时间。本节简单介绍一下安装扩展库过程中常见的几种问题以及相应的解决方法。

1. 在线安装失败

如果在线安装扩展库失败，一定要仔细阅读错误信息，这对于解决问题是至关重要的。只有准确地知道发生了什么错误，才有可能找到正确的解决方法。

在线安装失败最大的可能有三个：①网络不好导致下载失败；②需要本地安装有正确版本的 VC++编译环境；③扩展库暂时还不支持自己使用的 Python 版本。对于第一种错误，可以多尝试几次，指定国内源或下载.whl 文件离线安装。如果出现第二种错误，可以在本地安装合适版本的 VC++编译器或者下载.whl 文件离线安装。对于第三种错误，可以尝试找一下有没有第三方编译好的 whl 文件可以下载然后离线安装。

在 Windows 平台上，可以从 http://www.lfd.uci.edu/~gohlke/pythonlibs/ 下载大量第三方编译好的.whl 格式扩展库安装文件，如图 1-27 所示。此处要注意，一定要选择正确版本(文件名中有 cp38 表示适用于 Python 3.8，有 cp37 表示适用于 Python 3.7，以此类推；文件名中有 win32 表示适用于 32 位 Python，有 win_amd64 表示适用于 64 位 Python)，并且不要修改下载的文件名。

图 1-27　下载合适版本的 whl 文件

然后在命令提示符或 PowerShell 环境中使用 pip 命令进行离线安装，指定文件的完整路径和扩展名，例如：

```
pip install psutil-5.6.7-cp38-cp38-win_amd64.whl
```

在 PowerShell 环境中，如果要执行当前目录下的程序，需要在前面加一个圆点和一个斜线，例如在 Python 安装路径的 Scripts 文件夹中执行上面的命令需要改成下面的格式：

```
./pip install psutil-5.6.7-cp38-cp38-win_amd64.whl
```

如果由于网速问题导致在线安装速度过慢的话，pip 命令支持指定国内的站点来提高速度。下面的命令用来从阿里云服务器下载安装扩展库 jieba，其他服务器地址读者可以自行查阅。

```
pip install jieba -i http://mirrors.aliyun.com/pypi/simple --trusted-host
mirrors.aliyun.com
```

如果固定使用阿里云服务器镜像，可以在当前登录用户的 AppData\Roaming 文件夹中创建文件夹 pip，在 pip 文件夹中创建文件 pip.ini，并输入下面的内容，以后再执行 pip 命令安装和升级扩展库时就不用每次都指定服务器地址了。

```
[global]
index-url = http://mirrors.aliyun.com/pypi/simple

[install]
trusted-host = mirrors.aliyun.com
```

如果遇到类似于"拒绝访问"的出错提示，可以使用管理员权限启动命令提示符，或者在执行 pip 命令时在最后增加选项"--user"。

2. 安装路径带来的问题

很多初学者会遇到这样的问题：使用 pip 安装扩展库时明明提示安装成功，使用 pip list 或 pip freeze 查看扩展库清单里也有，但在 Python 开发环境中却一直提示不存在。这样的问题基本上可以肯定是安装路径和使用路径不一致造成的。

注意，如果计算机上安装了多个版本的 Python 开发环境，那么在一个版本下安装的扩展库无法在另一个版本中使用。为了避免因为路径问题带来困扰，强烈建议在命令提示符或 PowerShell 环境下切换至相应版本 Python 安装目录的 scripts 文件夹中，然后执行 pip 命令；如果要离线安装扩展库的话，最好也把 .whl 文件下载到相应版本的 scripts 文件夹中。简单来说就是，想在哪个版本的 Python 中使用扩展库，就到哪个版本的 Python 安装路径中的 Scripts 子文件夹中安装扩展库，这样可以最大程度地减少错误。

3. 扩展库自身 bug 或版本冲突问题

虽然现在这种情况已经越来越少遇到了，但确实还会偶尔发生。不管是多优秀的程序员，写出来的代码都有可能会存在 bug，这是正常的，Python 也不例外。某些扩展库在升级过程中解决原来问题的同时又引入了新的错误，导致某些功能在旧版本中工作正常但在新版本中却无法使用。如果遇到类似的情况，可以查一下扩展库的官方网站的最新消息，或者暂时还原较低的版本，如果水平足够的话也可以自己修改一下扩展库的代码再使用。

编写 Python 程序，尤其是使用了扩展库的程序时，还可能会遇到的一种情况是：升级扩展库以后原来的程序无法运行了，提示某些属性或方法不存在。这是因为新版本的扩展库不再支持原来的用法，这时需要查一下这个扩展库官方网站的更新历史，找到最新的用法然后修改自己的代码。

1.6　标准库、扩展库对象的导入与使用

Python 所有内置对象不需要做任何的导入操作就可以直接使用，但内置模块对象和标准库对象必须先导入才能使用，扩展库则需要正确安装之后才能导入和使用其中的对象。在编写代码时，一般建议先导入内置模块和标准库对象再导入扩展库对象，最后导入自己编写的本地模块。并且，建议在程序中只导入确实需要使用的对象，确定用不到的不要导入，避免导入整个模块，这样可以适当提高代码加载和运行速度，并能减小打包后的可执行文件体积。

标准库、扩展库对象的导入与使用

本节介绍和演示导入对象的三种方式，以及不同方式导入时对象使用形式的不同。

1.6.1　import 模块名[as 别名]

使用"import 模块名[as 别名]"的方式将模块导入以后，使用其中的对象时需要在对象之前加上模块名作为前缀，也就是必须以"模块名.对象名"的形式进行访问。如果模块名字很长的话，可以为导入的模块设置一个别名，然后使用"别名.对象名"的方式来使用其中的对象。在 IDLE、Jupyter Notebook、Spyder 或其他 Python 开发环境中创建文件或 Cell，输入下面的代码：

```
import sys
import math
import random
import os.path as path

# 计算并输出 30 的阶乘
print(math.factorial(30))
# 随机选择 30 个字符 0 或字符 1，允许重复
print(random.choices('01', k=30))
# 判断字符串 C:\Windows\notepad.exe 指向的路径是否为已存在的文件
print(path.isfile(r'C:\Windows\notepad.exe'))
# 查看 Python 解释器程序文件路径
print(sys.executable)
# 查看对象占用的字节数
print(sys.getsizeof('董付国'))
print(sys.getsizeof([1, 2, 3, 4]))
print(sys.getsizeof((1, 2, 3, 4)))
```

运行结果为：

```
2652528598121910586363084800000000
['0', '0', '0', '0', '0', '0', '0', '0', '0', '0', '0', '0', '0', '0', '1',
'0', '0', '1', '1', '0', '0', '0', '1', '1', '0', '1', '0', '1', '0', '1']
True
C:\Python38\pythonw.exe
80
88
72
```

1.6.2 from 模块名/库名 import 对象名/模块名[as 别名]

使用"from 模块名/库名 import 对象名/模块名[as 别名]"的方式仅导入明确指定的对象，使用对象时不需要使用模块名作为前缀，可以减少程序员需要输入的代码量。使用这种方式既可以导入库中的模块，也可以导入模块中的对象。用来导入模块中的对象时可以适当提高代码运行速度，打包时可以减小文件体积。选择自己喜欢的 Python 开发环境，输入并运行下面的代码：

```python
from math import pi as PI
from os.path import getsize, join
from calendar import isleap
# 下面一行代码需要安装扩展库 pillow
# 导入 Image 模块
from PIL import Image

r = 3
# 计算半径为 3 的圆的面积
print(PI*r*r)
# 获取文件 C:\python38\python.exe 的大小，单位为字节
print(getsize(r'C:\python38\python.exe'))
# 连接多个路径为一个完整的路径
print(join(r'C:\python38', 'lib\site-packages'))
# 判断 2020 年是否为闰年
print(isleap(2020))
im = Image.open('test.jpg')
# 获取并输出指定位置的像素颜色值
print(im.getpixel((200,200)))
```

运行结果如下：

```
28.274333882308138
```

```
100424
C:\python38\lib\site-packages
True
(255, 255, 255)
```

1.6.3　from 模块名 import *

使用"from 模块名 import *"的方式可以一次导入模块中的所有对象或者特殊成员__all__列表中明确指定的对象，可以直接使用导入的所有对象而不需要使用模块名作为前缀。一般并不建议这样使用，除非是程序中用到了某个模块中的大部分对象。下面程序中的 combinations()、combinations_with_replacement()、permutations()、chain()、product()、filterfalse()、compress()都是标准库 itertools 中的函数。

```python
from itertools import *

# 从字符串'01234'中任选 3 个字符的所有组合，不允许重复
# list()用来把函数 combinations()的返回值变成列表，方便查看，下同
print(list(combinations('01234', 3)))
# 从字符串'01234'中任选 3 个字符的所有组合，允许重复
print(list(combinations_with_replacement('01234', 3)))
# 从字符串'1234'中任选 3 个字符的所有排列
print(list(permutations('1234', 3)))
# 把多个列表首尾相接
print(list(chain([1,2,3], [4,5,6], [7,8,9])))
data = [1, 2, 3, 4, 5, 6]
values = [0, 1, 1, 0, 0, 1]
# 把等长列表 data 和 values 左对齐
# 返回 data 中与 values 中的 1 对应的位置上的元素
print(list(compress(data, values)))
# 返回列表中作为参数传递给函数 callable()后得到 False 的那些元素
print(list(filterfalse(callable, [int, 3, str, sum, '5'])))
# 返回'12'和'45'的笛卡尔积
print(list(product('12', '45')))
# 返回 3 个字符串'12'的笛卡尔积
print(list(product('12', repeat=3)))
# 把'123'和'abcdef'左对齐，对应位置上的字符组合到一起，短的在后面补字符 0
# 相当于把'123000'和'abcdef'左对齐，对应位置上的字符组合到一起
print(list(zip_longest('123', 'abcdef', fillvalue='0')))
```

运行结果如下：

```
  [('0', '1', '2'), ('0', '1', '3'), ('0', '1', '4'), ('0', '2', '3'), ('0',
'2', '4'), ('0', '3', '4'), ('1', '2', '3'), ('1', '2', '4'), ('1', '3', '4'), ('2',
'3', '4')]
  [('0', '0', '0'), ('0', '0', '1'), ('0', '0', '2'), ('0', '0', '3'), ('0', '0',
'4'), ('0', '1', '1'), ('0', '1', '2'), ('0', '1', '3'), ('0', '1', '4'), ('0',
'2', '2'), ('0', '2', '3'), ('0', '2', '4'), ('0', '3', '3'), ('0', '3', '4'), ('0',
'4', '4'), ('1', '1', '1'), ('1', '1', '2'), ('1', '1', '3'), ('1', '1', '4'), ('1',
'2', '2'), ('1', '2', '3'), ('1', '2', '4'), ('1', '3', '3'), ('1', '3', '4'), ('1',
'4', '4'), ('2', '2', '2'), ('2', '2', '3'), ('2', '2', '4'), ('2', '3', '3'), ('2',
'3', '4'), ('2', '4', '4'), ('3', '3', '3'), ('3', '3', '4'), ('3', '4', '4'), ('4',
'4', '4')]
  [('1', '2', '3'), ('1', '2', '4'), ('1', '3', '2'), ('1', '3', '4'), ('1', '4',
'2'), ('1', '4', '3'), ('2', '1', '3'), ('2', '1', '4'), ('2', '3', '1'), ('2',
'3', '4'), ('2', '4', '1'), ('2', '4', '3'), ('3', '1', '2'), ('3', '1', '4'), ('3',
'2', '1'), ('3', '2', '4'), ('3', '4', '1'), ('3', '4', '2'), ('4', '1', '2'), ('4',
'1', '3'), ('4', '2', '1'), ('4', '2', '3'), ('4', '3', '1'), ('4', '3', '2')]
  [1, 2, 3, 4, 5, 6, 7, 8, 9]
  [2, 3, 6]
  [3, '5']
  [('1', '4'), ('1', '5'), ('2', '4'), ('2', '5')]
  [('1', '1', '1'), ('1', '1', '2'), ('1', '2', '1'), ('1', '2', '2'), ('2', '1',
'1'), ('2', '1', '2'), ('2', '2', '1'), ('2', '2', '2')]
  [('1', 'a'), ('2', 'b'), ('3', 'c'), ('0', 'd'), ('0', 'e'), ('0', 'f')]
```

1.6.4 高级用法与常见问题

在开发大型软件时，一般不会把所有代码都写在一个程序文件中，而是根据功能划分把代码分散到多个程序文件中，每个程序文件当作模块来使用，在主程序文件中导入和使用这些功能模块中定义的常量、类、函数。例如，某项目主目录为"D:\教学课件\Python程序设计入门与实践教程\code\app_main"，项目子目录中下的件"D:\教学课件\Python程序设计入门与实践教程\code\app_main\common\constants.py"有如下一行代码：

```
g = 9.8
```

在项目另一个子文件夹中还有个文件"D:\教学课件\Python 程序设计入门与实践教程\code\app_main\sub1\prog2.py"，其中定义了一个函数，代码如下：

```
def add5(value):
    return value + 5
```

现在需要在项目子目录文件"D:\教学课件\Python 程序设计入门与实践教程\code\app_main\sub1\prog1.py"使用 constants.py 文件定义的常量 g 和 prog2.py 文件中定义的函数 add5，需要编写如下代码：

```
import sys
sys.path.append('..')

from common.constants import g
import prog2

print(g)
print(prog2.add5(3))
```

我们来解释一下这个过程和其中的原理。在使用 import 语句导入模块时，会优先导入当前文件夹中的模块文件，当前文件夹中存在指定的模块文件名就直接导入，例如上面代码中的 prog2 就存在于 prog1 所在的当前文件夹。如果当前文件夹中不存在要导入的模块文件，就继续按照 sys.path 这个列表中的路径顺序进行搜索，如果找到就导入第一个并停止搜索，如果所有路径中都不存在要导入的模块文件，再给出错误信息。我们可以在程序中往 sys.path 列表添加新的路径，这样的话使用 import 导入时也会搜索我们自定义的路径中的模块文件。在 Windows 操作系统中，包含两个圆点的字符串表示上一级文件夹。下面的代码在 Python 3.8 的 IDLE 交互界面中演示了 sys.path 的用法。

```
>>> import sys
# 查看模块导入时的搜索路径
>>> print(sys.path)
['', 'C:\\Python38\\Lib\\idlelib', 'C:\\Python38\\python38.zip',
'C:\\Python38\\DLLs', 'C:\\Python38\\lib', 'C:\\Python38',
'C:\\Users\\dfg\\AppData\\Roaming          \Python\\Python38\\site-packages',
'C:\\Python38\\lib\\site-packages', 'C:\\Python38\\lib\\site-packages\\win32',
'C:\\Python38\\lib\\site-packages\\win32\\lib',
'C:\\Python38\\lib\\site-packages\\Pythonwin']
# 添加新的搜索路径
>>> sys.path.append('D:\test')
>>> print(sys.path)
['', 'C:\\Python38\\Lib\\idlelib', 'C:\\Python38\python38.zip',
'C:\\Python38\\DLLs', 'C:\\Python38\\lib', 'C:\\Python38',
'C:\\Users\\dfg\\AppData\\Roaming\\Python\\Python38\\site-packages',
'C:\\Python38\\lib\\site-packages', 'C:\\Python38\\lib\\site-packages\\win32',
'C:\\Python38\\lib\\site-packages\\win32\\lib',
'C:\\Python38\\lib\\site-packages\\Pythonwin', 'D:\test']
```

在导入模块文件时，不要写扩展名，例如上面的语句"import prog2"不能写成

"import prog2.py"。

另外，如果模块文件名以数字开头或文件名中包含减号之类的特殊字符，正常运行程序是没问题的，但不能作为模块导入。

最后，使用"import ..."形式的语句导入时，必须以模块结束，不能以对象结束，使用"from ... import ..."形式的语句导入时，可以以对象结束。

图 1-28 演示了在 IDLE 交互模式中上面描述的几种错误。

```
>>> import 14-3
SyntaxError: invalid syntax          不能导入名字以数字开头的模块
>>> import 20200403
SyntaxError: invalid syntax
>>> import a14-3                      不能导入名字中包含减号的模块
SyntaxError: invalid syntax
>>> import math.sin                   sin是函数名，不是模块
Traceback (most recent call last):
  File "<pyshell#15>", line 1, in <module>
    import math.sin
ModuleNotFoundError: No module named 'math.sin'; 'math' is not a package
>>> import re.findall                 findall是函数名，不是模块
Traceback (most recent call last):
  File "<pyshell#16>", line 1, in <module>
    import re.findall
ModuleNotFoundError: No module named 're.findall'; 're' is not a package
>>> from math import sin, cos         可以这样导入模块中的函数
>>> from PIL import Image             可以这样导入包中的模块
>>>
```

图 1-28   导入模块或对象时的常见错误

1.7   Python 代码编写规范

一个好的 Python 代码不仅应该是正确的，还应该是漂亮的、优雅的，应该具有非常强的可读性和可维护性，读起来赏心悦目。代码布局和排版在很大程度上决定了可读性的好坏，变量名、函数名、类名等标识符名称也会对代码可读性和可维护性带来一定的影响，而编写优雅代码则需要熟悉编码规范和语法之后经过长期的练习才能具备相应的功底和能力。

Python 代码编写规范

这些规范中有些可能会暂时不容易理解，可以简单阅读一下，学习了后面章节的内容之后经常回来翻看本节内容，逐步加深对编码规范的理解。

1. 缩进

在函数定义、类定义、选择结构、循环结构、异常处理结构和 with 语句等结构中，对应的函数体或语句块都必须有相应的缩进。当某一行代码与上一行代码不在同样的缩进层次上，并且与之前某行代码的缩进层次相同时，表示上一个代码块结束。

Python 对代码缩进是硬性要求，严格使用缩进来体现代码的逻辑从属关系，错误的缩进将会导致代码无法运行(语法错误)或者可以运行但是给出错误结果(逻辑错误)。如果代码缩进不对，常见的语法错误提示有 "SyntaxError: unexpected indent" "SyntaxError: unindent does not match any outer indentation level"。

代码缩进不对是初学者常见的一种错误，另一个常见错误是拼写不对。在练习程序遇

到问题时一定要仔细检查这两种情况。

一般以 4 个空格为一个缩进单位，并且相同级别的代码块应具有相同的缩进量。在编写程序时要注意，代码缩进时要么使用空格，要么使用 Tab 键，不能二者混合使用，否则会无法运行并提示错误信息"SyntaxError: inconsistent use of tabs and spaces in indentation"，尤其是在交互模式中。

下面的程序演示了代码的缩进，暂时看不懂代码功能没关系，大致了解并体会一下缩进的要求即可，可以运行代码看看效果，或者学习完后面章节之后再回来理解这段代码的功能。

```
def toTxtFile(fn):                  # 函数定义
    with open(fn, 'w') as fp:       # 相对 def 缩进 4 个空格
        for i in range(10):         # 相对 with 缩进 4 个空格
            if i%3==0 or i%7==0:    # 相对于 for 缩进 4 个空格
                fp.write(str(i)+'\n')   # 相对于 if 缩进 4 个空格
            else:                   # 选择结构的 else 分支，与 if 对齐
                fp.write('ignored\n')   # 相对于 else 缩进 4 个空格
        fp.write('finished\n')      # for 循环结构结束，与 for 对齐
    print('all jobs done')          # with 块结束，与 with 对齐

toTxtFile(r'D:\text.txt')           # 函数定义结束，调用函数
```

自己编写代码时，只要准确理解业务逻辑并注意缩进，一般写代码不会出现缩进错误。比较常见的情况是从 PPT 或网页上复制来的代码提示语法错误，有可能是因为有个看不见的符号，代码看上去缩进是对的，但是无法运行并提示缩进错误或者"SyntaxError: EOL while scanning string literal"，这时把原来的代码删除自己动手输入一遍就可以了，或者把光标移动到那一行代码的最后，按下 Backspace 键会发现光标位置没有移动，再运行代码就可以了。

2. 空格与空行

作为一般建议，最好在每个类和函数的定义或一段完整的功能代码之后增加一个空行，在运算符两侧各增加一个空格，逗号后面增加一个空格，让代码适当松散一点，不要过于密集。

在实际编写代码时，这个规范需要灵活运用。有些地方增加空行和空格会提高可读性，代码更加利于阅读。但是，如果生硬地在所有运算符两侧和逗号后面都增加空格，代码布局过度松散了反而适得其反，应该张弛有度，如图 1-29 所示。

```
1 from random import sample   括号外，等号两侧一般会各加1个空格
2                                           括号内等号两侧一般不加空格
3 data = sample(range(100), k=10)
4 print(data)
5 print(sorted(data, key=str))
```

图 1-29　等号两侧加空格与不加空格的场合

3. 标识符命名

变量名、常量名、函数名和类名、成员方法名统称为标识符，其中变量用来表示初始结果、中间结果和最终结果的值及其支持的操作，函数用来表示一段封装了某种功能的代码，类是具有相似特征和共同行为的对象的抽象。在为标识符起名字时，至少应该做到"见名知义"，优先考虑使用英文单词或单词的组合作为标识符名字。

如果使用单词组合，有两种常用形式，一种是使用单个下划线连接单词(例如 str_name)，一种是标识符名字首字母小写而后面几个单词的首字母大写(例如 strName)。变量名和函数名可以使用任意一种形式，类名一般使用第二种形式并且首字母大写。另外，变量名不适合太长，有的程序员总担心别人看不明白自己的变量名表示什么，干脆使用一个完整句子的十几个单词的组合作为变量名，这样做是不合适的。

例如，使用 age 表示年龄，number 表示数量，radius 表示圆或球的半径，price 表示价格，area 表示面积，volume 表示体积，row 表示行，column 表示列，length 表示长度，width 表示宽度，line 表示直线，curve 表示曲线，getArea 或 get_area 表示用来计算面积的函数名，setRadius 或 set_radius 表示修改半径的函数，这也是保证与提高代码可读性和可维护性的基本要求。除非是用来临时演示或测试个别知识点的代码片段，否则不建议使用 x、y、z 或者 a1、a2、a3 这样的变量名。

除"见名知义"这个基本要求之外，在 Python 中定义标识符时，还应该遵守下面的规范：

- 必须以英文字母、汉字或下划线开头。
- 中间位置可以包含汉字、英文字母、数字和下划线，不能有空格或任何标点符号。
- 不能使用关键字，例如 yield、lambda、def、else、for、break、if、while、try、return 都是不能用作标识符名称的。
- 对英文字母的大小写敏感，例如 student 和 Student 是不同的标识符名称。
- 不建议使用系统内置的模块名、类型名或函数名以及已导入的模块名及其成员名作为变量名或者自定义函数名、类名，例如 type、max、min、len、list 这样的变量名都是不建议使用的，也不建议使用 math、random、datetime、re 或其他内置模块和标准库的名字作为变量名或者自定义函数名、类名。详见 7.3.2 节。

4. 续行

尽量不要写过长的语句，应尽量保证一行代码不超过屏幕宽度以提高可读性。如果语句确实太长超过屏幕宽度，最好在行尾使用续行符"\"表示下一行代码仍属于本条语句，或者使用圆括号把多行代码括起来表示是一条语句，但不管哪种方式都不能在标识符和字符串中间位置直接换行。使用反斜线续行符时要注意，反斜线后面不能再有代码有效字符，可以有注释。下面的代码演示了续行的用法。

```
expression1 = 1 + 2 + 3\        # 使用反斜线作为续行符
              + 4 + 5

expression2 = (1 + 2 + 3        # 把多行表达式放在圆括号中表示是一条语句
              + 4 + 5)
```

5. 注释

对关键代码和重要的业务逻辑代码进行必要的注释，方便代码的阅读和维护，这在多人团队或编写大型软件时非常重要。即使是个人编写小软件时也应进行必要的注释，不要过于相信自己的记忆力，自己写的代码几个月后想不起来当时的思路是经常发生的事。

在 Python 中有两种常用的注释形式：井号"#"和三引号。井号"#"用于单行注释，表示本行中"#"符号之后的内容不作为代码运行，一般建议在表示注释的井号"#"后面增加一个空格再写注释内容；一对三引号(可以是三单引号和三双引号)常用于大段说明性文本的注释，也可以用于表示包含多行的字符串。

代码中加入注释应该是方便人类阅读和理解代码的，应该用来说明关键代码的作用和主要思路，应该源于代码并且高于代码。如果代码已经很好地描述了功能，不建议增加没有必要的注释进行重复说明，也不建议在注释中对代码进行简单的重复，这些冗余的文本反而会降低可读性，也显得不尊重代码阅读者的智商。

6. 圆括号

圆括号除了用来定义函数、调用函数和表示多行代码为一条语句外，还常用来修改表达式的计算顺序或者增加代码的可读性以避免产生歧义。建议在复杂表达式中适当的位置增加括号，明确说明运算顺序，尽最大可能减少人们阅读时可能的困扰，除非运算符优先级与大多数人所具备的常识高度一致。

7. 定界符、分隔符、运算符

在编写 Python 程序时，所有定界符和分隔符都应使用英文半角字符，例如元素之间的逗号、表示列表的方括号、表示元组的圆括号、表示字典和集合的大括号、表示字符串和字节串的引号、字典的"键"和"值"之间的冒号、定义函数和类以及类中方法时的冒号、所有运算符，这些都应该使用英文半角输入法，不能是全角字符。这些属于硬性规定，如果违反会导致语法错误。在本书中，如果不特别说明，提到的方括号、圆括号、大括号、逗号、冒号都默认是英文半角符号。

8. 函数大小

一般建议一个函数的代码行数不超过一个屏幕的高度，如果超过太多可以考虑重新设计程序的框架，拆分成几个小的函数。和续行符的使用一样，函数大小也不是硬性规定，但如果这样做的话可以提高代码阅读体验。

本章知识要点

(1) Python 是一门跨平台、开源、免费的解释型高级动态编程语言，是一种通用编程语言。

(2) 除了可以解释执行之外，Python 还支持把源代码伪编译为字节码来优化程序以提高加载速度并对源代码进行一定程度的保密，也支持将 Python 程序及其所有依赖库打包为不同平台上的可执行文件。

(3) 如果刚刚接触 Python 还没有确定以后会做什么领域的开发，建议安装 Python 3.x 的最高稳定版本。

(4) 自己编写的程序文件名不要和 Python 内置模块、标准库模块和已安装的扩展库模块名字一样，否则会影响运行。

(5) 不建议安装太多 Python 开发环境，以免因为环境搭建和使用不熟悉带来问题，浪费时间。

(6) Anaconda3 是非常优秀的数据科学平台，支持 Python 和 R 语言，集成安装了大量扩展库，PyCharm+Anaconda3 的组合大幅度提高了开发效率，减少了环境搭建所需要的时间。

(7) 库或包一般指包含若干模块的文件夹，模块指一个包含若干函数定义、类定义或常量的 Python 源程序文件。

(8) 标准的 Python 安装包只包含了内置模块和标准库，没有包含任何扩展库。

(9) 如果计算机上安装了多个版本的 Python 开发环境，那么在一个版本下安装的扩展库无法在另一个版本中使用，必须为每个版本的 Python 分别安装扩展库。

(10) Python 所有内置对象不需要导入就可以直接使用，但内置模块和标准库中的对象必须先导入才能使用，扩展库则需要正确安装之后才能导入和使用其中的对象。

(11) 一个好的 Python 代码不仅应该是正确的，还应该是漂亮的、优雅的，可读性和可维护性强，读起来赏心悦目。

(12) Python 对代码缩进是硬性要求，严格使用缩进来体现代码的逻辑从属关系，错误的缩进将会导致代码无法运行或者可以运行但是给出错误结果。

(13) 在每个类、函数定义或一段完整的功能代码之后增加一个空行，在运算符两侧各增加一个空格，逗号后面增加一个空格，让代码适当松散一点，不要过于密集。但也不可过于松散，应张弛有度。

习　　题

1. 简答题：简单描述 Python 语言的应用领域。
2. 简答题：简单描述 Python 语言的特点。
3. 简答题：简单描述 Python 语言的编码规范。
4. 操作题：从官方网站下载适合自己计算机操作系统的 Python 安装包，然后安装扩展库 jieba、python-docx、openpyxl、pypinyin、pymupdf、wordcloud、pillow。
5. 操作题：从官方网站下载 Anaconda3，然后安装扩展库 jieba、python-docx 和 pymupdf，并更新扩展库 openpyxl。

第2章

内置类型、内置函数与运算符

▶▶

- ➤ 熟练掌握常见内置类型的基本用法
- ➤ 熟练掌握常用运算符的功能和用法
- ➤ 熟练掌握常用内置函数的功能和用法
- ➤ 了解自定义函数的基本语法
- ➤ 了解 lambda 表达式的语法和功能
- ➤ 了解函数式编程的形式和特点
- ➤ 了解部分标准库中函数的用法

2.1　常用内置类型

　　数据类型是特定类型的值及其支持的操作组成的整体，每种类型的数据的表现形式、取值范围以及支持的操作都不一样，各有不同的特点、优劣和适用场合。例如，整型数据支持加、减、乘、除、幂运算及相反数和计算余数；列表、元组和字符串分别使用方括号、圆括号和引号作为定界符，都支持使用加号连接、与整数相乘、使用序号作为下标访问特定位置上的元素、使用切片(见 4.3 节)访问其中的部分元素，其中列表支持追加元素、插入元素、删除元素、查找元素、修改元素以及排序等操作，元组不支持元素的增加、修改、删除等操作；字典以大括号作为定界符，支持通过"键"作为下标获取相应的"值"；集合也以大括号作为定界符，但只能包含可哈希对象(可以计算哈希值的对象，含义等价于不可变对象)、其中的元素是无序的，增加元素时会自动忽略重复元素，不支持使用下标访问指定位置上的元素。

　　在 Python 语言中所有的一切都可以称作对象，常见的对象类型有整数、实数、复数、字符串、列表、元组、字典、集合和 zip 对象、map 对象、enumerate 对象、range 对象、filter 对象、生成器对象等内置对象，以及大量标准库对象和扩展库对象，函数和类也可以称作对象。

　　内置对象在启动 Python 之后就可以直接使用，不需要导入任何标准库，也不需要安装和导入任何扩展库。可以使用 print(dir(__builtins__)) 查看所有内置对象清单，其中常用的内置类型如表 2-1 所示。内置函数将在 2.3 节专门讲解。

表 2-1　Python 内置类型

对象类型	类型名称	示　例	简要说明
数字	int float complex	666, 0o777, 0b1111, 0x4ed8, 2.718281828459045, 1.2e-3, 3+4j, 5J	数字大小没有限制；1.2e-3 表示 1.2 乘以 10 的 -3 次方；复数中 j 或 J 表示虚部
字符串	str	'Readability counts.' "What's your name?" '''Tom sai, "let's go."''' r'C:\Windows\notepad.exe' f'My name is {name}' rf'{directory}\{fn}' ''	使用单引号、双引号、三引号作为定界符，不同定界符之间可以互相嵌套； 前面加字母 r 或 R 表示原始字符串，任何字符都不进行转义；前面加字母 f 或 F 表示对字符串中的变量名占位符进行替换，对字符串进行格式化；可以在引号前面同时加字母 r 和 f； 一对空的单引号、双引号或三引号表示空字符串
字节串	bytes	b'\xe8\x91\xa3\xe4\xbb\x98\xe5\x9b\xbd' b'Python\xb6\xad\xb8\xb6\xb9\xfa'	以字母 b 引导，可以使用单引号、双引号、三引号作为定界符。同一个字符串使用不同编码格式编码得到的字节串可能会不一样
列表	list	['red', 'green', 'blue'] ['a', {3}, (1,2), ['c', 2], {65:'A'}] []	所有元素放在一对方括号中，元素之间使用逗号分隔，其中的元素可以是任意类型；一对空的方括号表示空列表
元组	tuple	(0, 0, 255) (0,) ()	所有元素放在一对圆括号中，元素之间使用逗号分隔，元组中只有一个元素时后面的逗号不能省略，一对空的圆括号表示空元组

续表

对象类型	类型名称	示　例	简要说明

字典	dict	`{'red': (1,0,0),`
		`'green': (0,1,0),`
		`'blue': (0,0,1)}`
		`{}`
			所有元素放在一对大括号中,元素之间使用逗号分隔,元素形式为"键:值",其中"键"不允许重复并且必须为不可变类型(或者说必须是可哈希类型,例如整数、实数、字符串、元组),"值"可以是任意类型的数据;一对空的大括号表示空字典

集合	set	`{'red', 'green', 'blue'}` `set()`	所有元素放在一对大括号中,元素之间使用逗号分隔,元素不允许重复且必须为不可变类型;set()表示空集合,不能使用一对空的大括号{}表示空集合
布尔型	bool	`True, False`	逻辑值,首字母必须大写
空类型	NoneType	`None`	空值,首字母必须大写

异常	`NameError`
	`ValueError`
	`TypeError`
	`KeyError`
	`...`
			Python 内置异常类

文件		`fp = open('data.txt', 'w',` `encoding='utf8')`	Python 内置函数 open() 使用指定的模式打开文件,返回文件对象
迭代器		生成器对象、`zip` 对象、`enumerate` 对象、`map` 对象、`filter` 对象、`reversed` 对象等	具有惰性求值的特点,空间占用小,适合大数据处理;其中每个元素只能使用一次

　　在编写程序时，必然要使用到若干变量来保存初始数据、中间结果或最终计算结果。Python 程序中的变量可以理解为表示某种类型对象的标签。变量的命名规则和注意事项请参考本书 1.7 节。

Python 属于动态类型编程语言，变量的值和类型都是随时可以发生改变的。Python 中的变量不直接存储值，而是存储值的内存地址或者引用，这是变量类型随时可以改变的原因。虽然 Python 变量的类型是随时可以发生改变，但每个变量在任意时刻的类型都是确定的。从这个角度来讲，Python 属于强类型编程语言。

在 Python 中，不需要事先声明变量名及其类型，使用赋值语句可以直接创建任意类型的变量，变量的类型取决于等号右侧表达式计算结果的类型，系统会自动进行推断并确定变量类型。赋值语句的执行过程是：首先把等号右侧表达式的值计算出来，然后在内存中寻找一个位置把值存放进去，最后创建变量并指向这个内存地址(或者说给这个内存地址贴上以变量名为名的标签)。对于不再使用的变量，可以使用 del 语句将其删除。

下面的代码在 IDLE 交互模式中演示了变量的创建、使用与删除，也可以在 Spyder 的 IPython console 环境中练习，二者用法是一样的，只是提示符形式略有不同。在代码中，内置函数 type()用来查看变量的类型。可以看出，赋值语句既可以改变变量的值也可以改变变量的类型，删除变量之后再访问时会出错并提示变量没有定义。

变量的动态类型特点

```
>>> data = 3 + 5                    # 创建整型变量
>>> type(data)                      # 查看变量类型
<class 'int'>
>>> data = 3.14                     # 创建实数变量
>>> type(data)
<class 'float'>
>>> data = [43, 67]
>>> type(data)
<class 'list'>
>>> data = 'Python 程序设计入门与实践教程'
>>> type(data)
<class 'str'>
>>> del data
>>> data                            # 变量已被删除，再访问会出错
Traceback (most recent call last):
  File "<pyshell#31>", line 1, in <module>
    data
NameError: name 'data' is not defined
```

2.1.1 整数、实数、复数

Python 内置的数字类型有整数、实数和复数。其中，整数类型除了常见的十进制整数，还有：

- 二进制：以 0b 开头，每一位只能是 0 或 1，例如 0b10011100。
- 八进制：以 0o 开头，每一位只能是 0、1、2、3、4、5、6、7 这八个数字之一，例如 0o777。
- 十六进制：以 0x 开头，每一位只能是 0、1、2、3、4、5、6、7、8、9、a、b、c、d、e、f 之一，其中 a 表示 10，b 表示 11，以此类推，例如 0xa8b9。英文字母 a~f 大小写都可以。

Python 支持任意大的数字，在内部使用动态链表存储(不知道动态链表没关系，可以直接跳过，不用在这方面耽误时间)。另外，由于精度的问题，实数的算术运算可能会有一定的误差，应尽量避免在实数之间直接进行相等性测试，而是应该使用标准库 math 中的函数 isclose() 测试两个实数是否足够接近。另外，Python 内置支持复数类型及其运算。

下面的代码演示了部分用法。为了避免读者在习惯了交互模式可以直接得到表达式值之后在编写程序文件时忘记了要使用 print() 函数输出，本书在交互模式中演示代码时也使用了 print() 函数，虽然并不需要这样做。代码中用到了标准库 math 和 random 的一些函数，具体功能和含义可以参考代码中的注释。

```
>>> import math
>>> print(math.factorial(72))       # 计算 72 的阶乘
61234458376886086861524070385274672740778091784697328983823014963978384987
221689274204160000000000000000000
>>> print(0.4+0.3)                   # 计算两个实数的和
0.7
>>> print(0.4-0.3)                   # 实数运算可能会有误差
0.10000000000000003
>>> print(0.4-0.3 == 0.1)            # 尽量不要直接比较实数是否相等
False
>>> print(math.isclose(0.4-0.3, 0.1))
                                     # 测试两个实数是否足够接近
True
>>> print(8**(1/3))                  # 计算 8 的立方根
2.0
>>> print(3**0.5)                    # 计算 3 的平方根
1.7320508075688772
>>> c = 3+4j
>>> print(c**2)                      # 计算复数的平方
(-7+24j)
>>> print(c*c.conjugate())           # 计算一个复数与其共轭复数的乘积
(25+0j)
>>> print(abs(c))                    # 计算复数的模
5.0
```

```
>>> print(3+4j.imag)              # 计算整数 3 与复数 4j 的虚部的和
7.0
>>> print((3+4j).imag)            # 输出复数 3+4j 的虚部
4.0
>>> print(math.comb(600, 237))    # 计算 600 选 237 的组合数, Python 3.8 支持
2247778206433816490117882562024302679537538421779245959917435943647259327736304763484503923372082307847290745019556573214316800089303228395818884953967605561946794741426888000
>>> print(math.perm(72, 20))      # 计算 72 选 20 的排列数, Python 3.8 支持
75918477261738313912711682064384000
>>> print(math.gcd(36, 48))       # 计算 36 和 48 的最大公约数
12
>>> math.gcd(36, 24, 48, 18)      # 计算多个整数的最大公约数, Python 3.9 支持
6
>>> math.lcm(3, 6, 9)             # 计算多个整数的最小公倍数, Python 3.9 支持
18
>>> print(math.log(100))          # 计算 100 的自然对数
4.605170185988092
>>> print(math.log(100, 10))      # 计算 100 以 10 为底的对数
2.0
>>> print(math.log10(100))        # 计算 100 以 10 为底的对数
2.0
>>> print(math.log2(100))         # 计算 100 以 2 为底的对数
6.643856189774724
>>> print(math.log1p(99))         # 计算 99+1 的自然对数
4.605170185988092
>>> print(math.nextafter(3.458, 50))
                                  # 3.458 向 50 方向前进时的下一个实数
                                  # Python 3.9 开始支持
3.4580000000000006
>>> print(math.nextafter(3.458, -50))
                                  # 3.458 向-50 方向前进时的下一个实数
3.4579999999999997
>>> print(math.prod([1,2,3]))     # 计算可迭代对象中数字的连乘
6
# 标准库函数 random.randint(a,b)用于返回介于区间[a,b]的一个随机数
>>> from random import randint
# 字符串前面加字母 f 表示格式化, 会计算字符串中一对大括号内表达式的值
# 大括号中冒号后面表示格式, x 表示十六进制数
```

```
# 6 表示最终结果为 6 位，0 表示不足 6 位时在前面补 0
# f-字符串的用法详见 6.1.3 节
# 可以使用下面语句的方法生成随机颜色值
# 其中 16777215 表示 0xffffff 的十进制数
>>> print(f'#{randint(0,16777215):06x}')
#25b195
# 为了提高大数字的可读性，可以在整数中间位置插入一个下划线作为分隔符
# 一般是使用单个下划线作为千分位分隔符，也可以在其他位置，但不能在首尾
# 这个用法适用于 Python 3.6 以及更新的版本
>>> print(12_345_678)
12345678
# 不允许在数字尾部使用下划线
>>> print(12_345_678_)
SyntaxError: invalid decimal literal
# 在前面加下划线会被认为是变量名
>>> print(_12_345_678)
Traceback (most recent call last):
  File "<pyshell#67>", line 1, in <module>
    print(_12_345_678)
NameError: name '_12_345_678' is not defined
```

2.1.2 列表、元组、字典、集合

列表、元组、字典、集合是 Python 内置的容器对象，其中可以包含多个元素。这几种类型也是 Python 中常见的可迭代对象。

所谓可迭代对象(iterable)，是指可以使用 for 循环从前向后逐个访问其中元素的容器类对象，这样的对象也可以转换为列表、元组、集合对象。

还有一个常见的词叫作迭代器 (iterator) 对象，是指除了支持 for 循环遍历元素之外还可以使用内置函数 next() 从前向后逐个访问其中元素的对象，例如 map 对象、zip 对象、生成器对象都属于迭代器对象，这些内容会在后面的章节中陆续详细讲解。迭代器对象属于可迭代对象的真子集，迭代器对象一定是可迭代对象，但可迭代对象不一定是迭代器对象。

这几个类型具有很多相似的操作，但互相之间又有很大的不同。这里先介绍一下简单使用，更详细的讲解请参考本书后面章节。

选择自己喜欢的 Python 开发环境，创建程序文件，输入下面的代码：

```
# 创建列表对象
x_list = [1, 2, 3]
# 星号表示序列解包，即取出列表中的所有元素，sep 表示指定冒号作为分隔符
```

```
# 类似用法适用于任意可迭代对象，见4.5节
print(*x_list, sep=':')
# 创建元组对象
x_tuple = (1, 2, 3)
# 创建字典对象，元素形式为"键:值"
x_dict = {'a':97, 'b':98, 'c':99}
# 创建集合对象
x_set = {1, 2, 3}
# 使用下标访问列表中指定位置的元素，元素下标从0开始
print(x_list[1])
# 元组也支持使用序号作为下标，1表示第二个元素的下标
print(x_tuple[1])
# 访问字典中特定"键"对应的"值"，字典对象的下标是"键"
print(x_dict['a'])
# 查看列表长度，也就是其中元素的个数
print(len(x_list))
# 查看元素2在元组中首次出现的位置
print(x_tuple.index(2))
# 使用for循环遍历字典中的"键:值"元素
# 查看字典中哪些"键"对应的"值"为98
# for循环结构的详细内容见3.3.1节，单分支选择结构见3.2.1节
for key, value in x_dict.items():
    if value == 98:
        print(key)
# 查看集合中元素的最大值
print(max(x_set))
```

列表、元组、字典、集合基本用法

运行结果为：

```
1:2:3
2
2
97
3
1
b
3
```

2.1.3　字符串

字符串是包含若干字符的容器对象，其中可以包含汉字、英文字母、数字和标点符号等任意字符。

字符串使用单引号、双引号、三单引号或三双引号作为定界符，其中三引号里的字符串可以换行，并且不同的定界符之间可以互相嵌套。一般来说，普通字符串(其中包含双引号也没关系)使用单引号作为定界符比较方便快捷(毕竟双引号需要配合 Shift 键才能输入，但这并不是硬性规定，在 Python 官方提供的文档和演示代码中也有很多使用双引号表示字符串的地方)。如果字符串本身包含单引号，那么可以使用双引号作为最外层的定界符；如果字符串本身同时包含单引号和双引号，可以使用三引号作为定界符。

如果字符串中含有反斜线"\"，反斜线和后面紧邻的字符可能(注意，不是一定)会组合成转义字符，这样的组合就会变成其他的含义而不再表示原来的字面意思，例如'\n'表示换行符，'\r'表示回车键，'\b'表示退格键，'\f'表示换页符，'\t'表示水平制表符，'\ooo'表示最多 3 位八进制数对应 ASCII 码的字符(例如'\64'表示字符'4')，'\xhh'表示 2 位十六进制数对应 ASCII 码的字符(例如'\x41'表示字符'A')，'\uhhhh'表示 4 位十六进制数对应 Unicode 编码的字符(例如'\u8463'表示字符'董'、'\u4ed8'表示字符'付'、'\u56fd'表示字符'国')，'\UXXXXXXXX'表示 8 位十六进制数对应 Unicode 编码的字符(有效编码范围为'\U00010000'至'\U0001FFFD')。

在使用字符串表示文件路径时，如果其中作为分隔符的反斜线和后面紧邻的字符恰好组成转义字符，字符串就没法正确表示路径了。例如字符串'C:\Windows\notepad.exe'中的第二个反斜线和文件名的第一个字母会变成转义字符'\n'(表示换行符)，这样的话整个字符串就不能表示正确的文件路径了。

如果不想使反斜线和后面紧邻的字符组合成为转义字符，可以在字符串前面直接加上字母 r 或 R。在字符串前面加上英文字母 r 或 R 表示原始字符串，其中的每个字符都表示字面含义，不会进行转义。不管是普通字符串还是原始字符串，都不能以单个反斜线结束，如果最后一个字符是反斜线的话需要再多写一个反斜线。另外，在字符串前面加字母 f 或 F 表示对字符串进行格式化，把其中的变量名占位符替换为具体的值。原始字符串和格式化字符串可以同时使用，也就是说在字符串前面可以同时加字母 f 和 r(不区分大小写)。

下面所列字符串都是合法的 Python 字符串：

```
'Hello world'
'这个字符串是数字"123"和字母"abcd"的组合'
'''Tom said,"Let's go"'''
'''Beautiful is better than ugly.
Explicit is better than implicit.
Simple is better than complex.
Complex is better than complicated.
Flat is better than nested.
Sparse is better than dense.
```

```
Readability counts.'''
"""
<html>
    <head>
        <title>标题</title>
    </head>
    <body>
        <p>一段文本</p>
        <a href="#">超链接</a>
    </body>
</html>"""
r'C:\Windows\notepad.exe'
```

Python 3.x 代码默认使用 UTF-8 编码格式，全面支持中文。在使用内置函数 len() 统计字符串长度时，中文和英文字母都作为一个字符对待。在使用 for 循环或类似技术遍历字符串时，每次遍历其中的一个字符，中文字符和英文字符也一样对待。另外，在 Python 3.x 中可以使用汉字做变量名，再也不用因为想不出使用哪个英文单词做变量名而发愁了。

除了支持双向索引、比较大小、计算长度、切片、成员测试等序列对象常用操作之外，字符串类型自身还提供了大量方法，例如字符串格式化、查找、替换、排版等。本节先简单介绍一下字符串对象的创建、连接、重复、长度计算以及子串测试的用法，更详细的内容请参考本书第 6 章。

```
# 使用一对三双引号定义包含多行的字符串，模拟一个网页的 HTML 代码
>>> text = """
<html>
    <head>
        <title>标题</title>
    </head>
    <body>
        <p>第一段文本</p>
        <a href="#">第一个超链接</a>
        <p>第二段文本</p>
        <img src="Python 小屋.png" />
        <a href="#">第二个超链接</a>
    </body>
</html>"""
>>> print(len(text))            # 查看字符串总长度
226
>>> print(text.count('<p>'))    # 查看子串'<p>'的出现次数
2
```

```
>>> print(text.count('<a>'))        # 查看子串'<a>'的出现次数
2
>>> print(text.count(' '))          # 查看空格出现的次数
68
>>> print(text.count('\n'))         # 查看换行符出现的次数
12
>>> '<title>' in text               # 查看 text 中是否包含子串'<title>'
True
>>> print('='*10)                   # 字符串乘以整数表示重复
==========
>>> print('Hello'+' world')         # 连接字符串
Hello world
>>> print('Hello'' world')          # 也可以这样连接字符串
Hello world
>>> print(r'C:\Windows\notepad.exe')
                                    # 表示文件路径时建议使用原始字符串
C:\Windows\notepad.exe
>>> directory = r'C:\Windows'
>>> fn = 'notepad.exe'
>>> print(rf'{directory}\{fn}')     # 在字符串前面同时加字母 r 和 f
C:\Windows\notepad.exe
>>> age = 43
>>> print(f'{age=}')                # 这个语法 Python 3.8 开始支持
age=43
>>> print(f'age={age}')             # Python 3.8 之前的版本中需要这样写
age=43
>>> 年龄 = 43                        # 可以使用中文字符作为变量名
>>> 年龄 = 年龄 + 3
>>> print(年龄)
46
```

2.1.4 函数

函数可以理解为一个实现特定功能的黑盒子，接收输入进行处理，完成预定功能并给出输出。

函数也属于 Python 常用的类型之一，像前面多次用到的 print() 就是用来输出对象的值的内置函数。函数是最常用的可调用对象类型，可以分为内置函数、标准库函数、扩展库函数和自定义函数。严格来说，标准库函数和扩展库函数也是自定义函数，只不过是别人已经写好的，我们直接调用即可。

在 Python 中，可以使用关键字 def 定义具名函数(有名字的函数)，使用关键字 lambda 定义匿名函数(没有名字的函数，一般作为其他函数的参数来使用)。详细内容请参考本书第 7 章，本节仅简单介绍相关的语法。下面的代码演示了定义和调用函数的用法。

```
# func 是函数名，value 是形参，可以理解为占位符
# 在调用函数时，形参会被替换为实际传递过来的对象
def func(value):
    return value*3

# lambda 表达式常用来定义匿名函数，也可以定义具名函数
# 下面定义的 func 和上面的函数 func 在功能上是等价的
# value 相当于函数的形参，表达式 value*3 的值相当于函数的返回值
func = lambda value: value*3

# 通过函数名来调用，圆括号里的内容是实参，用来替换函数的形参
print(func(5))
print(func([5]))
print(func((5,)))
print(func('5'))
```

函数的基本语法

运行结果为:

```
15
[5, 5, 5]
(5, 5, 5)
555
```

2.2 运算符与表达式

在 Python 中，单个常量或变量可以看作最简单的表达式，使用除等于号和复合运算符之外的其他任意运算符连接的式子也是表达式，在表达式中还可以包含函数调用。

运算符用来表示特定类型的对象支持的行为和对象之间的操作。运算符的功能与对象类型密切相关，不同类型的对象支持的运算符不同，同一个运算符作用于不同类型的对象时功能也会有所区别。例如，数字之间允许相加则支持运算符"+"，日期时间对象不支持相加但支持减法运算符"-"得到时间差对象，整数与数字相乘表示算术乘法而与字符串相乘时表示对原字符串进行重复并得到新字符串，减号作用于整数、实数、复数时表示算术减法而作用于集合时表示差集。常用的 Python 运算符如表 2-2 所示，大致按照优先级从低到高的顺序排列。在计算表达式时，会先计算高优先级的运算符对应的运算再计算低优先级的运算符对应的运算，相同优先级的运算符从左向右依次进行计算(幂运算符"**"除外)。

表 2-2　Python 运算符

运 算 符	功 能 说 明
:=	赋值运算，Python 3.8 新增，俗称海象运算符
lambda [parameter]: expression	用来定义 lambda 表达式，功能相当于函数，parameter 相当于函数参数，可以没有；expression 表达式的值相当于函数返回值
value1 if condition else value2	用来表示一个二选一的表达式，其中 value1、condition、value2 都为表达式，如果 condition 的值等价于 True 则整个表达式的值为 value1 的值，否则整个表达式的值为 value2 的值，类似于一个双分支选择结构，见 3.2.2 节
or	"逻辑或"运算，以 exp1 or exp2 为例，如果 exp1 的值等价于 True 则返回 exp1 的值，否则返回 exp2 的值
and	"逻辑与"运算，以 exp1 and exp2 为例，如果 exp1 的值等价于 False 则返回 exp1 的值，否则返回 exp2 的值
not	"逻辑非"运算，对于表达式 not x，如果 x 的值等价于 True 则返回 False，否则返回 True
in、not in is、is not <、<=、>、>=、==、!=	成员测试，表达式 x in y 的值当且仅当 y 中包含元素 x 时才会为 True； 测试两个对象是否为同一个对象的引用。如果两个对象是同一个对象的引用，那么它们的内存地址相同； 关系运算，用于比较大小，作用于集合时表示测试集合的包含关系； 这三组运算符具有相同的优先级
|	"按位或"运算，集合并集
^	"按位异或"运算，集合对称差集
&	"按位与"运算，集合交集
<<、>>	左移位、右移位
+ -	算术加法，列表、元组、字符串合并与连接； 算术减法，集合差集
* @ / // %	算术乘法，序列重复； 矩阵乘法； 真除； 整除； 求余数，字符串格式化
+x -x ~x	正号 负号，相反数 按位求反
**	幂运算，指数可以为小数，例如 3**0.5 表示计算 3 的平方根

续表

运算符	功 能 说 明
[] . ()	下标，切片； 属性访问，成员访问； 函数定义或调用，修改表达式计算顺序，声明多行代码为一个语句
[]、()、{}	定义列表、元组、字典、集合，列表推导式、生成器表达式、字典推导式、集合推导式

虽然 Python 运算符有一套严格的优先级规则，但并不建议过于依赖运算符的优先级和结合性，而是应该在编写复杂表达式时尽量使用圆括号来明确说明其中的逻辑以提高代码的可读性。不建议花费太多精力记忆运算符的优先级和结合性，更不建议故意写一些有误导性的表达式来显示自己对运算符优先级的深刻理解和熟练运用，所有这些在圆括号面前都是"浮云"。

除了表 2-2 列出的运算符之外，还有+=、-=、*=、/=、//=、**=、&=、^=、|=、>>=、<<=等复合运算符，例如语句 data += 3 可以简单地理解为 data = data + 3，但实际功能细节会随着 data 类型的不同而存在较大的差异。作为建议，一般不提倡 data += 3 这种形式的写法，更推荐使用 data = data + 3 这种形式的代码。本书没有占用篇幅详细介绍这些复合运算符。

最后，除 Python 内置类型之外，运算符也可以用于很多标准库和扩展库对象，自定义类也可以实现特殊方法来支持特定的运算符。本书不介绍面向对象程序设计的内容，有兴趣的读者可以参考作者编著的其他 Python 书籍。

2.2.1 算术运算符

(1) "+" 运算符除了用于算术加法以外，还可以用于列表、元组、字符串的连接，但一般不这样用，因为效率较低。

```
>>> print(3 + 5)                  # 整数相加
8
>>> print(3.14 + 9.8)             # 实数相加，可能会有误差
12.940000000000001
>>> print((3+4j) + (5+6j))        # 复数相加，实部与虚部分别相加
(8+10j)
>>> print('Python' + '小屋')       # 连接字符串
Python 小屋
>>> print([1, 2] + [3, 4, 5])     # 连接列表
[1, 2, 3, 4, 5]
>>> print((255,) + (0, 0))        # 连接元组
(255, 0, 0)
```

```
>>> [] + 3                          # 不支持列表与整数相加，抛出异常
Traceback (most recent call last):
  File "<pyshell#5>", line 1, in <module>
    [] + 3
TypeError: can only concatenate list (not "int") to list
```

(2)"-"运算符除了用于整数、实数、复数之间的算术减法和相反数之外，还可以计算集合的差集。需要注意的是，在进行实数之间的运算时，实数精度问题有可能会导致误差。

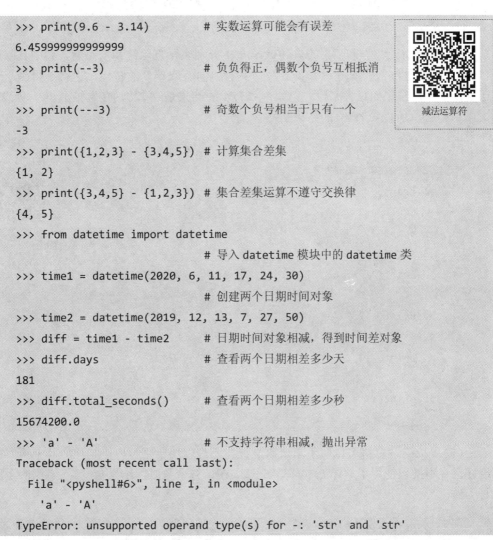

```
>>> print(9.6 - 3.14)               # 实数运算可能会有误差
6.459999999999999
>>> print(--3)                      # 负负得正，偶数个负号互相抵消
3
>>> print(---3)                     # 奇数个负号相当于只有一个
-3
>>> print({1,2,3} - {3,4,5})        # 计算集合差集
{1, 2}
>>> print({3,4,5} - {1,2,3})        # 集合差集运算不遵守交换律
{4, 5}
>>> from datetime import datetime
                                    # 导入 datetime 模块中的 datetime 类
>>> time1 = datetime(2020, 6, 11, 17, 24, 30)
                                    # 创建两个日期时间对象
>>> time2 = datetime(2019, 12, 13, 7, 27, 50)
>>> diff = time1 - time2            # 日期时间对象相减，得到时间差对象
>>> diff.days                       # 查看两个日期相差多少天
181
>>> diff.total_seconds()            # 查看两个日期相差多少秒
15674200.0
>>> 'a' - 'A'                       # 不支持字符串相减，抛出异常
Traceback (most recent call last):
  File "<pyshell#6>", line 1, in <module>
    'a' - 'A'
TypeError: unsupported operand type(s) for -: 'str' and 'str'
```

减法运算符

(3)"*"运算符除了表示整数、实数、复数之间的算术乘法，还支持列表、元组、字符串这几个类型的对象与整数的乘法，表示序列元素的重复，生成新的列表、元组或字符串。

```
>>> print(6666666 * 88888888)        # 计算整数的乘积
592592527407408
>>> print((3+4j) * (5+6j))           # 计算复数的乘积
(-9+38j)
>>> print('重要的事情说三遍！' * 3)   # 字符串与整数相乘表示重复
重要的事情说三遍！重要的事情说三遍！重要的事情说三遍！
>>> print([1,2,3] * 3)               # 列表与整数相乘表示重复
[1, 2, 3, 1, 2, 3, 1, 2, 3]
>>> print((0,) * 5)                  # 元组与整数相乘表示重复
(0, 0, 0, 0, 0)
```

（4）运算符"/"和"//"在 Python 中分别表示真除法和求整商，其中真除运算符"/"的结果是实数，整除运算符"//"具有"向下取整"的特点，也就是得到小于或等于真除法计算结果的最大整数。例如，-17/4 的结果是-4.25，在数轴上小于-4.25 的最大整数是-5，所以-17//4 的结果是-5。

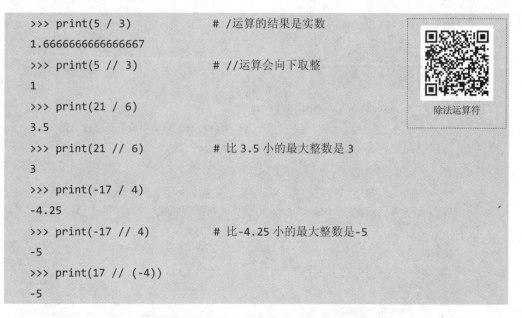

```
>>> print(5 / 3)       # /运算的结果是实数
1.6666666666666667
>>> print(5 // 3)      # //运算会向下取整
1
>>> print(21 / 6)
3.5
>>> print(21 // 6)     # 比 3.5 小的最大整数是 3
3
>>> print(-17 / 4)
-4.25
>>> print(-17 // 4)    # 比-4.25 小的最大整数是-5
-5
>>> print(17 // (-4))
-5
```

除法运算符

（5）"%"运算符可以用于求余数运算，还可以用于字符串格式化。其中第二种用法现在已经不推荐使用了，详见本书第 6 章。在计算余数时，结果与"%"右侧的运算数符号一致。

```
>>> print(365 % 7)      # 365 除以 7 余 1
1
>>> print(365 % 2)      # 一个数除以 2 余 1 表示是个奇数
1
>>> print(48 % 2)       # 一个数除以 2 余 0 表示是个偶数
```

```
0
>>> print(365 % (-2))          # 余数的符号与除数一致
-1
>>> print(-365 % 2)
1
>>> print(365 % 9)
5
>>> print(5.4 % 1.8)           # 可以对实数求余数, 但没实际意义
                               # 这个结果近似为 0
2.220446049250313e-16
```

(6) "**" 运算符表示幂运算。使用时应注意, 该运算符具有右结合性, 也就是说, 如果有两个连续的 "**" 运算符, 那么先计算右边的再计算左边的, 除非使用圆括号明确修改表达式的计算顺序。

```
>>> print(2 ** 8)              # 计算 2 的 8 次方
256
>>> print(3 ** 3 ** 3)         # 计算 3 的 27 次方
7625597484987
>>> print(3 ** (3**3))         # 和上一条语句功能等价
7625597484987
>>> print((3**3) ** 3)         # 计算 27 的 3 次方
19683
>>> print(16 ** 0.5)           # 计算 16 的平方根
4.0
>>> print(3 ** 0.5)            # 计算 3 的平方根
1.7320508075688772
>>> print((-4) ** 0.5)         # 计算-4的平方根, 结果是复数, 实部近似于 0
(1.2246467991473532e-16+2j)
>>> print(16 ** (1/4))         # 计算 16 的 4 次方根
2.0
```

2.2.2　关系运算符

Python 关系运算符用于比较两个对象的值之间的大小, 要求操作数之间可以比较大小。

当关系运算符作用于集合时, 用来测试集合之间的包含关系。如果一个集合 A 中所有元素都在另一个集合 B 中, 那么 A 是 B 的子集, B 是 A 的超集。如果集合 A 中所有元素都在集合 B 中, 但是集合 B 中有的元素不在集合 A 中, 那么 A 是 B 的真子集。如果两个集合中包含同样的元素(与顺序无关), 认为这两个集合相等。关于集合更详细的介绍请参考

2.1.2 节和 5.2 节。

　　当关系运算的作用于列表、元组或字符串时，从前向后逐个比较对应位置上的元素，直到得到确定的结论为止，具有惰性求值的特点。另外，在 Python 中，关系运算符可以连续使用，当连续使用时也具有惰性求值的特点——当已经确定最终结果之后，不再进行多余的比较。关于列表与元组更详细的介绍请参考 2.1.2 节和第 4 章，关于字符串更详细的介绍请参考第 6 章。

关系运算符

```
# 直接比较数值大小
>>> print(5 > 3)
True
# 小写字母的 ASCII 码比对应的大写字母的 ASCII 码大
>>> print('a' > 'A')
True
# 关系运算符优先级低于算术运算符
>>> print(3+2 < 7+8)
True
# <和>的优先级相同，等价于 3<5 and 5>2
>>> print(3 < 5 > 2)
True
# ==和<的优先级相同，等价于 3==3 and 3<5
>>> print(3 == 3 < 5)
True
# !=和<的优先级相同，等价于 3!=3 and 3<5
# 表达式 3!=3 不成立，直接得出结论，不再计算表达式 3<5
>>> print(3 != 3 < 5)
False
# 第一个字符'1'<'2'，直接得出结论
>>> print('12345' > '23456')
False
# 第一个字符'a'>'A'，直接得出结论
>>> print('abcd' > 'Abcd')
True
# 第一个数字 85<91，直接得出结论
>>> print([85, 92, 73, 84] < [91, 73])
True
# 前两个数字相等，第三个数字 101>99
>>> print([180, 90, 101] > [180, 90, 99])
True
# 第一个集合不是第二个集合的超集
```

```
>>> print({1, 2, 3, 4} > {3, 4, 5})
False
# 第一个集合不是第二个集合的子集
>>> print({1, 2, 3, 4} <= {3, 4, 5})
False
# 前三个元素相等，并且第一个列表有多余的元素
>>> print([1, 2, 3, 4] > [1, 2, 3])
True
```

2.2.3　成员测试运算符

成员测试运算符 in 和 not in 用于测试一个对象是否包含另一个对象作为元素，适用于列表、元组、字典、集合、字符串以及 range 对象、zip 对象、filter 对象等包含多个元素的可迭代对象(后面的几个概念在 2.3 节详细讲解)。这两个运算符也具有惰性求值的特点，一旦得出准确结论，不会再继续检查可迭代对象中后面的元素。

```
# 测试列表[3, 50, 60]中是否包含 60
>>> print(60 in [3, 50, 60])
True
# 测试元组(4, 5, 7)中是否包含 3
>>> print(3 in (4, 5, 7))
False
# 测试字符串'abdce'中是否包含子串'abc'
>>> print('abc' in 'abdce')
False
# 测试 range(5)中是否包含 5
>>> print(5 in range(5))
False
# 如果字符串'abcd'不包含子串'c'才会返回 True，否则返回 False
>>> print('c' not in 'abcd')
False
# 测试 map 对象中是否包含字符串'a'，内置函数 map()和 str()的用法详见 2.3 节
>>> print('a' in map(str, range(97,100)))
False
# 内置函数 chr()用来把数字作为 Unicode 编码转换成对应的字符
>>> print('a' in map(chr, range(97,100)))
True
```

2.2.4 集合运算符

集合的交集、并集、对称差集等运算分别使用&、|和^运算符来实现，差集使用减号运算符实现。

```
>>> A = {35, 45, 55, 65, 75}
>>> B = {65, 75, 85, 95}
>>> print(A)                    # 集合中元素的存储顺序和放入顺序不一定一样
{65, 35, 75, 45, 55}
>>> print(B)
{65, 75, 85, 95}
>>> print(A | B)                # 并集
{65, 35, 75, 45, 85, 55, 95}
>>> print(A & B)                # 交集
{65, 75}
>>> print(A - B)                # 差集 A-B
{35, 45, 55}
>>> print(B - A)                # 差集 B-A
{85, 95}
>>> print(A ^ B)                # 对称差集
{35, 45, 85, 55, 95}
>>> print((A|B) - (A&B))        # A^B = (A|B) - (A&B)
{35, 45, 85, 55, 95}
>>> print((A-B) | (B-A))        # A^B = (A-B) | (B-A)
{35, 85, 55, 45, 95}
>>> print(A|B - A&B)            # 注意，差集运算符优先级高于交集运算符
                                # 交集运算符优先级高于并集
                                # 空格并不能改变优先级
{65, 35, 85, 55, 75, 45, 95}
>>> print(A | (B-A) & B)        # 与上一行代码功能等价
{65, 35, 85, 55, 75, 45, 95}
>>> print(A | ((B-A) & B))      # 与前面两行代码功能等价
{65, 35, 85, 55, 75, 45, 95}
```

集合运算的原理如图 2-1 至图 2-5 所示，阴影部分表示计算结果。另外，容易得知，A^B = (A|B) - (A&B) = (A-B) | (B-A)。

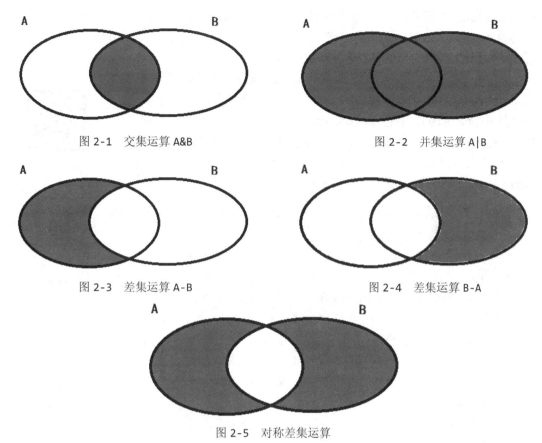

图 2-1 交集运算 A&B

图 2-2 并集运算 A|B

图 2-3 差集运算 A-B

图 2-4 差集运算 B-A

图 2-5 对称差集运算

2.2.5 逻辑运算符

逻辑运算符 and、or、not 常用来连接多个表达式构成更加复杂的表达式，优先级低于算术运算符、关系运算符、成员测试运算符和集合运算符，其中 not 优先级最高，and 次之，or 的优先级最低。

and 连接的两个式子都等价于 True 时整个表达式的值才等价于 True，or 连接的两个式子至少有一个等价于 True 时整个表达式的值等价于 True。对于 and 和 or 连接的表达式，最终计算结果为最后一个计算的子表达式的值。运算符 and 和 or 的结果不一定是 True 或 False，但 not 运算的结果一定是 True 或 False 中的一个。

作为条件表达式时，表达式的值只要不是 0、0.0、0j、None、False、空列表、空元组、空字符串、空字典、空集合、空 range 对象或其他空的容器对象，都认为等价(注意，等价不是相等)于 True。例如，空字符串等价于 False，包含任意字符的字符串都等价于 True；0、0.0、0j 都等价于 False，除 0 之外的任意整数和小数都等价于 True。

在使用时要注意的是，and 和 or 具有惰性求值或逻辑短路的特点，当连接多个表达式时只计算必须计算的值，并以最后计算的表达式的值作为整个表达式的值。以表达式 "expression1 and expression2" 为例，如果 expression1 的值等价于 False，这时不管 expression2 的值是什么，表达式最终的值都是等价于 False 的，干脆就不计算

expression2 的值了，整个表达式的值就是 expression1 的值。如果 expression1 的值等价于 True，这时仍无法确定整个表达式最终的值，所以会计算 expression2，并把 expression2 的值作为整个表达式最终的值。

同理，对于表达式 "expression1 or expression2"，如果 expression1 的值等价于 False，这时仍无法确定整个表达式的值，需要计算 expression2 并把 expression2 的值作为整个表达式最终的值。如果 expression1 的值等价于 True，那么不管 expression2 的值是什么，整个表达式最终的值都是等价于 True 的，这时就不需要计算 expression2 的值了，直接把 expression1 的值作为整个表达式的值。

逻辑运算符

```
>>> print(3>5 and 2<3)         # 3>5 的值为 False，不再计算 2<3
False
>>> print(3<5 and 6+7)         # 3<5 的值为 True，需要计算 6+7
13
>>> print(3-3 and (5-2 and 2)) # 3-3 的值为 0，不再计算后面的表达式
0
>>> print(3-3 or (5-2 and 2))  # 最后计算的一个表达式为 2
2
>>> print(not 5)               # 5 等价于 True，所以 not 5 的值为 False
False
>>> print(not [])              # 空列表[]等价于 False
True
```

2.2.6　下标运算符与属性访问运算符

方括号运算符 "[]" 可以用来定义列表或列表推导式，见 2.1.2、4.1.1、4.2 节。除此之外，还可以用来指定整数下标或切片，访问列表、元组、字符串中的一个或一部分元素，也可以指定字典的 "键" 做下标访问对应的 "值"。圆点运算符 "." 用来访问模块中的成员，或者访问类或对象的成员。下面的代码演示了这两个运算符的用法。

```
>>> import random
>>> data = random.choices(range(10), k=10)
                               # 调用 random 模块中的函数
>>> print(data)
[8, 6, 1, 8, 9, 6, 8, 6, 2, 1]
>>> data.sort()                # 调用列表对象的 sort()方法
>>> print(data)
[1, 1, 2, 6, 6, 6, 8, 8, 8, 9]
>>> print(data[3])             # 访问列表中下标为 3 的元素
6
```

```
>>> print(data[1:5])                     # 访问列表中下标介于[1,5)区间的元素
[1, 2, 6, 6]
>>> data.remove(8)                        # 调用列表方法 remove()删除第一个8
>>> print(data)
[1, 1, 2, 6, 6, 6, 8, 8, 9]
>>> data = {'red':(1,0,0), 'green':(0,1,0), 'blue':(0,0,1)}
>>> print(data['red'])                       # 使用"键"做下标，访问对应的"值"
(1, 0, 0)
>>> data = ['red', 'Green', 'blue']
>>> print(data)
['red', 'Green', 'blue']
>>> data.sort(key=str.lower)          # 按照转换成小写之后的大小排序
>>> print(data)
['blue', 'Green', 'red']
```

2.2.7　赋值运算符

　　虽然很多人一直习惯把等于号"="称作赋值运算符，但严格来说，Python 中的等于号"="是不算作赋值运算符的，它只是变量名或参数名与表达式之间的分隔符，用来把等于号右侧表达式的计算结果赋值给左侧的变量。

　　Python 3.8 之后的版本新增了赋值运算符":="，也称海象运算符，可以在选择结构、循环结构的条件表达式中直接创建变量并为变量赋值，可以让代码更简洁一些。这个运算符不能在普通语句中直接使用，如果必须使用的话需要在外面加一对圆括号。下面的代码在 IDLE 交互模式下运行，演示了赋值运算符":="的用法。

赋值运算符

```
>>> text = '''
Beautiful is better than ugly.
Explicit is better than implicit.
Simple is better than complex.
Complex is better than complicated.
Flat is better than nested.
Sparse is better than dense.
Readability counts.'''
# 选择结构，根据子串出现次数的不同输出不同的信息
# 在交互模式下，提示符">>> "可以理解是不占空间的
# 所以，在这个代码中，else 在逻辑上是和 if 对齐的
>>> if (c:=text.count('is')) > 0:
    print(f'出现次数{c}')
else:
```

```
    print('没有出现')
```

出现次数 6

```
>>> if (c:=text.count('isis')) > 0:
    print(f'出现次数{c}')
else:
    print('没有出现')
```

没有出现

```
>>> text = 'abcd'
>>> if (length:=len(text)) < 5:
    print(f'字符串长度为{length}，太短了')
else:
    print(f'字符串长度为{length}，符合要求')
```

字符串长度为 4，太短了

```
>>> scores = []
>>> while (num:=int(input('请输入成绩(0 表示结束输入)：'))) != 0:
    scores.append(num)
```

请输入成绩(0 表示结束输入)：88
请输入成绩(0 表示结束输入)：99
请输入成绩(0 表示结束输入)：0

```
>>> print(scores)
[88, 99]
# for 循环，适合用来逐个遍历可迭代对象中的元素
# 注意，交互模式的提示符"">>> ""可以理解为不占空间
# 所以在下面的代码中，从视觉上看 print 和 for 似乎是对齐的，
# 但逻辑上 print 是缩进的，for 是顶格没有缩进的
>>> for num in (data:=[1, 2, 3]):
    print(num)
```

```
1
2
3
```

```
# for 循环中创建的变量在 for 循环结束之后仍可以访问
>>> print(data)
[1, 2, 3]
# for 循环中的循环变量在循环结束之后表示最后一个元素
>>> print(num)
3
```

```
# 不能这样使用赋值运算符创建变量
>>> x := 3
SyntaxError: invalid syntax
# 可以这样赋值并创建变量，等价于 a = 5，可以理解为赋值表达式
>>> (a := 5)
5
>>> print(a)
5
# 可以像下面这样在函数中使用赋值运算符
>>> num = int(raw:=input('请输入整数：'))
请输入整数：666
>>> print((num, type(num)))
(666, <class 'int'>)
>>> print((raw, type(raw)))
('666', <class 'str'>)
```

2.3　常用内置函数

在数学上，函数表示一种变换和处理，程序设计中的函数也表示类似的意思。可以把函数看作一个黑盒子，可能需要接收一定的输入，处理后会给出一定的输出结果，使用者一般不需要关心函数的内部实现。在 2.1.4 节中介绍了 Python 中函数的概念和分类，这里不再赘述。在 Python 程序中任何位置都可以直接使用内置函数，不需要导入任何模块。

使用语句 print(dir(__builtins__)) 可以查看所有内置函数和内置对象，注意builtins 两侧各有两个下划线。常用的内置函数及其功能简要说明如表 2-3 所示，方括号表示里面的参数可以省略。

表 2-3　Python 常用内置函数

函　　数	功能简要说明
abs(x, /)	返回数字 x 的绝对值或复数 x 的模，斜线表示该位置之前的所有参数必须为位置参数。例如，只能使用 abs(-3)这样的形式调用，不能使用 abs(x=-3)的形式进行调用，见 7.2.1 节
all(iterable, /)	如果可迭代对象 iterable 中所有元素都等价于 True 则返回 True，否则返回 False
any(iterable, /)	只要可迭代对象 iterable 中存在等价于 True 的元素就返回 True，否则返回 False
bin(number, /)	返回整数 number 的二进制形式的字符串，例如表达式 bin(3)的值是 '0b11'

函　　数	功能简要说明
bool(x)	如果参数 x 的值等价于 True 就返回 True，否则返回 False
bytes(iterable_of_ints) bytes(string, encoding[, errors]) bytes(bytes_or_buffer) bytes(int) bytes()	创建字节串或把其他类型数据转换为字节串，不带参数时创建空字节串。例如，bytes(5)表示创建包含 5 个 0 的字节串 b'\x00\x00\x00\x00\x00'，bytes((97, 98, 99))表示把若干介于[0,255]区间的整数转换为字节串 b'abc'，bytes((97,))可用于把一个介于[0,255]区间的整数 97 转换为字节串 b'a'，bytes('董付国', 'utf8')使用 UTF-8 编码格式把字符串'董付国'转换为字节串 b'\xe8\x91\xa3\xe4\xbb\x98\xe5\x9b\xbd'
callable(obj, /)	如果 obj 为可调用对象就返回 True，否则返回 False。Python 中的可调用对象包括函数、lambda 表达式、类、类和对象的方法、包含特殊方法__call__()的类的对象
complex(real=0, imag=0)	返回复数，其中 real 是实部，imag 是虚部。参数 real 和 image 的默认值为 0，调用函数时如果不传递参数，会使用默认值。直接调用函数 complex()不加参数时返回虚数 0j
chr(i, /)	返回 Unicode 编码为 i 的字符，其中 0 <= i <= 0x10ffff
dir(obj)	返回指定对象或模块 obj 的成员列表，如果不带参数则返回包含当前作用域内所有可用对象名字的列表
divmod(x, y, /)	计算整商和余数，返回元组(x//y, x%y)
enumerate(iterable, start=0)	枚举可迭代对象 iterable 中的元素，返回包含元素形式为 (start, iterable[0]), (start+1, iterable[1]), (start+2, iterable[2]), ...的迭代器对象，start 表示编号的起始值，默认为 0
eval(source, globals=None, 　　　locals=None, /)	计算并返回字符串 source 中表达式的值，参数 globals 和 locals 用来指定字符串 source 中变量的值，如果二者有冲突，以 locals 为准。如果参数 globals 和 locals 都没有指定，就在当前作用域内搜索字符串 source 中的变量并进行替换
filter(function or None, iterable)	使用 function 函数描述的规则对 iterable 中的元素进行过滤，返回 filter 对象，其中包含 iterable 中使得函数 function 返回值等价于 True 的那些元素。第一个参数为 None 时返回的 filter 对象中包含 iterable 中所有等价于 True 的元素

续表二

函　数	功能简要说明
`float(x=0, /)`	把整数或字符串 x 转换为浮点数，直接调用 `float()` 不加参数时返回实数 `0.0`
`format(value, format_spec='', /)`	把参数 value 按 format_spec 指定的格式转换为字符串，功能相当于 `value.__format__(format_spec)`。例如，`format(5,'6d')` 的结果为 `'     5'`。详细用法可以执行语句 `help('FORMATTING')` 查看，或参考 6.1.3 节内容
`globals()`	返回当前作用域中所有全局变量与值组成的字典
`hash(obj, /)`	计算参数 obj 的哈希值，如果 obj 不可哈希则抛出异常。该函数常用来测试一个对象是否可哈希，但一般不需要关心具体的哈希值。在 Python 中，可哈希与不可变是一个意思，不可哈希与可变是一个意思
`help(obj)`	返回对象 obj 的帮助信息，例如 `help(sum)` 可以查看内置函数 `sum()` 的使用说明。直接调用 `help()` 函数不加参数时进入交互式帮助会话，输入字母 q 退出
`hex(number, /)`	返回整数 number 的十六进制形式的字符串
`id(obj, /)`	返回对象的内存地址
`input(prompt=None, /)`	输出参数 prompt 的内容作为提示信息，接收键盘输入的内容，以字符串形式返回
`int([x])` `int(x, base=10)`	返回实数 x 的整数部分，或把字符串 x 看作 base 进制数并转换为十进制，base 默认为十进制。直接调用 `int()` 不加参数时会返回整数 0。在描述函数语法时，形参放在方括号中表示这个参数可有可无
`isinstance(obj, class_or_tuple, /)`	测试对象 obj 是否属于指定类型(如果有多个类型的话需要放到元组中)的实例
`len(obj, /)`	返回可迭代对象 obj 包含的元素个数，适用于列表、元组、集合、字典、字符串以及 range 对象，不适用于具有惰性求值特点的生成器对象和 map、zip 等迭代器对象

`list(iterable=(), /)`
`tuple(iterable=(), /)`
`dict()`、`dict(mapping)`、
`dict(iterable)`、`dict(**kwargs)`
`set()`、`set(iterable)`
	把对象 iterable 转换为列表、元组、字典或集合并返回，或不加参数时返回空列表、空元组、空字典、空集合。左侧单元格中 `dict()` 和 `set()` 都有多种用法，不同用法之间使用顿号进行了分隔。参数名前面加两个星号表示可以接收多个关键参数，也就是调用函数时以 `name=value` 这种形式传递的参数，详见 7.2.4 节

续表三

函　数	功能简要说明
map(func, *iterables)	返回包含若干函数值的 map 对象,函数 func 的参数分别来自于 iterables 指定的一个或多个可迭代对象。形参前面加一个星号表示可以接收任意多个按位置传递的实参,详见 7.2.4 节
max(iterable, *[, default=obj, key=func]) max(arg1, arg2, *args, *[, key=func])	返回最大值,允许使用参数 key 指定排序规则,使用参数 default 指定 iterable 为空时返回的默认值
min(iterable, *[, default=obj, key=func]) min(arg1, arg2, *args, *[, key=func])	返回最小值,允许使用参数 key 指定排序规则,使用参数 default 指定 iterable 为空时返回的默认值
next(iterator[, default])	返回迭代器对象 iterator 中的下一个元素,如果 iterator 为空则返回参数 default 的值,如果不指定 default 参数,则当 iterable 为空时会抛出异常
oct(number, /)	返回整数 number 的八进制形式的字符串
open(file, mode='r', buffering=-1, encoding=None, errors=None, newline=None,closefd=True, opener=None)	以指定的方式打开参数 file 指定的文件并返回文件对象
pow(base, exp, mod=None)	相当于 base**exp 或(base**exp)%mod
ord(c, /)	返回 1 个字符 c 的 Unicode 编码
print(value,...,sep=' ',end='\n', file=sys.stdout, flush=False)	基本输出函数,可以输出一个或多个值,sep 参数表示相邻数据之间的分隔符,end 参数用来指定输出完所有值后的结束符
range(stop) range(start, stop[, step])	返回具有惰性求值特点的 range 对象,其中包含左闭右开区间[start,stop)内以 step 为步长的整数,其中 start 默认为 0,step 默认为 1
reduce(function,sequence[, initial])	将双参数函数 function 以迭代的方式从左到右依次应用至可迭代对象 sequence 中每个元素,并把中间计算结果作为下一次计算时函数 function 的第一个参数,最终返回单个值作为结果。在 Python 3.x 中 reduce() 不是内置函数,需要从标准库 functools 中导入再使用
repr(obj, /)	把对象 obj 转换为适合 Python 解释器读取的字符串形式,对于不包含反斜线的字符串和其他类型对象,repr(obj)与 str(obj)功能一样,对于包含反斜线的字符串,repr()会把单个反斜线转换为两个
reversed(sequence, /)	返回 sequence 中所有元素逆序后组成的迭代器对象

续表四

函　　数	功能简要说明
round(number, ndigits=None)	对 number 进行四舍五入，若不指定小数位数 ndigits 则返回整数，参数 ndigits 可以为负数。最终结果最多保留 ndigits 位小数。如果原始结果的小数位数少于 ndigits，不再处理。例如，round(3.1, 3)的结果为 3.1
sorted(iterable, /, *, key=None, reverse=False)	返回排序后的列表，其中参数 iterable 表示要排序的可迭代对象，参数 key 用来指定排序规则或依据，参数 reverse 用来指定升序或降序，默认为升序。单个星号*做参数表示该位置后面的所有参数都必须为关键参数，星号本身不是参数，见 7.2.3 节
str(object='') str(bytes_or_buffer[,encoding[, errors]])	创建字符串对象或者把字节串使用参数 encoding 指定的编码格式转换为字符串。直接调用 str()不加参数时返回空字符串''
sum(iterable, /, start=0)	返回可迭代对象 iterable 中所有元素之和再加上 start 的结果，参数 start 默认值为 0
type(object_or_name, bases, dict) type(object) type(name, bases, dict)	查看对象类型或创建新类型
zip(*iterables)	组合多个可迭代对象中对应位置上的元素，返回 zip 对象，其中每个元素为(seq1[i], seq2[i], ...)形式的元组，最终结果中包含的元素个数取决于所有参数可迭代对象中最短的那个

2.3.1　基本输入/输出

几乎所有程序在运行时都会接收一些数据，这些数据可能来自键盘输入，可能来自命令行参数，可能来自 GUI 界面上的文本框输入、组合框选择、菜单选择、单击按钮或其他类似操作，可能来自不同类型的文件或数据库，也可能来自传感器或其他途径。程序完成预定功能和任务后，也往往会输出一些信息或处理结果，输出到屏幕、更新 GUI 界面上的数据、弹出消息框、写入文件或数据库、生成图形图像、播放音频或视频，这些都属于不同形式的输出。

所谓基本输入/输出，是指程序运行后由用户通过键盘输入把数据提交给程序，程序运行过程中或运行完成后，把信息简单地输出到屏幕上。

1. input()

内置函数 input(prompt=None, /)用来在屏幕上输出参数 prompt 指定的提示信息，然后接收用户的键盘输入，不论用户输入什么内容，input()一律返回字符串，必要的时候可以使用内置函数 int()、float()或 eval()对用户输入的内容进行类型转换。这几个函数的用法请参考 2.3.4 节。

在函数语法描述中，单个斜线表示该位置之前的所有参数必须以位置参数的形式进行传递，斜线本身并不是有效参数。所谓位置参数，是指下面代码中这种没有任何说明的参数传递形式：

```
>>> x = input('请输入一个整数：')
请输入一个整数：3
```

下面的形式属于关键参数的传递，明确说明字符串'请输入一个整数：'是传递给参数 prompt 的。但 input()函数的 prompt 不允许这样传递，代码会抛出异常并提示 input()函数不接收关键参数：

```
>>> x = input(prompt='请输入一个整数：')
Traceback (most recent call last):
  File "<pyshell#4>", line 1, in <module>
    x = input(prompt='请输入一个整数：')
TypeError: input() takes no keyword arguments
```

创建程序文件，输入并运行下面的代码：

```
# 直接把 input()函数的返回值作为 int()函数的参数转换为整数
num = int(input('请输入一个大于 2 的自然数：'))
# 除以 2 的余数为 1 的整数为奇数，能被 2 整除的整数为偶数
if num%2 == 1:
    print('这是个奇数。')
else:
    print('这是个偶数。')
# 使用 input()函数接收列表、元组、字典、集合等类型的数据时
# 需要使用 eval()函数进行转换，不能使用 list()、tuple()、dict()、set()
lst = eval(input('请输入一个包含若干大于 2 的自然数的列表：'))
print('列表中所有元素之和为：', sum(lst))
```

运行结果为：

```
请输入一个大于 2 的自然数：89
这是个奇数
请输入一个包含包干大于 2 的自然数的列表：[23, 34, 88]
列表中所有元素之和为：  145
```

从键盘输入时，回车键表示输入结束，input()返回的字符串中并不包含最后的回车键，并且是以原始字符串形式接收和返回的。下面的代码在 IDLE 中验证了这一点，关于

原始字符串请参考 **2.1.3** 节。

```
>>> txt = input('请输入任意内容：')
请输入任意内容：abcdefg
>>> txt                          # 在交互模式下可以这样直接查看变量的值
'abcdefg'
>>> print(txt)                   # 使用内置函数 print()输出字符串
abcdefg
>>> print(len(txt))              # 查看字符串的长度，也就是实际有效字符的数量
7
>>> text = input('输入任意字符串：')
输入任意字符串：a\t\tb\nc
>>> print(repr(text))            # 内置函数 repr()返回适合解释器读取的形式
'a\\t\\tb\\nc'
>>> print(text)                  # 使用 print()输出时，两个反斜线显示为一个
a\t\tb\nc
# 把双反斜线转换为单反斜线
# 内置函数 eval()见 2.3.4 节，字符串方法 replace()见 6.1.6 节
>>> text = eval(repr(text).replace('\\\\', '\\'))
# 显式输入的转义字符输出为正常的样子了
# '\t'表示制表符，'\n'表示换行符，见 2.1.3 节
>>> print(text)
a         b
c
```

如果想要保留最后的换行符，不能使用内置函数 `input()`，可以使用标准库 `sys` 中 `stdio` 对象的 `readline()`方法，下面的代码在 IDLE 中演示了这个用法。

```
>>> import sys                    # 导入标准库
>>> txt = sys.stdin.readline()    # 从键盘读取一行内容，包括换行符
abcd
>>> txt
'abcd\n'
>>> print(len(txt))               # 长度比实际有效字符数量多 1 个
5
```

如果想一次读取键盘上输入的多行内容，可以使用标准库 `sys` 中 `stdio` 对象的 `readlines()`方法，其语法格式为 `readlines(hint=-1, /)`。如果已经输入的内容总长度大于参数 `hint` 的值，就停止读取。下面的代码在 IDLE 中演示了这个用法。

```
>>> x = sys.stdin.readlines(4)    # 输入的前两行内容总长度不大于 4
```

```
a
b
ccc
>>> print(x)
['a\n', 'b\n', 'ccc\n']
>>> x = sys.stdin.readlines(3)       # 换行符\n 也算在总长度中
a
b
>>> print(x)
['a\n', 'b\n']
```

前面介绍的几种输入方式存在一个共同的特点：有回显，也就是输入时屏幕上会显示正在输入的内容，如果正在输入密码就很容易被偷看了。如果不想回显输入的内容，可以使用标准库 getpass 中提供的 getpass()函数。

创建程序文件，输入下面的代码：

```
import getpass

user_name = input('请输入用户名：')
user_pass = getpass.getpass('请输入密码：')
print(('登录成功'
       if user_name=='dfg' and user_pass=='123456'
       else '登录失败'))
```

这个程序在 IDLE、Spyder、PyCharm 开发环境中直接运行不会有预期的效果(在 Jupyter Notebook 中可以)，建议在命令提示符或 PowerShell 环境中运行，运行结果如图 2-6 所示，分别演示了密码输入正确和输入错误的两种情况。

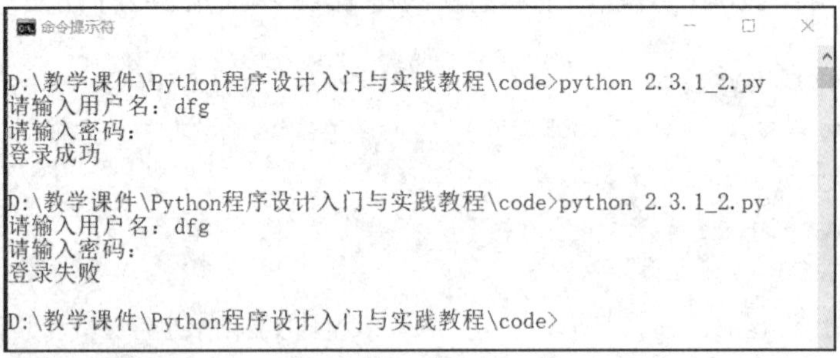

```
D:\教学课件\Python程序设计入门与实践教程\code>python 2.3.1_2.py
请输入用户名：dfg
请输入密码：
登录成功

D:\教学课件\Python程序设计入门与实践教程\code>python 2.3.1_2.py
请输入用户名：dfg
请输入密码：
登录失败

D:\教学课件\Python程序设计入门与实践教程\code>
```

图 2-6 输入密码不回显

2. print()

内置函数 print()用于以指定的格式输出信息，完整语法为：

```
print(value, ..., sep=' ', end='\n', file=sys.stdout, flush=False)
```

其中，sep 参数之前为需要输出的内容(可以有任意多个)；sep 参数用于指定相邻数据之间的分隔符，默认为空格；end 参数表示输出完所有数据之后的结束符，默认为换行符；file 参数用来指定输出的去向，默认为标准控制台；flush 参数用来指定是否立刻输出内容而不是先输出到缓冲区。

创建程序文件，输入并运行下面的代码：

```
import datetime

print(1, 2, 3, 4, 5)              # 默认情况，使用空格作为分隔符
print(1, 2, 3, 4, 5, sep=',')     # 指定使用逗号作为分隔符
print(3, 5, 7, end=' ')           # 输出完所有数据之后，以空格结束，不换行
print(9, 11, 13)
# with 关键字用于管理上下文，可以自动关闭文件，见 8.1.3 节
# 关键字 as 用于给文件对象起别名
# open()函数用于打开文件，'w'表示写模式，如果文件不存在就创建文件，见 8.1.1 节
with open('20200620.txt', 'w') as fp:
    print('1234', file=fp)        # 把内容输出到文件
    print('abcd', file=fp)
width = 20
height = 10
# 注意，下面的用法只适用于 Python 3.8 之后的新版本
print(f'{width=},{height=},area={width*height}')
# 获取今天的日期
today = datetime.date.today()
# 查看日期所在的年份
print(f'{today.year=}')
data = {'a':97, 'b':98, 'c':99}
# 查看字典中指定"键"对应的值
print(f'{data["a"]=}')
```

print 函数

运行结果如下，同时还会在当前文件夹中创建文件 20200620.txt，其中有 1234 和 abcd 两行内容。

```
1 2 3 4 5
1,2,3,4,5
3 5 7 9 11 13
width=20,height=10,area=200
today.year=2020
data["a"]=97
```

在默认情况下，每次 print()函数输出的内容占一行，也就是默认以换行符结束，为

了让多次输出的内容呈现在一行中,在前几次调用 print() 函数时可以设置参数 end 的值,上面这段代码演示了这种用法。

第 1 章介绍过一种在 PowerShell 窗口运行 Python 程序的方式,这对于某些类型的 Python 程序是很重要的一种运行方式。这时要注意一个问题,如果在 PowerShell 或命令提示符 cmd 窗口运行带有指定了 end 参数的 print() 函数的程序时,print() 函数会先输出到缓冲区而不是直接输出到标准控制台,等缓冲区满了或者强行清空时才会真正输出到屏幕上。

创建程序文件,输入下面的代码,

```
from time import sleep

for i in range(10):
    print(i, end=',')
    sleep(0.5)
print(10)
```

这段代码的本意是让从 0 到 10 的数字显示在一行上,并且每隔 0.5s 输出一个数字,但是在将这段代码保存为文件 2.3.1_4.py 并在 PowerShell 或 cmd 窗口使用命令 "python 2.3.1_4.py" 运行程序时,会发现过了 5s 钟之后一下子输出了全部数字,而不是预想的逐个输出的效果。把代码修改为下面的样子,设置 print() 函数的参数 flush=True 就可以了。请自行测试这两段代码并观察效果。

```
from time import sleep

for i in range(10):
    print(i, end=',', flush=True)
    sleep(0.5)
print(10)
```

2.3.2   dir()、help()

内置函数 dir() 和 help() 对于学习和使用 Python 非常重要。其中,dir([object]) 函数不带参数时可以列出当前作用域中的所有标识符,带参数时可以用于查看指定模块或对象中的成员;help([obj]) 函数带参数时用于查看对象的帮助文档,不带参数时进入交互式帮助模式,可以按字母 q 退出。

```
>>> dir()                          # 查看当前作用域内所有标识符
['__annotations__', '__builtins__', '__doc__', '__loader__', '__name__',
'__package__', '__spec__']
>>> num = 3                        # 定义变量
>>> dir()                          # 再次查看所有标识符
```

```
['__annotations__', '__builtins__', '__doc__', '__loader__', '__name__',
'__package__', '__spec__', 'num']
>>> import math
>>> dir(math)                    # 查看标准库 math 中的所有成员
['__doc__', '__loader__', '__name__', '__package__', '__spec__', 'acos',
'acosh', 'asin', 'asinh', 'atan', 'atan2', 'atanh', 'ceil', 'comb', 'copysign',
'cos', 'cosh', 'degrees', 'dist', 'e', 'erf', 'erfc', 'exp', 'expm1', 'fabs',
'factorial', 'floor', 'fmod', 'frexp', 'fsum', 'gamma', 'gcd', 'hypot', 'inf',
'isclose', 'isfinite', 'isinf', 'isnan', 'isqrt', 'ldexp', 'lgamma', 'log',
'log10', 'log1p', 'log2', 'modf', 'nan', 'perm', 'pi', 'pow', 'prod', 'radians',
'remainder', 'sin', 'sinh', 'sqrt', 'tan', 'tanh', 'tau', 'trunc']
>>> dir('')                      # 查看字符串对象的所有成员
['__add__', '__class__', '__contains__', '__delattr__', '__dir__', '__doc__',
'__eq__', '__format__', '__ge__', '__getattribute__', '__getitem__',
'__getnewargs__', '__gt__', '__hash__', '__init__', '__init_subclass__',
'__iter__', '__le__', '__len__', '__lt__', '__mod__', '__mul__', '__ne__',
'__new__', '__reduce__', '__reduce_ex__', '__repr__', '__rmod__', '__rmul__',
'__setattr__', '__sizeof__', '__str__', '__subclasshook__', 'capitalize',
'casefold', 'center', 'count', 'encode', 'endswith', 'expandtabs', 'find',
'format', 'format_map', 'index', 'isalnum', 'isalpha', 'isascii', 'isdecimal',
'isdigit', 'isidentifier', 'islower', 'isnumeric', 'isprintable', 'isspace',
'istitle', 'isupper', 'join', 'ljust', 'lower', 'lstrip', 'maketrans', 'partition',
'replace', 'rfind', 'rindex', 'rjust', 'rpartition', 'rsplit', 'rstrip', 'split',
'splitlines', 'startswith', 'strip', 'swapcase', 'title', 'translate', 'upper',
'zfill']
>>> help(math.factorial)         # 查看标准库函数的帮助文档
Help on built-in function factorial in module math:

factorial(x, /)
    Find x!.

    Raise a ValueError if x is negative or non-integral.
# 这里的帮助文档信息适用于 Python 3.8,在 Python 3.9 以后的版本中有改变
>>> import random
>>> help(random.sample)          # 查看标准库函数的帮助文档
                                 # help()函数的参数应该是函数名
                                 # 不要写成 help(random.sample())
Help on method sample in module random:

sample(population, k) method of random.Random instance
```

Chooses k unique random elements from a population sequence or set.

Returns a new list containing elements from the population while leaving the original population unchanged. The resulting list is in selection order so that all sub-slices will also be valid random samples. This allows raffle winners (the sample) to be partitioned into grand prize and second place winners (the subslices).

Members of the population need not be hashable or unique. If the population contains repeats, then each occurrence is a possible selection in the sample.

To choose a sample in a range of integers, use range as an argument. This is especially fast and space efficient for sampling from a large population: sample(range(10000000), 60)

```
>>> help(''.replace)                # 查看字符串方法的帮助文档
Help on built-in function replace:

replace(old, new, count=-1, /) method of builtins.str instance
    Return a copy with all occurrences of substring old replaced by new.

      count
        Maximum number of occurrences to replace.
        -1 (the default value) means replace all occurrences.

    If the optional argument count is given, only the first count occurrences
are replaced.

>>> help(''.strip)                 # 查看字符串方法的帮助文档
Help on built-in function strip:

strip(chars=None, /) method of builtins.str instance
    Return a copy of the string with leading and trailing whitespace removed.

    If chars is given and not None, remove characters in chars instead.
>>> help('if')                     # 查看关键字 if 的帮助文档
The "if" statement
******************

The "if" statement is used for conditional execution:

    if_stmt ::= "if" assignment_expression ":" suite
              ("elif" assignment_expression ":" suite)*
```

```
                    ["else"":" suite]
```

It selects exactly one of the suites by evaluating the expressions one
by one until one is found to be true (see section Boolean operations
for the definition of true and false); then that suite is executed
(and no other part of the "if" statement is executed or evaluated).
If all expressions are false, the suite of the "else" clause, if
present, is executed.

Related help topics: TRUTHVALUE
>>> help()   # 进入交互式帮助模式

Welcome to Python 3.8's help utility!

If this is your first time using Python, you should definitely check out
the tutorial on the Internet at https://docs.python.org/3.8/tutorial/.

Enter the name of any module, keyword, or topic to get help on writing
Python programs and using Python modules. To quit this help utility and
return to the interpreter, just type "quit".

To get a list of available modules, keywords, symbols, or topics, type
"modules", "keywords", "symbols", or "topics". Each module also comes
with a one-line summary of what it does; to list the modules whose name
or summary contain a given string such as "spam", type "modules spam".

help> sum   # 查看内置函数 sum 的帮助文档
Help on built-in function sum in module builtins:

sum(iterable, /, start=0)
    Return the sum of a 'start' value (default: 0) plus an iterable of numbers

    When the iterable is empty, return the start value.
    This function is intended specifically for use with numeric values and
mayreject non-numeric types.

help> abs   # 查看内置函数 abs 的帮助文档
Help on built-in function abs in module builtins:

abs(x, /)
    Return the absolute value of the argument.

help> q   # 退出
```
```

```
You are now leaving help and returning to the Python interpreter.
If you want to ask for help on a particular object directly from the
interpreter, you can type "help(object)".  Executing "help('string')"
has the same effect as typing a particular string at the help> prompt.
```

2.3.3　range()

内置函数 range()有 range(stop)、range(start, stop)和 range(start, stop, step)三种用法，返回 range 对象，其中包含左闭右开区间[start, stop)内以 step 为步长的整数。三个参数 start、stop、step 都必须是整数，start 默认为 0，step 默认为 1。该函数返回的 range 对象可以转换为列表、元组或集合，可以使用 for 循环直接遍历其中的元素，支持下标和切片，其中的元素可以反复使用。

创建程序文件，输入并运行下面的代码：

```
# 只指定 stop 为 4，start 默认为 0，step 默认为 1
range1 = range(4)
# 指定 start=5 和 stop=8，step 默认为 1
range2 = range(5, 8)
# 指定 start=3、stop=20 和 step=4
range3 = range(3, 20, 4)
# 步长 step 也可以是负整数
range4 = range(20, 0, -3)
print(range1, range2, range3, range4)
# 使用下标访问其中的元素
print(range4[2])
# 转换为列表
print(list(range1), list(range2), list(range3), list(range4))
# 使用 for 循环遍历 range 对象中的元素
# 每遍历一个元素就执行一次循环体中的代码
for i in range(10):
    print(i, end=' ')
# 在 for 循环中使用 range 对象控制循环次数
# 循环体可以和循环变量没有关系，是否使用循环变量取决于业务逻辑，见 3.3.1 节
for i in range(5):
    print('Readability count.', end='')
```

range 函数

运行结果为：

```
range(0, 4) range(5, 8) range(3, 20, 4) range(20, 0, -3)
14
[0, 1, 2, 3] [5, 6, 7] [3, 7, 11, 15, 19] [20, 17, 14, 11, 8, 5, 2]
```

```
0 1 2 3 4 5 6 7 8 9
Readability     count.Readability     count.Readability     count.Readability
count.Readability count.
```

2.3.4　类型转换

类型转换是编写程序时经常遇到的操作，例如整数与实数之间的转换，整数不同进制之间的转换，数值与字符串之间的转换，字符串与列表、元组、字典、集合之间的转换。使用时应注意，类型转换不会对原始数据做任何修改，都是返回转换之后的结果。

1. int()、float()、complex()

严格来说，int、float、complex 分别是 Python 内置的整数、实数、复数类型，类似于 int() 这样形式的用法实际上是调用了 int 类的构造方法，暂时无法理解的话可以先把它当作函数来看待，不会影响使用。其中，int([x]) 用来返回整数 0 或者把实数 x 转换为整数，也可以使用 int(x, base=10) 的形式把整数字符串按指定进制(默认为 10，可以为 0 或者 2~36 之间的整数)转换为十进制整数；float(x=0, /) 用来将其他类型数据转换为实数；complex(real=0, imag=0) 可以用来生成复数。

```
>>> print(int)                # int 是 Python 内置整型类
<class 'int'>
>>> print(int())              # 不加任何参数，返回整数 0
0
>>> print(int(3.5))           # 返回实数的整数部分
3
>>> print(int(-3.5))          # 返回实数的整数部分
-3
>>> print(int('119'))         # 把数字字符串转换为十进制整数
119
>>> print(int('1111', 2))     # 把 1111 按二进制数转换为十进制数
15
>>> print(int('1111', 8))     # 把 1111 按八进制数转换为十进制数
585
>>> print(int('1111', 16))    # 把 1111 按十六进制数转换为十进制数
4369
>>> print(int('1111', 36))    # 把 1111 按三十六进制数转换为十进制数
47989
>>> print(int('x1', 36))      # 把 x1 按三十六进制数转换为十进制数
                              # 三十六进制中，g 表示 16，h 表示 17
                              # i 表示 18，j 表示 19, ..., x 表示 33
                              # 得出 x1==>33*36+1==>1189
```

```
1189
>>> print(int(' \t 5\n'))           # 自动忽略数字字符串两侧的空白字符
                                     # 包括空格、制表符、换行符、换页符
5
>>> print(int('ab123'))             # 如果无法转换，代码抛出异常
Traceback (most recent call last):
  File "<pyshell#22>", line 1, in <module>
    print(int('ab123'))
ValueError: invalid literal for int() with base 10: 'ab123'
>>>print(float)                     # float 是 Python 内置实数类
<class 'float'>
>>> print(float('3.1415926'))       # 把字符串转换为实数
3.1415926
>>> print(float('-inf'))            # 负无穷大
-inf
>>> print(float('inf'))             # 正无穷大
Inf
>>>print(complex)                   # complex()是 Python 内置复数类
<class 'complex'>
>>> print(complex())                # 实部和虚部都默认为 0，返回虚数 0j
0j
>>> print(complex(3, 4))            # 指定实部和虚部，返回复数
(3+4j)
>>> print(complex(imag=6))          # 只指定虚部，实部默认为 0
6j
>>> print(complex('3'))             # 实部为字符串时会自动转换为数字
(3+0j)
>>> print(complex(real='3.4'))
(3.4+0j)
>>> print(complex(imag='6'))        # 不能指定虚部为字符串，不会自动转换为数字
Traceback (most recent call last):
  File "<pyshell#30>", line 1, in <module>
    print(complex(imag='6'))
TypeError: complex() second arg can't be a string
```

2. bin()、oct()、hex()

内置函数 bin(number, /)、oct(number, /)、hex(number, /)分别用来将整数转换为二进制、八进制和十六进制形式的字符串。

```
>>> print(bin(8888))              # 把十进制整数转换为二进制
0b10001010111000
>>> print(oct(8888))              # 把十进制整数转换为八进制
0o21270
>>> print(hex(8888))              # 把十进制整数转换为十六进制
0x22b8
>>> print(bin(0o777))             # 把八进制整数转换为二进制
0b111111111
>>> print(oct(0x1234))            # 把十六进制整数转换为八进制
0o11064
>>> print(hex(0b1010101))         # 把二进制整数转换为十六进制
0x55
>>> hex(0b1010101)                # 注意，实际转换结果是字符串
                                  # 直接查看和使用 print()输出形式不同
'0x55'
>>> bin(7777)
'0b1111001100001'
>>> oct(6666)
'0o15012'
```

3. ord()、chr()、str()

内置函数 ord(c，/)用来返回单个字符参数 c 的 Unicode 编码；chr(i，/)用来返回 Unicode 编码 i 对应的字符；str 是 Python 内置的字符串类，调用 str()实际是调用了构造方法，可以使用 str(object='')的形式将其任意类型参数 object 整体转换为字符串，也可以使用 str(bytes_or_buffer[, encoding[, errors]])的形式把字节串按指定编码格式转换为字符串。关于字符串编码的有关内容请参考本书 6.1.2 节。

```
>>> print(ord('a'))              # 返回小写字母 a 的 ASCII 码
97
>>> print(ord('A'))              # 返回大写字母 A 的 ASCII 码
65
>>> print(ord('董'))             # 返回汉字字符的 Unicode 编码
33891
>>> print(chr(65))               # 返回 ASCII 码 65 对应的字符
A
>>> print(chr(33891))            # 返回指定 Unicode 编码对应的汉字
董
>>> print(str([1, 2, 3, 4]))     # 把列表转换为字符串
[1, 2, 3, 4]
```

```
>>> print(str({1, 2, 3, 4}))        # 把集合转换为字符串
{1, 2, 3, 4}
>>> print(str((1, 2, 3, 4)))        # 把元组转换为字符串
(1, 2, 3, 4)
>>> print(str(b'\xe8\x91\xa3\xe4\xbb\x98\xe5\x9b\xbd', 'utf8'))
                                    # 使用 UTF-8 编码对字节串解码
董付国
>>> print(str(b'\xb6\xad\xb8\xb6\xb9\xfa', 'gbk'))
                                    # 使用 GBK 编码对字节串解码
董付国
```

4. list()、tuple()、dict()、set()

严格来说，list、tuple、dict、set 分别是 Python 内置的列表类、元组类、字典类和集合类。以函数的形式进行调用时，实际是调用了类的构造方法来实例化对象。list(iterable=(), /) 用来生成空列表或把其他可迭代对象转换为列表；tuple(iterable=(), /) 用来生成空元组或把其他可迭代对象转换为元组；可以使用set() 创建空集合或使用 set(iterable) 把其他可迭代对象转换为集合；创建字典的形式比较多，可以使用 dict() 创建空字典，可以使用 dict(mapping) 和 dict(iterable) 把包含若干(key,value)元组的可迭代对象转换为字典，还可以使用 dict(**kwargs) 把若干关键参数转换为字典。

```
# 创建空列表、空元组、空字典、空集合
# 内置函数 print() 的参数 sep 用来指定相邻输出结果之间的分隔符，详见 2.3.1 节
>>> print(list(), tuple(), dict(), set(), sep=',')
[],(),{},set()
# 创建 range(0,10) 对象，其中包含左闭右开区间[0,10)中的整数
>>> data = range(0, 10)
# 把 range 对象转换为列表、元组、集合，各占一行
>>> print(list(data), tuple(data), set(data), sep='\n')
[0, 1, 2, 3, 4, 5, 6, 7, 8, 9]
(0, 1, 2, 3, 4, 5, 6, 7, 8, 9)
{0, 1, 2, 3, 4, 5, 6, 7, 8, 9}
>>> data = [1, 1, 2, 2, 1, 3, 4]
# 把列表转换为元组、集合，各占一行
>>> print(tuple(data), set(data), sep='\n')
(1, 1, 2, 2, 1, 3, 4)
{1, 2, 3, 4}
# 列表转换为字符串后再转换为列表
# 把字符串中每个字符都作为结果列表中的元素
```

```
>>> print(list(str(data)))
['[', '1', ',', ' ', '1', ',', ' ', '2', ',', ' ', '2', ',', ' ', '1', ',',
' ', '3', ',', ' ', '4', ']']
# 接收关键参数，创建字典
>>> print(dict(host='127.0.0.1', port=8080))
{'host': '127.0.0.1', 'port': 8080}
# 把列表中的每个(key,value)形式的元组转换为字典中的元素
>>> print(dict([('host', '127.0.0.1'), ('port', 8080)]))
{'host': '127.0.0.1', 'port': 8080}
```

5. eval()

内置函数 eval(source, globals=None, locals=None, /)用来计算字符串或字节串的值，也可以用来实现类型转换的功能，还原字符串中数据的实际类型。对字符串求值时，还可以使用参数 globals 和 locals 指定字符串中变量的值，如果同时指定这两个参数的话，locals 优先起作用。

```
>>> print(eval('3+4j'))                # 对字符串求值得到复数
(3+4j)
>>> print(eval('3.1415926'))           # 把字符串还原为实数
3.1415926
>>> print(eval('8**2'))                # 计算表达式 8**2 的值
64
>>> print(eval('[1, 2, 3, 4, 5]'))     # 对字符串求值得到列表
[1, 2, 3, 4, 5]
>>> print(eval('{1, 2, 3, 4}'))        # 对字符串求值得到集合
{1, 2, 3, 4}
>>> print(eval('a+b'))                 # 要求字符串中的变量必须存在
Traceback (most recent call last):
  File "<pyshell#65>", line 1, in <module>
    print(eval('a+b'))
  File "<string>", line 1, in <module>
NameError: name 'a' is not defined
>>> a, b = 3, 5                        # 序列解包，同时创建两个变量并赋值
>>> print(eval('a+b'))                 # 使用距离最近的变量 a 和 b 的值
8
# 使用参数 globals 指定 a 和 b 的值，不再使用前面定义过的同名变量
>>> print(eval('a+b', {'a':97, 'b':98}))
195
# 同时指定 globals 和 locals 参数，locals 优先起作用
```

```
>>> print(eval('a+b', {'a':97, 'b':98}, {'a':1, 'b':2}))
3
```

内置函数 eval()一个非常有用的场合是对用户输入进行类型转换。因为不论输入什么内容，内置函数 input()总是以字符串形式返回，如果本来要输入的就是字符串，那么就不用做什么处理了；如果本来要输入的是整数、实数、复数，可以使用 int()、float()、complex()进行转换；如果本来要输入的是列表、元组、字典、集合，需要使用内置函数 eval()进行转换，见 2.3.1 节。类似的用法还包括从文本文件中读取数据后的类型转换，见 8.1.4 节。

2.3.5 最大值、最小值

内置函数 max()、min()分别用于计算可迭代对象中所有元素的最大值和最小值，参数可以是列表、元组、字典、集合或其他包含有限个元素的可迭代对象。

函数 max()有下面两种形式的用法：

```
max(iterable, *[, default=obj, key=func])
max(arg1, arg2, *args, *[, key=func])
```

其中前者用于从可迭代对象中返回最大值(如果可迭代对象中不包含任何元素就返回参数 default 的值，如果可迭代对象为空且没有指定参数 default 会导致代码出错抛出异常)，后者用于从多个参数中选择最大值返回。

类似地，函数 min()也有下面的两种调用方法：

```
min(iterable, *[, default=obj, key=func])
min(arg1, arg2, *args, *[, key=func])
```

在函数语法描述中，单个星号作为参数时表示该位置后面的所有参数必须以关键参数的形式进行传递，见 7.2.3 节。也就是说，调用 max()或 min()函数时如果要指定参数 default 和 key，必须采用关键参数形式，否则会导致代码错误抛出异常。其中，参数 default 用来指定可迭代对象 iterable 为空时函数的返回值，参数 key 用来指定选择最大值或最小值时使用的排序规则。key 参数的值可以是函数、类、lambda 表达式或类的方法等可调用对象。

```
>>> data = [3, 22, 111]
>>> print(data)
[3, 22, 111]
# 对列表中的元素直接比较大小，输出最大元素
>>> print(max(data))
111
>>> print(min(data))
3
```

max()、min()函数

```
# 转换成字符串之后最大的元素
>>> print(max(data, key=str))
3
# 转换成字符串之后长度最大的元素
>>> print(max(data, key=lambda item: len(str(item))))
111
>>> data = ['3', '22', '111']
>>> print(data)
['3', '22', '111']
# 最大的字符串
>>> print(max(data))
3
# 长度最大的字符串
>>> print(max(data, key=len))
111
# 转换为整数之后各位数字之和最大的元素
>>> print(max(data, key=lambda item: sum(map(int, item))))
22
>>> data = ['abc', 'Abcd', 'ab']
# 最大的字符串
>>> print(max(data))
abc
# 转换为小写之后最大的字符串，lower 用于把字符串转换成小写，见 6.1.1 节
>>> print(max(data, key=str.lower))
Abcd
# 最后一个位置上的字符最大的字符串
>>> print(max(data, key=lambda item: item[-1]))
Abcd
>>> data = [1, 1, 1, 2, 2, 1, 3, 1]
# 出现次数最多的元素
# 转换为集合是为了进行优化和减少计算量，不影响结果
# 也可以借助于标准库 collections 中的 Counter 类实现
>>> print(max(set(data), key=data.count))
1
# 最大元素的位置，看看哪个位置上的元素最大
# 列表的特殊方法__getitem__()用于获取指定位置的值，一般不这样直接使用
>>> print(max(range(len(data)), key=data.__getitem__))
6
# 几个集合之间不存在包含关系，没有比第一个集合更大的，所以返回第一个
```

```
>>> print(max({1}, {2}, {3}))
{1}
# 几个集合之间不存在包含关系，没有比第一个集合更小的，所以返回第一个
>>> print(min({1}, {2}, {3}))
{1}
# 第三个集合包含第一个集合，所以第三个比第一个更"大"
>>> print(max({1}, {2}, {1,3}))
{1, 3}
# 第三个集合是第一个集合的真子集，所以第三个比第一个更"小"
>>> print(min({1,5}, {2}, {1}))
{1}
```

2.3.6　元素数量、求和

　　内置函数 len(obj, /)用来计算列表、元组、字典、集合、字符串等容器类对象的长度，也就是其中包含的元素的个数。该函数不能用于 map 对象、zip 对象、enumerate 对象、生成器对象等迭代器对象。

　　内置函数 sum(iterable,/,start=0)用来计算可迭代对象 iterable 中所有元素之和，要求序列中所有元素类型相同并且支持加法运算。第一个参数 iterable 可以是包含数值型元素的列表、元组、字典、集合，也可以是包含数值型数据的 map 对象、filter 对象等迭代器对象；斜线不是有效的参数，只是用来标记该位置之前的所有参数都必须以位置参数的形式进行传递；第二个参数 start 默认为 0。可以理解函数 sum(iterable, /, start=0)是在 start 的基础上逐个与参数 iterable 中的每个元素相加，参数 start 一般用于可迭代对象 iterable 中元素不是数值的场合。

```
>>> data = [1, 2, 3, 4]
# 列表中元素的个数
>>> print(len(data))
4
# 列表中所有元素之和
>>> print(sum(data))
10
>>> data = (1, 2, 3)
# 元组中元素个数
>>> print(len(data))
3
# 元组中所有元素之和
>>> print(sum(data))
6
```

```
# 这两个函数也适用于集合
>>> data = {1, 2, 3}
>>> print(len(data))
3
>>> print(sum(data))
6
>>> data = 'Readability counts.'
# 字符串长度，也就是字符串中的字符数量
>>> print(len(data))
19
>>> data = {97: 'a', 65: 'A', 48: '0'}
# 字典中元素的个数
>>> print(len(data))
3
# 如果 sum()函数的参数是字典，默认对字典中的所有"键"求和
>>> print(sum(data))
210
>>> data = [[1], [2], [3], [4]]
# 列表中元素不是数值，不能直接计算
>>> print(sum(data))
Traceback (most recent call last):
  File "<pyshell#52>", line 1, in <module>
    print(sum(data))
TypeError: unsupported operand type(s) for +: 'int' and 'list'
# 以位置参数的形式指定第二个参数为空列表
# 相当于[] + [1] + [2] + [3] + [4]
>>> print(sum(data, []))
[1, 2, 3, 4]
# 如果元组中只包含一个元素，需要在最后多加一个逗号，例如下面的(5,)
>>> data = ((1,2), (3,4), (5,))
# 元组中的元素不是数值，以关键参数的形式指定第二个参数为空元组
>>> print(sum(data, start=()))
(1, 2, 3, 4, 5)
>>> data = ['hello', 'world']
# 不支持在 start(默认值为 0)的基础上与字符串相加
>>> print(sum(data))
Traceback (most recent call last):
  File "<pyshell#56>", line 1, in <module>
    print(sum(data))
```

```
TypeError: unsupported operand type(s) for +: 'int' and 'str'
# 虽然字符串可以使用加号连接，但是效率太低，sum()不支持这样做
>>> print(sum(data, ''))
Traceback (most recent call last):
  File "<pyshell#57>", line 1, in <module>
    print(sum(data, ''))
TypeError: sum() can't sum strings [use ''.join(seq) instead]
# 如果要连接多个字符串，建议使用字符串方法 join()，详见 6.1.5 节
>>> print(' '.join(data))
hello world
```

2.3.7 排序、逆序

1. sorted()

内置函数 sorted(iterable, /, *, key=None, reverse=False)可以对列表、元组、字典、集合或其他可迭代对象进行排序并返回新列表。参数 iterable 必须以位置参数的形式进行传递，用来指定要排序的原始数据；参数 key 用来指定排序规则，必须以关键参数的形式进行传递且值可以是函数、类、lambda 表达式、方法等可调用对象，如果不指定就按原始数据本身大小进行排序，排序规则取决于原始数据的类型；参数 reverse 必须以关键参数的形式进行传递，用来指定是升序(reverse=False)排序还是降序(reverse=True)排序，如果不指定的话默认认为升序排序。

```
# 在[0,1000)区间随机生成 10 个随机整数，允许重复
>>> from random import choices
>>> data = choices(range(1000), k=10)
# 查看原始数据
>>> print(data)
[130, 94, 760, 339, 624, 762, 632, 988, 425, 289]
# 按整数大小升序排序
>>> print(sorted(data))
[94, 130, 289, 339, 425, 624, 632, 760, 762, 988]
# 按整数大小降序排序
>>> print(sorted(data, reverse=True))
[988, 762, 760, 632, 624, 425, 339, 289, 130, 94]
# 按照转换成字符串之后的大小升序排序
>>> print(sorted(data, key=str))
[130, 289, 339, 425, 624, 632, 760, 762, 94, 988]
# 按照转换成字符串之后的长度升序排序
# 长度相同的保持原来的相对顺序，属于稳定排序，相同规则下每次排序结果一样
```

sorted 函数

```
>>> print(sorted(data, key=lambda item: len(str(item))))
[94, 130, 760, 339, 624, 762, 632, 988, 425, 289]
# 按转换成字符串之后的首个字符大小进行升序排序
# 首字符一样的字符串保持原来的相对顺序
>>> print(sorted(data, key=lambda item: str(item)[0]))
[130, 289, 339, 425, 624, 632, 760, 762, 94, 988]
# 按转换成字符串之后下标 1 的字符大小进行升序排序
# 下标 1 的字符一样的字符串保持原来的相对顺序
>>> print(sorted(data, key=lambda item: str(item)[1]))
[624, 425, 130, 339, 632, 94, 760, 762, 988, 289]
# 按转换成字符串之后最后一个字符的大小升序排序
# 最后一个字符一样的字符串保持原来的相对顺序
>>> print(sorted(data, key=lambda item: str(item)[-1]))
[130, 760, 762, 632, 94, 624, 425, 988, 339, 289]
# 按照转换成字符串之后首字符大小升序排序
# 首字符一样的字符串按最后一个字符大小升序排序
# 二者都一样的保持原来的相对顺序
>>> print(sorted(data, key=lambda item: (str(item)[0], str(item)[-1])))
[130, 289, 339, 425, 632, 624, 760, 762, 94, 988]
```

2. reversed()

内置函数 reversed(sequence, /)可以对可迭代对象(生成器对象和具有惰性求值特性的 zip、map、filter、enumerate、reversed 及类似的迭代器对象除外)进行翻转并返回 reversed 对象。reversed 对象属于迭代器对象，具有惰性求值特点，其中的元素只能使用一次，不支持使用内置函数 len()计算元素个数，也不支持使用内置函数reversed()再次翻转。

```
>>> from random import shuffle
# 创建列表
>>> data = list(range(20))
# 查看原始数据
>>> print(data)
[0, 1, 2, 3, 4, 5, 6, 7, 8, 9, 10, 11, 12, 13, 14, 15, 16, 17, 18, 19]
# 随机打乱顺序
>>> shuffle(data)
# 查看打乱顺序之后的数据
>>> print(data)
[6, 5, 4, 8, 19, 10, 1, 3, 11, 14, 13, 12, 7, 15, 18, 17, 9, 0, 16, 2]
# 创建 reversed 对象
```

```
>>> reversedData = reversed(data)
>>> print(reversedData)
<list_reverseiterator object at 0x00000175E34E1B20>
# 把 reversed 对象转换为列表
>>> print(list(reversedData))
[2, 16, 0, 9, 17, 18, 15, 7, 12, 13, 14, 11, 3, 1, 10, 19, 8, 4, 5, 6]
# 把 reversed 对象转换为元组
# 但之前转换为列表时已经用完所有元素，所以得到空元组
>>> print(tuple(reversedData))
()
# 重新创建 reversed 对象
>>> reversedData = reversed(data)
# 测试其中是否包含元素 3
>>> print(3 in reversedData)
True
# 上一次测试已经用掉了元素 3，所以再次测试时提示不存在
# 这一次测试用完了剩余的所有元素
>>> print(3 in reversedData)
False
# 此时 reversed 对象已空
>>> print(1 in reversedData)
False
```

2.3.8 zip()

内置函数 zip(*iterables)用来把多个可迭代对象中对应位置上的元素分别组合到一起,返回一个可迭代的 zip 对象,其中每个元素都是包含原来的多个可迭代对象对应位置上元素的元组,最终结果中包含的元素个数取决于所有参数可迭代对象中最短的那个。这个过程类似于长度不一样的拉链要拉到一起，短的一条拉链到头之后，就不能再拉了，如图 2-7 所示。参数*iterables 的意思是 iterables 可以接收任意多个位置参数，每个参数是可迭代对象，见 7.2.4 节。

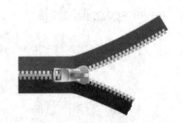

图 2-7 zip()示意图

可以把 zip 对象转换为列表、元组和集合，也可以使用 for 循环逐个遍历其中的元素。如果 zip 对象中每个元组包含 2 个元素，还可以把 zip 对象转换为字典。

在使用时要特别注意，zip 对象是具有惰性求值特点的迭代器对象，其中的每个元素都只能使用一次，访问过的元素不可再次访问。并且，只能从前往后按顺序逐个访问 zip 对象中的元素，不能使用下标直接访问指定位置上的元素。zip 对象不支持切片操作，也不能作为内置函数 len()和 reversed()的参数。

```
>>> data = zip('1234', [1, 2, 3, 4, 5, 6])
>>> print(data)
<zip object at 0x000001DE25B21D80>
# 在转换为列表时，使用了 zip 对象中的全部元素，zip 对象中不再包含任何内容
>>> print(list(data))
[('1', 1), ('2', 2), ('3', 3), ('4', 4)]
>>> print(tuple(data))
()
# 如果需要再次访问其中的元素，必须重新创建 zip 对象
>>> data = zip('1234', [1, 2, 3, 4, 5, 6])
>>> print(tuple(data))
(('1', 1), ('2', 2), ('3', 3), ('4', 4))
>>> data = zip('1234', [1, 2, 3, 4, 5, 6])
# zip 对象是可迭代的，可以使用 for 循环逐个遍历和访问其中的元素
>>> data = zip('1234', [1, 2, 3, 4, 5, 6])
>>> for item in data:
    print(item, end=' ')          # 这里要按两次回车来执行代码

('1', 1) ('2', 2) ('3', 3) ('4', 4)
>>> data = zip('1234', [1, 2, 3, 4, 5, 6])
>>> for k, v in data:             # 在 for 循环中使用序列解包，见 3.3.1 节
    print(k, v, sep=':')

1:1
2:2
3:3
4:4
>>> data = zip('1234', [1, 2, 3, 4, 5, 6])
>>> for item in data:             # 在 print() 中使用序列解包，见 4.5 节
    print(*item, sep=':')

1:1
2:2
3:3
4:4
# 把 zip 对象转换为字典
>>> print(dict(zip('abcd', '123456')))
{'a': '1', 'b': '2', 'c': '3', 'd': '4'}
>>> x = [1, 2, 3, 4]
>>> y = [3, 8, 2, 9]
```

zip 函数

```
>>> z = [9, 7, 4, 8]
# zip()函数可以对任意多个可迭代对象中对应位置上的元素进行组合
>>> print(list(zip(x, y, z)))
[(1, 3, 9), (2, 8, 7), (3, 2, 4), (4, 9, 8)]
# 在可迭代对象前面加一个星号，表示把其中所有的元素都取出来
>>> print(*zip('abc', '123'))
('a', '1') ('b', '2') ('c', '3')
```

如果 zip()函数接收到的多个可迭代对象的长度不相等，最终返回的 zip 对象中包含的元素数量取决于最短的那个，上面的代码也说明了这个问题。如果想对短的进行补充和对齐，使得最终返回的元素数量取决于最长的那个，可以使用标准库 itertools 中的函数 zip_longest(iter1 [,iter2 [...]], [fillvalue=None])，最后一个参数 fillvalue 用来指定填充值。

```
# zip_longest()函数返回类似于 zip 对象的 zip_longest 对象
>>> print(zip_longest('1234', 'ab', 'ABCDE'))
<itertools.zip_longest object at 0x000001DE25C93950>
# 默认使用 None 对短的可迭代对象进行补齐
>>> print(list(zip_longest('1234', 'ab', 'ABCDE')))
[('1', 'a', 'A'), ('2', 'b', 'B'), ('3', None, 'C'), ('4', None, 'D'), (None,
None, 'E')]
# 通过参数 fillvalue 指定使用 0 对短的可迭代对象进行补齐
>>> print(list(zip_longest([1, 2, 3, 4, 5], [1, 2], fillvalue=0)))
[(1, 1), (2, 2), (3, 0), (4, 0), (5, 0)]
```

2.3.9 enumerate()

内置函数 enumerate(iterable, start=0)用来枚举有限长度的可迭代对象中的元素，返回包含每个元素下标和值的 enumerate 对象，每个元素形式为(start, seq[0]), (start+1, iterable[1]), (start+2, iterable[2]), ...。参数 start 用来指定计数的初始值，默认从 0 开始。

```
>>> enum = enumerate('abcde')
>>> print(enum)
<enumerate object at 0x000001DE23743080>
# 转换为列表
>>> print(list(enum))
[(0, 'a'), (1, 'b'), (2, 'c'), (3, 'd'), (4, 'e')]
# 再次转换得到空列表，enumerate 对象中的元素只能使用一次
>>> print(list(enum))
```

```
[]
# 指定计数从 5 开始
>>> print(list(enumerate('abcd', start=5)))
[(5, 'a'), (6, 'b'), (7, 'c'), (8, 'd')]
>>> from random import choices
# 随机选择 10 个介于[0,10)区间的整数，允许重复
>>> data = choices(range(10), k=10)
# 每次运行结果不一样是正常的，这是其中一个运行结果
>>> print(data)
[1, 5, 2, 2, 4, 7, 1, 7, 7, 0]
# 返回列表中的最大值
>>> m = max(data)
# 枚举每个元素，如果某个元素的值与最大值相等，就输出这个元素的位置
>>> for index, value in enumerate(data):
    if value == m:
        print(index)


5
7
8
# 函数式编程模式
# 内置函数 map()和 filter()的用法见 2.3.11 节
# lambda 表达式的用法见 2.1.4 小节和 7.4 节
>>> print(*filter(None, map(lambda i: i[0] if i[1]==m else None,
enumerate(data))))
5 7 8
```

2.3.10　next()

内置函数 next(iterator[, default])对应于迭代器对象的特殊方法__next__()，用来从迭代器对象中获取下一个元素，如果迭代器对象已空则引发 StopIteration 异常，停止迭代或返回指定的默认值。

迭代器对象是指内部实现了特殊方法__iter__()和__next__()的类的实例，map 对象、zip 对象、filter 对象、enumerate 对象、生成器对象都属于迭代器对象。这类对象具有惰性求值的特点，只能从前往后逐个访问其中的元素，不支持下标和切片，并且每个元素只能使用一次。迭代器对象可以转换为列表、元组、字典、集合等类型对象，支持 in 运算符，也支持 for 循环遍历其中的元素。严格来说，迭代器对象中并不保存任何元素，只会在需要时临时计算或生成元素。

```
>>> data = enumerate('abc')
```

```
# 可以从 enumerate 对象中获取下一个元素
>>> print(next(data))
(0, 'a')
>>> print(next(data))
(1, 'b')
>>> print(next(data))
(2, 'c')
# 迭代器对象中的元素已经全部用完，再次调用 next()函数会抛出异常
>>> print(next(data))
Traceback (most recent call last):
  File "<pyshell#91>", line 1, in <module>
    print(next(data))
StopIteration
>>> data = zip('1234', 'ab')
# 从 zip 对象中获取下一个元素
>>> print(next(data))
('1', 'a')
>>> print(next(data))
('2', 'b')
# 迭代器对象空的时候返回指定的默认值
>>> print(next(data, '迭代器已空'))
迭代器已空
>>> data = map(int, '123')
# map 对象也是常用的迭代器对象
>>> print(next(data, '迭代器已空'))
1
>>> print(next(data, '迭代器已空'))
2
>>> print(next(data, '迭代器已空'))
3
>>> print(next(data, '迭代器已空'))
迭代器已空
```

2.3.11　map()、reduce()、filter()

本节的三个函数是 Python 支持函数式编程的重要体现和方式，充分利用函数式编程可以使得代码更加简洁，并且具有更快的运行速度。

1. map()

内置函数 map()的语法为：

```
map(func, *iterables)
```

其中，参数 func 必须是函数、lambda 表达式、类、类的方法或其他类型的可调用对象，参数 iterable 用来接收任意多个可迭代对象。该函数把一个可调用对象 func 依次映射到可迭代对象的每个元素上，并返回一个可迭代的 map 对象，其中每个元素是原可迭代对象中元素经过可调用对象 func 处理后的结果。map() 函数不对原可迭代对象做任何修改。使用时应注意，可调用对象 func 的形参数量与 map() 接收的可迭代对象数量(或者说参数 iterables 的长度)必须一致。

该函数返回的 map 对象是迭代器对象，可以转换为列表、元组或集合，也可以直接使用 for 循环遍历其中的元素，但是 map 对象中的每个元素只能使用一次。如果 map 对象中每个元素是包含两个元素的元组，也可以把 map 对象转换为字典。

创建程序文件，输入并运行下面的代码：

```python
from operator import add, mul

# 把 range(5)中的每个数字都变为字符串
print(map(str, range(5)))
# 可以把 map 对象转换为列表
print(list(map(str, range(5))))
# 获取每个字符串的长度
print(list(map(len, ['abc', '1234', 'test'])))
# 使用 operator 标准库中的 add 运算，add 运算相当于运算符+
# 如果 map()函数的第一个参数 func 能够接收两个参数，则可以映射到两个序列上
for num in map(add, range(5), range(5,10)):
    print(num)
# 计算两个向量的内积，也就是对应位置分量乘积之和
vector1 = [1, 2, 3, 4]
vector2 = [5, 6, 7, 8]
print(sum(map(mul, vector1, vector2)))
# 所有字符串变为小写
print(list(map(str.lower, ['ABC','DE','FG'])))
# 统计字符串中每个字符的出现次数
text = 'aaabccccdabdc'
print(list(zip(set(text), map(text.count, set(text)))))
```

map() 函数

运行结果为：

```
<map object at 0x0000022B69470308>
['0', '1', '2', '3', '4']
[3, 4, 4]
```

```
5
7
9
11
13
70
['abc', 'de', 'fg']
[('b', 2), ('a', 4), ('d', 2), ('c', 5)]
```

2. reduce()

在 Python 3.x 中，reduce() 不是内置函数，而是放到了标准库 functools 中，需要导入之后才能使用。该函数的完整语法格式为：

```
reduce(function, sequence[, initial])
```

函数 reduce() 可以将一个恰好能够接收两个参数的函数以迭代的方式从左到右依次作用到一个序列或迭代器对象的所有元素上，每一次计算的中间结果直接参与下一次计算，最终得到一个值。例如，继续使用 operator 标准库中的 add 运算，那么表达式 reduce(add, [1, 2, 3, 4, 5]) 的计算过程为 ((((1+2)+3)+4)+5)，第一次计算时 x 为 1 而 y 为 2，再次计算时 x 的值为 (1+2) 而 y 的值为 3，再次计算时 x 的值为 ((1+2)+3) 而 y 的值为 4，以此类推，最终完成计算并返回 ((((1+2)+3)+4)+5) 的值。

创建程序文件并输入下面的代码，其中第 4 行代码 reduce(add, seq) 的执行过程如图 2-8 所示。

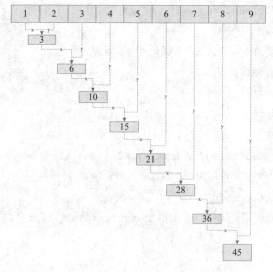

图 2-8 reduce() 函数工作原理示意图

```
from functools import reduce
from operator import add, mul, or_
```

```
seq = range(1, 10)
# 累加 seq 中的数字，功能相当于 sum(seq)
print(reduce(add, seq))
# 累乘 seq 中的数字，功能相当于 math.prod(seq)
print(reduce(mul, seq))
seq = [{1}, {2}, {3}, {4}]
# 对 seq 中的集合连续进行并集运算，功能相当于 set().union(*seq)
print(reduce(or_, seq))
# 定义函数，接收两个整数，返回第一个整数乘以 10 再加第二个整数的结果
def func(a, b):
    return a*10 + b

# 把表示整数各位数字的若干数字连接为十进制整数
print(reduce(func, [1,2,3,4,5]))
# 重新定义函数
def func(a, b):
    return int(a)*2 + int(b)

# 把字符串按二进制数转换为十进制数
print(reduce(func, '1111'))
```

运行结果为：

```
45
362880
{1, 2, 3, 4}
12345
15
```

3．filter()

内置函数 filter(function or None, iterable)使用第一个参数 function 描述的规则对可迭代对象中的元素进行过滤，语法格式为：

```
filter(function or None, iterable)
```

在功能上，filter()函数将一个函数 function 作用到一个可迭代对象上，返回一个 filter 对象，其中包含原可迭代对象中作为参数传递给 function 时能够使得函数 function 返回值等价于 True 的那些元素。如果指定 filter()函数的第一个参数 function 为 None，则返回的 filter 对象中包含原可迭代对象中等价于 True 的元素。

和生成器对象、map 对象、zip 对象、reversed 对象一样，filter 对象具有惰性求值的特点，不支持下标和切片，只能从前向后逐个访问每个元素，且每个元素只能使用一次。

创建程序文件，输入并运行下面的代码：

```
languages = ['Python', 'Go', 'C++', 'Java',
             'JavaScript', 'R', 'C#', 'Visual Basic']
# 只保留长度大于 4 且小于 7 的字符串
print(list(filter(lambda lan: 4<len(lan)<7, languages)))
# 只保留其中字母全部为大写的字符串，忽略非英文字母
print(list(filter(str.isupper, languages)))
# 只保留其中等价于 True 的元素
print(list(filter(None, ['TCP', 'UDP', 'HTTP', '', [], range(5,3)])))
# 只保留其中的奇数
print(list(filter(lambda num: num%2==1, range(10))))
# 只保留 3 的倍数
print(list(filter(lambda num: num%3==0, [1,3,5,6,9])))
```

运行结果为：

```
['Python']
['C++', 'R', 'C#']
['TCP', 'UDP', 'HTTP']
[1, 3, 5, 7, 9]
[3, 6, 9]
```

2.4 综合例题解析

例 2-1 编写程序，输入任意大正整数，输出各位数字之和。例如，输入 1234 时输出 10，输入 123456 时输出 21。

解析：本例重点演示内置函数 input()、map()、sum()的用法。首先使用 input() 接收任意大整数并以字符串形式返回，然后使用 map()把字符串中每个数字字符转换为整数，最后使用 sum()对这些整数求和。

```
data = input('请输入任意正整数：')
print(f'{data}的各位数字之和为：{sum(map(int, data))}')
```

运行结果为：

```
请输入任意正整数：12345
12345 的各位数字之和为：15
```

例 2-2 编写程序，输入两个包含相同数量正整数的列表来表示两个向量，输出这两个向量的内积。

解析：本例主要演示内置函数 input()、eval()、map()和标准库 operator 中 mul()

函数的用法。首先两次调用 input() 函数接收两个字符串形式的列表，然后使用 eval() 将其字符串还原为列表，最后计算两个列表中对应位置数字乘积的和。

```
from operator import mul

vector1 = eval(input('请输入第一个表示向量的列表：'))
vector2 = eval(input('请输入第二个表示向量的列表：'))
result = sum(map(mul, vector1, vector2))
print('内积：', result)
```

运行结果为：

```
请输入第一个表示向量的列表：[1, 2, 3, 4]
请输入第二个表示向量的列表：[5, 6, 7, 8]
内积： 70
```

例 2-3　编写程序，输入一个包含任意数量整数或实数的列表，输出其中绝对值最大的数和出现次数最多的数。

解析： 本例主要演示内置函数 max() 以及参数 key 的用法。

```
data = eval(input('请输入包含任意整数或实数的列表：'))
print('绝对值最大的数：', max(data, key=abs))
print('出现次数最多的数：', max(set(data), key=data.count))
```

运行结果为：

```
请输入包含任意整数或实数的列表：[3, -5, 3, -7, 3, -1, 2.7, 3.8]
绝对值最大的数： -7
出现次数最多的数： 3
```

例 2-4　编写程序，输入两个包含若干正整数的等长列表 values 和 weights，计算加权平均的值 $\dfrac{\sum\limits_{i=0}^{n-1}\left(\text{values}[i]\times\text{weights}[i]\right)}{\sum\limits_{i=0}^{n-1}\text{weights}[i]}$，结果保留 2 位小数。

例 2-4 代码讲解

解析： 使用内置函数 map() 和标准库 operator 中的函数 mul() 完成要求的功能，内置函数 map() 把可调用对象映射到多个可迭代对象时，有自动对齐的功能，同时处理多个可迭代对象中对应位置上的元素。

```
from operator import mul

values = eval(input('请输入一个包含若干实数值的列表：'))
```

```
weights = eval(input('请输入一个包含若干实数权重的列表：'))
average = sum(map(mul, values, weights)) / sum(weights)
# 格式化，保留 2 位小数，适用于 Python 3.8 之后的版本，低版本可以把等于号删除
print(f'{average=:.2f}')
```

运行结果为：

```
请输入一个包含若干实数值的列表：[1, 2, 3, 4]
请输入一个包含若干实数权重的列表：[5, 6, 7, 8]
average=2.69
```

例 2-5 已知中国象棋棋盘共有 8 行 8 列 64 个小格子，如果在第一个小格子里放 1 粒米，第二个小格子里放 2 粒米，第三个小格子里放 4 粒米，以此类推，往后每个小格子里放的米的数量都是前面一个小格子里的两倍。编写程序，计算放满棋盘所有 64 个小格子一共需要多少粒米。

解析： 把每个小格子从 0 到 63 进行编号，第 i 个小格子里米的数量恰好为 2 的 i 次方，也恰好是二进制数按权展开式中每一位上的权重。如果我们使用一个 64 位的二进制数来表示放米的结果，最低位表示第一个小格子，最高位表示最后一个小格子，每个二进制位为 1 表示表示对应的小格子放米，为 0 表示对应的小格子不放米。这样的话，题目要求计算的结果恰好等于 64 位都为 1 的二进制数转换为十进制数的结果。解决这个问题只需要下面的一行代码：

```
print(int('1'*64, 2))
```

运行结果为：

```
18446744073709551615
```

本章知识要点

(1) 数据类型是特定类型的值及其支持的操作组成的整体，每种类型对象的表现形式、取值范围以及支持的操作都不一样。

(2) 在 Python 中，所有的一切都可以称作对象。

(3) 内置对象在启动 Python 之后就可以直接使用，不需要导入任何标准库，也不需要安装和导入任何扩展库。

(4) Python 属于动态类型编程语言，变量的值和类型都是随时可以发生改变的。

(5) 在 Python 中，不需要事先声明变量名及其类型，使用赋值语句可以直接创建任意类型的变量，变量的类型取决于等号右侧表达式计算结果的类型。

(6) Python 支持任意大的数字，为了提高可读性，可以在数字中间位置插入下划线作为千分位分隔符，对大整数各位数字进行分组。

(7) 运算符用来表示对象支持的行为和对象之间的操作，运算符的功能与对象类型密切相关。

(8) 在 Python 中，关系运算符可以连续使用，当连续使用时具有惰性求值的特点，当已经确定最终结果之后，不会再进行多余的比较。

(9) 在计算表达式的值时，只要不是 0、0.0、0j、None、False、空列表、空元组、空字符串、空字典、空集合、空 range 对象或其他空的容器对象，都认为等价(注意，等价不是相等)于 True。例如，空字符串等价于 False，包含任意字符的字符串都等价于 True；0 等价于 False，除 0 之外的任意整数和小数都等价于 True。

(10) 逻辑运算符 and 和 or 具有惰性求值或逻辑短路的特点，当连接多个表达式时只计算必须计算的值，并以最后计算的表达式的值作为整个表达式的值。

(11) 作为高级用法，函数 max() 和 min() 支持使用 key 参数指定排序规则，参数的值可以是函数、类、lambda 表达式或类的方法等可调用对象。

(12) 内置函数 sorted() 可以对列表、元组、字典、集合或其他可迭代对象进行排序并返回新列表，支持使用 key 参数指定排序规则，值可以是函数、类、lambda 表达式、对象方法等可调用对象。另外，还可以使用 reverse 参数指定是升序(reverse=False)排序还是降序(reverse=True)排序，如果不指定的话默认为升序排序。

(13) 内置函数 input() 用来接收用户的键盘输入，不论用户输入什么内容，input() 一律返回字符串，必要的时候可以使用内置函数 int()、float() 或 eval() 对用户输入的内容进行类型转换。

(14) 内置函数 range() 有 range(stop)、range(start, stop) 和 range(start, stop, step) 三种用法，返回具有惰性求值特点的 range 对象，其中包含左闭右开区间 [start, stop) 内以 step 为步长的整数。start 默认为 0，step 默认为 1。

(15) 迭代器对象是指内部实现了特殊方法 __iter__() 和 __next__() 的类的实例，map 对象、zip 对象、filter 对象、enumerate 对象、生成器对象都属于迭代器对象。

(16) dir() 函数不带参数时可以列出当前作用域中的所有标识符，带参数时可以用于查看指定模块或对象中的成员；help() 函数常用于查看对象的帮助文档。

(17) 函数 map() 适合于对可迭代对象中的所有元素统一执行特定的处理或变换，返回的 map 对象中包含变换的结果。

(18) 函数 reduce() 可以将一个接收两个参数的函数以迭代的方式从左到右依次作用到一个可迭代对象的所有元素上，并且每一次计算的中间结果直接参与下一次计算，最终得到一个值。

(19) filter() 函数将一个函数 function 作用到一个序列上，返回一个 filter 对象，其中包含原序列中使得函数 function 返回值等价于 True 的那些元素。如果将 filter() 函数的第一个参数 function 设置为 None，则返回的 filter 对象中包含原序列中等价于 True 的元素。

习　　题

1. 判断题：内置对象可以直接使用，不需要导入内置模块、标准库或扩展库。
2. 判断题：标准库对象不需要导入也可以直接使用。

3．判断题：列表中可以包含任意类型的元素。

4．判断题：列表中不能再包含列表作为元素了。

5．判断题：Python 中的整数不能太大，例如表达式 9999**99 的值就无法计算。

6．判断题：在 Python 中，虽然变量的类型不能随意改变，但变量的值是可以随时发生变化的。

7．判断题：0o789 不是合法数字。

8．判断题：0x123f 不是合法数字。

9．判断题：表达式 7.9 - 4.5 的值为 3.4。

10．填空题：表达式 15 // 4 的值为_____。

11．填空题：表达式(-15) // 4 的值为_____。

12．填空题：表达式 15 // (-4)的值为_____。

13．填空题：表达式--3 的值为_____。

14．填空题：表达式 3 and 5 的值为_____。

15．填空题：表达式 3 or 5 的值为_____。

16．填空题：表达式{1,2,3} ^ {2,3,4}的值为_____。

17．填空题：表达式{1,2,3} - {2,3,4}的值为_____。

18．填空题：表达式{1,2,3} | {2,3,4}的值为_____。

19．填空题：表达式{1,2,3} < {2,3,4}的值为_____。

20．编程题：编写程序，输入两个集合 A 和 B，计算并输出并集、交集、差集 A-B、差集 B-A 以及对称差集。

21．编程题：编写程序，输入一个包含若干正整数的列表，输出其中大于 8 的偶数组成的新列表。

22．编程题：编写程序，输入两个包含若干正整数的等长列表 keys 和 values，然后以 keys 中的正整数为"键"、values 中对应位置上的正整数为"值"创建字典，然后输出创建的字典。

23．编程题：编写程序，输入一个包含若干任意数据的列表，输出该列表中等价于 True 的元素组成的列表。例如，输入[1, 2, 0, None, False, 'a']，输出[1, 2, 'a']。

第 3 章

程序控制结构

本章 学习目标 ▶▶

- ➤ 理解条件表达式的值与 True/False 的等价关系
- ➤ 熟练掌握选择结构的语法和应用
- ➤ 熟练掌握 for 和 while 循环结构的语法和应用
- ➤ 熟练掌握 break 和 continue 语句的作用与应用
- ➤ 熟练掌握异常处理结构的语法和应用
- ➤ 熟练掌握选择结构、循环结构、异常处理结构嵌套使用的语法
- ➤ 养成对用户输入进行有效性检查的习惯

3.1　条件表达式

在选择结构和循环结构中，都要根据条件表达式的值来确定下一步的执行流程。选择结构根据不同的条件来决定是否执行特定的代码，循环结构根据不同的条件来决定是否重复执行特定的代码。

在 Python 中，几乎所有合法表达式都可以作为条件表达式，包括单个常量或变量，以及使用各种运算符和函数调用连接起来的表达式。条件表达式的值等价于 True 时表示条件成立，等价于 False 时表示条件不成立。条件表达式的值只要不是 False、0(或 0.0、0j)、空值 None、空列表、空元组、空集合、空字典、空字符串、空 range 对象或其他空可迭代对象，Python 解释器均认为与 True 等价。注意，等价和相等是有区别的。一个值等价于 True 是指，这个值作为内置函数 bool() 的参数会使得该函数返回 True。例如，bool(3) 的值为 True，但很明显 3 不等于 True。

例如，数字可以作为条件表达式，但只有 0、0.0、0j 等价于 False，其他任意数字都等价于 True，包括负数。列表、元组、字典、集合、字符串以及 range 对象、map 对象、zip 对象、filter 对象、enumerate 对象、reversed 对象等容器类对象也可以作为条件表达式，不包含任何元素的可迭代对象等价于 False，包含任意元素的可迭代对象都等价于 True。以字符串为例，只有不包含任何字符的空字符串作为条件表达式时是等价

于 False 的，包含任意字符的字符串都等价于 True，哪怕只包含一个空格。

下面的代码演示了部分数据与 True/False 的等价关系。

```
values = [3, -3, 0.1, 1e-9, 0, '', ' ', [], {}, 'a', [0],
          range(0), {0}, 5j]
equivalence = list(zip(values, map(bool, values)))
print(equivalence)
```

运行结果为：

```
[(3, True), (-3, True), (0.1, True), (1e-09, True), (0, False), ('', False),
(' ', True), ([], False), ({}, False), ('a', True), ([0], True), (range(0, 0), False),
({0}, True), (5j, True)]
```

3.2　选　择　结　构

如果细分的话，程序控制结构包括顺序结构、选择结构、循环结构和异常处理结构。在正常情况下，程序中的代码是从上往下逐条语句执行的，也就是按先后顺序执行程序中的每行代码。如果程序中有选择结构，可以根据不同的条件来决定执行哪些代码和不执行哪些代码。如果程序中有循环结构，可以根据相应的条件是否满足来决定需要多次重复执行哪些代码。如果有异常处理结构，可以根据是否发生错误以及是否发生特定类型的错误来决定应该如何处理。选择结构、循环结构、异常处理结构都是临时改变程序流程的方式。从宏观上讲，如果把每个选择结构、循环结构或异常处理结构的多行代码看作一个大的语句块，整个程序仍是顺序执行的。从微观上讲，选择结构、循环结构、异常处理结构内部的多行简单语句之间仍是顺序结构。

选择结构根据不同的条件是否满足来决定是否执行特定的代码，根据要解决的问题逻辑的不同，可以使用单分支选择结构、双分支选择结构或不同形式的嵌套选择结构。

3.2.1　单分支选择结构

单分支选择结构语法如下所示，其中条件表达式后面的冒号“:”是不可缺少的，表示一个语句块的开始。并且语句块必须做相应的缩进，一般是以 4 个空格为缩进单位。

```
if 条件表达式:
    语句块
```

当条件表达式的值为 True 或其他与 True 等价的值时，表示条件满足，语句块被执行，否则该语句块不被执行，而是继续执行后面的代码(如果有的话)。单分支选择结构执行流程如图 3-1 中虚线框内部分所示。

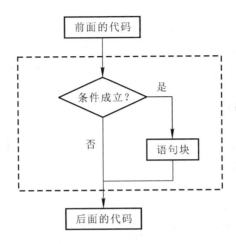

图 3-1　单分支选择结构执行流程

很多人拿到问题后总是急于写代码，缺乏对问题本身以及深层逻辑的深入分析，导致代码的总体框架改来改去，甚至需要推倒重来，浪费大量的时间。在解决实际问题时，一般建议首先分析问题，确定所使用的数据结构和解决问题的整体思路，然后绘制大致的程序流程图来辅助理顺思路，即先有个总体的设计，搭起框架，然后逐步细化每个模块，确定没有问题之后再动手编写代码实现。一定要记住，一定要先有设计，最后一个步骤才是编写代码。从这个意义上来讲，词语"程序设计"要比"编程"更好一些，表达的意思也更准确和完整一些。

例 3-1　程序员小明的妻子打电话让小明下班路上买饭回来，原话是"回来路上买 10 个包子，如果看到旁边有卖西瓜的，买一个"。结果，小明回到家后妻子发现他只买了一个包子，问怎么回事，小明说"我看到卖西瓜的了"。编写程序模拟小明的脑回路。

解析：平时人类交流使用最多的是自然语言，汉语、英语、德语、法语等各国语言以及各地方言都属于自然语言，虽然理解难度最低，但是也最容易产生歧义。数学语言和各种程序设计语言用来描述问题更加准确一些。在本例给出的代码中，并没有对用户输入做全面的约束，例如输入的只要不是 Y 就一律认为是 N，这与实际并不相符。如果要进行更严格的约束，可以参考 3.2.2 节和 3.2.3 节的内容进行完善。

```python
# 要买的包子数量
num = 10
flag = input('有卖西瓜的吗？输入 Y/N: ')
if flag == 'Y':
    num = 1
print(f'实际买的包子数量为：{num}')
```

第一次运行结果为：

```
有卖西瓜的吗？输入 Y/N: Y
实际买的包子数量为：1
```

第二次运行结果为：

> 有卖西瓜的吗？输入 Y/N: N
> 实际买的包子数量为：10

3.2.2 双分支选择结构

双分支选择结构可以用来实现二选一的业务逻辑，如果条件成立就做一件事，否则做另一件事。双分支选择结构的语法形式为：

```
if 条件表达式:
    语句块 1
else:
    语句块 2
```

当条件表达式值为 True 或其他等价值时，执行语句块 1，否则执行语句块 2。语句块 1 或语句块 2 总有一个会被执行，然后再执行后面的代码(如果有的话)。双分支选择结构执行流程如图 3-2 虚线框内部所示。

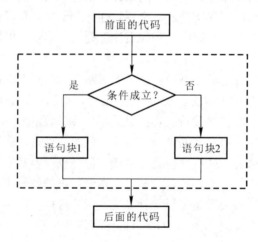

图 3-2　双分支选择结构执行流程

例 3-2　周五晚上放学时，小明和小强两位同学商量周六的安排，说好如果不下雨就一起打羽毛球，如果下雨就一起写作业。周六早上，两个人根据是否下雨来决定最终要做的事情。编写程序，输入 Y 表示下雨、N 表示不下雨，模拟二人做决定的过程，并输出二人的最终决定。

解析：使用内置函数 input()接收键盘输入，Y 表示下雨、N 表示不下雨，使用双分支选择结构根据是否下雨来决定二人最终做什么。通过这个例题我们还应该注意到一个常识，提前一段时间和人预约并在临近时间点之前再确认一下，这是一个很重要的好习惯，是对别人最起码的尊重。没有特殊的紧急情况，尽量不要贸然到访或在没有通知对方的情况下单方面改变计划，切记切记。

```
flag = input('今天下雨吗? 输入 Y/N: ')
if flag == 'Y':
    print('一起写作业。')
else:
    print('一起打羽毛球。')
```

第一次运行结果为：

```
今天下雨吗? 输入 Y/N: Y
一起写作业。
```

第二次运行结果为：

```
今天下雨吗? 输入 Y/N: N
一起打羽毛球。
```

在带有选择结构的代码中，某次执行时有些分支的语句可能会得不到执行，或者说没有覆盖到。在对代码进行测试时覆盖性测试是一项很重要的工作，用来检查哪些代码被执行了和哪些代码没有被执行。Python 扩展库 coverage 可以用来实现代码的覆盖性测试。参考 1.5 节的内容安装这个扩展库，然后把上面的代码保存为"例 3-2.py"，进入 PowerShell 或 cmd 命令提示符，使用命令"coverage run 例 3-2.py"执行程序，然后使用命令"coverage report -m"查看测试结果，如图 3-3 所示，其中"Missing"列的数字 5 表示没有被执行的代码行号。

图 3-3　覆盖性测试结果

3.2.3　嵌套的选择结构

在图 3-2 中，如果"语句块 1"或"语句块 2"也是单分支或双分支选择结构(当然也可以是循环结构、异常处理结构或 with 块，本节暂时不考虑)，就构成了嵌套的选择结构。嵌套的选择结构用来表示更加复杂的业务逻辑，有两种形式，第一种语法形式为：

```
if 条件表达式 1:
    语句块 1
elif 条件表达式 2:
    语句块 2
[elif 条件表达式 3:
```

```
    语句块 3
    ...
else:
    语句块 n]
```

其中，关键字 elif 是 else if 的缩写，方括号内的代码是可选的，不是必需的。

在上面的语法示例中，如果条件表达式 1 成立就执行语句块 1；如果条件表达式 1 不成立但是条件表达式 2 成立就执行语句块 2；如果条件表达式 1 和条件表达式 2 都不成立但是条件表达式 3 成立就执行语句块 3，以此类推；如果所有条件都不成立就执行语句块 n。

另一种嵌套的选择结构的语法形式为：

```
if 条件表达式 1:
    语句块 1
    if 条件表达式 2:
        语句块 2
    [else:
        语句块 3]
else:
    if 条件表达式 4:
        语句块 4
    [elif 条件表达式 5:
        语句块 5
    else:
        语句块 6]
```

在上面的语法示例中，如果条件表达式 1 成立，先执行语句块 1，执行完后如果条件表达式 2 成立就执行语句块 2，否则执行语句块 3；如果条件表达式 1 不成立但是条件表达式 4 成立就执行语句块 4；如果条件表达式 1 不成立并且条件表达式 4 也不成立但是条件表达式 5 成立就执行语句块 5；如果条件表达式 1、4、5 都不成立就执行语句块 6。

实际使用时，具体要采用哪种形式的嵌套选择结构、嵌套多少层以及是否需要 else 子句，完全取决于要解决的问题，没有固定的模板。

使用嵌套选择结构时，一定要严格控制好不同级别代码块的缩进量，这决定了不同代码块的从属关系和业务逻辑是否被正确地实现，以及代码是否能够被解释器正确理解和执行。作为一般建议，相同级别和层次的代码块应具有相同的缩进量，并且以 4 个空格作为一个缩进单位。

例 3-3 防火墙一般指计算机上安装的一种和杀毒软件同样重要的软件，一些重要的服务器或单位还会购买和部署硬件防火墙对网络流量进行筛选和过滤。不论是软件防火墙还是硬件防火墙，都不是买回来安装上就万事大吉了，必须要经过严格的配置才能真正起到防护作用。例如，允许来自哪些 IP 地址和端口号的数据允许进入本机或本网络，本机哪些端口允许向网络外部传送数据，都必须要进行深思熟虑并严格配置。

小明维护了公司的一台服务器，这台服务器的防火墙规则为：允许 IP 地址为 192.168.1.99 的计算机访问服务器的 3389 端口，其他计算机一律不允许访问服务器的 3389 端口；允许 IP 地址为 192.168.1.88 的计算机访问服务器的 1433 端口，其他计算机一律不允许访问服务器的 1433 端口；任意计算机都可以访问服务器的 80 端口；除了上述明确允许的，其他数据一律不允许进入服务器。编写程序，模拟这个防火墙的工作。

解析：这种情况适合使用第一种嵌套选择结构的形式。

```
host = input('请输入来访的计算机 IP 地址：')
port = int(input('请输入要访问服务器哪个端口：'))

flag = False
if host=='192.168.1.99' and port==3389:
    flag = True
elif host=='192.168.1.88' and port==1433:
    flag = True
elif port==80:
    flag = True
if flag:
    print('允许进入服务器。')
else:
    print('不允许进入服务器。')
```

第一次运行结果为：

```
请输入来访的计算机 IP 地址：192.168.1.99
请输入要访问服务器哪个端口：1234
不允许进入服务器。
```

第二次运行结果为：

```
请输入来访的计算机 IP 地址：192.168.1.99
请输入要访问服务器哪个端口：3389
允许进入服务器。
```

第三次运行结果为：

```
请输入来访的计算机 IP 地址：192.168.1.1
请输入要访问服务器哪个端口：3389
不允许进入服务器。
```

第四次运行结果为：

> 请输入来访的计算机 IP 地址：192.168.1.88
> 请输入要访问服务器哪个端口：1433
> 允许进入服务器。

第五次运行结果为：

> 请输入来访的计算机 IP 地址：192.168.1.1
> 请输入要访问服务器哪个端口：80
> 允许进入服务器。

例 3-4 对学生作业或考试进行打分时，一般有百分制和字母等级两种方式。这两种打分标准之间有一定的对应关系，例如[90,100]区间对应字母 A，[80,90)区间对应字母 B，[70,80)区间对应字母 C，[60,70)区间对应字母 D，[0,60)区间对应字母 F。编写程序，输入一个百分制成绩，输出对应的字母等级。

解析：使用内置函数 input()输入一个百分制成绩，使用 float()转换为实数，如果介于[0,100]区间就继续处理，否则输出信息提示成绩无效。对于有效成绩，计算对 10 的整商得到[0,10]区间的整数，如果为 9 或 10 就输出 A，如果为 8 就输出 B，如果为 7 就输出 C，如果为 6 就输出 D，其他值就输出 F。解决同一个问题有很多思路和代码实现，本例给出的代码并不是唯一答案，大家可以尝试使用其他思路来实现。另外，限于篇幅，很多例题没有考虑非法输入的情况，例如下面的代码运行后如果输入的内容无法转换为实数会抛出异常，大家可以结合 3.4 节的内容增加外围检查代码进行完善。

```python
score = float(input('请输入一个百分制成绩：'))
if score<0 or score>100:
    print('无效成绩')
else:
    # 如果 score 本来的值是实数，例如 81.5
    # 整除 10 之后得到 8.0 形式的数字
    # 但不影响后续的计算
    score = score // 10
    if score in (9,10):
        print('A')
    elif score == 8:
        print('B')
    elif score == 7:
        print('C')
    elif score == 6:
        print('D')
    else:
        print('F')
```

例 3-4 代码讲解

连续几次运行的结果如下：

```
请输入一个百分制成绩：97.5
A
请输入一个百分制成绩：83
B
请输入一个百分制成绩：46.5
F
请输入一个百分制成绩：112
无效成绩
```

3.3　循　环　结　构

循环结构根据指定的条件是否满足来决定是否需要重复执行特定的代码，Python 中主要有 for 循环和 while 循环两种形式。循环结构可以嵌套，也可以和选择结构以及 3.4 节的异常处理结构互相嵌套，来表示更加复杂的业务逻辑。如果使用嵌套循环结构的话，最外层的循环变化最慢，越内层的循环变化速度越快。如果是两层循环嵌套的话，外循环类似于时钟上的时针，内循环类似于时钟上的分针。如果是三层循环嵌套的话，外循环类似于时钟上的时针，中间层循环类似于分针，最内层循环类似于秒针。

3.3.1　for 循环结构

1. for 循环结构语法与应用

Python 语言中的 for 循环非常适合用来遍历可迭代对象(列表、元组、字典、集合、字符串以及 map、zip 等迭代器对象)中的元素，语法形式为：

```
for 循环变量 in 可迭代对象:
    循环体
[else:
    else 子句代码块]
```

其中，方括号内的 else 子句可以没有，也可以有，根据要解决的问题来确定。for 循环结构执行过程为：对于可迭代对象中的每个元素(使用循环变量引用)，都执行一次循环体中的代码。在循环体中可以使用循环变量，也可以不使用循环变量。另外要注意的是，在 for 循环结构中定义的循环变量是属于当前作用域的局部变量，在循环结构结束之后仍可以访问，只要不超出当前函数或文件；交互模式中 for 循环定义的循环变量在重启 Shell 之前一直有效。下面的代码演示了这种情况。

```
def demo():
    for i in range(20):
```

```
        pass
    # 循环结束之后，循环变量仍然存在并且可以访问
    print(i)

demo()
```

运行结果为：

```
19
```

如果 for 循环结构带有 else 子句，其执行过程为：如果循环因为遍历完可迭代对象中的全部元素而自然结束，则继续执行 else 结构中的语句；如果是因为执行了 break 语句提前结束循环，则不会执行 else 中的语句。

例 3-5　编写程序，输入一个包含若干整数或实数的列表，输出这些数字的平均数(保留最多 3 位小数)以及大于平均数的数字。

解析：使用内置函数 input()接收一个列表，然后使用内置函数 eval()转换为列表，使用内置函数 sum()和 len()的组合计算平均数,最后使用 for 循环遍历列表中的每个数字,如果大于平均数就输出。正如本书前面已经提到的，很多代码都不是唯一的写法，同一个问题有很多种解法，同一个解法也可以有多种实现。例如，下面的代码中最后的 for 循环可以使用 filter()+lambda 表达式来实现，并且执行效率会更高，建议大家写一下试试。

```
data = eval(input('请输入包含任意整数或实数的列表：'))

avg = round(sum(data)/len(data), 3)
print(f'平均数为：{avg}')
print('大于平均数的数字有：')
for num in data:
    if num > avg:
        print(num, end=' ')
```

例 3-5 代码讲解

运行结果为：

```
请输入包含任意整数或实数的列表：[1, 2, 3, 4, 5, 6, 7]
平均数为：4.0
大于平均数的数字有：
5 6 7
```

2. 补充与说明

在使用 for 循环时，循环体中的代码可以与循环变量和正在遍历的可迭代对象无关，只是简单地使用 for 循环来控制循环体中代码的执行次数，可迭代对象中有多少元素就执行多少次循环体。下面的代码演示了这个用法：

```
for i in range(5):
    print('和循环变量无关的内容')
```

运行结果为：

> 和循环变量无关的内容
> 和循环变量无关的内容
> 和循环变量无关的内容
> 和循环变量无关的内容
> 和循环变量无关的内容

　　如果只是简单地使用 for 循环来控制次数，可以不用给循环变量起名字，用一个下划线来占位就可以了，这样可以在程序中少用一个变量名。很多人写代码时会比较纠结使用什么变量名，使用 x、y、i、j 这样的吧，显得有点没有水平，有些地方的变量名只是临时使用一下，起个很严肃正式的名字又有点浪费脑细胞，那就干脆用一个下划线好了，例如下面的代码：

```
for _ in 'abcd':
    print('和循环变量无关的内容')
```

运行结果为：

> 和循环变量无关的内容
> 和循环变量无关的内容
> 和循环变量无关的内容
> 和循环变量无关的内容

　　最后，for 循环结构非常方便，很多人遇到需要重复执行的任务会首先想到使用循环结构尤其是 for 循环结构，但我们必须要清楚的一件事是这样的代码效率很低。数据量较小时并不明显，但数据量达到一定规模之后会发现 for 循环非常慢，这时更推荐使用 Python 的函数式编程模式，因为涉及循环的逻辑是封装在底层的，效率更高一些，代码也会更加简洁。下面的代码比较了 for 循环结构和函数式编程的执行效率，可以看出，虽然每次允许结果略有不同，但函数式编程的代码执行效率总是要高一些，执行时间更短。

```
from time import time_ns

# 比较不同规模时两种方式的效率
for N in (10**6, 10**7, 10**8):
    # 输出当前 N 的值，语法适用于 Python 3.8 以上版本
    # 如果使用低版本，需要改成下面的代码
    # print(f'{"="*10}N={N}')
    print(f'{"="*10}{N=}')
    # 记录当前时间，纪元纳秒数，结果是整数，适用于 Python 3.8 以上版本
    # 低版本可以使用 time()函数，记录的是纪元秒数，结果是实数
    # 二者区别可以参考例 3-10
```

```
    start = time_ns()
    data = []
    # 使用循环结构
    for num in range(N):
        data.append(num+5)
    # 输出循环结构使用的时间，结果是整数，单位是纳秒
    print(time_ns() - start)

    # 使用函数式编程解决同一问题，输出所用时间，单位是纳秒
    start = time_ns()
    data = list(map(lambda num: num+5, range(N)))
    print(time_ns() - start)
```

允许结果为：

```
=========N=1000000
186513700
152582100
=========N=10000000
1759409800
1569762200
=========N=100000000
18865460500
15750935600
```

3.3.2　while 循环结构

Python 语言中的 while 循环结构主要适用于无法提前确定循环次数的场合，一般不用于循环次数可以确定的场合，虽然也可以这样用。

While 循环结构的语法形式如下：

```
while 条件表达式：
    循环体
[else:
    else 子句代码块]
```

其中，方括号内的 else 子句可以没有，也可以有，取决于具体要解决的问题。当条件表达式的值等价于 True 时就一直执行循环体，直到条件表达式的值等价于 False 或者循环体中执行了 break 语句。如果是因为条件表达式不成立而结束循环，就继续执行 else 中的代码块。如果是因为循环体内执行了 break 语句使得循环提前结束，则不再执行 else 中的代码块。

例 3-6　小明买回来一对兔子，从第 3 个月开始就每个月生一对兔子，生的每一对兔子长到第 3 个月也开始每个月都生一对兔子，每一对兔子都是这样从第 3 个月开始每个月生一对兔子，那么每个月小明家的兔子总数构成一个数列，这就是著名的斐波那契数列，如图 3-4 所示。编写程序，输入一个正整数，输出斐波那契数列中小于该整数的所有整数。

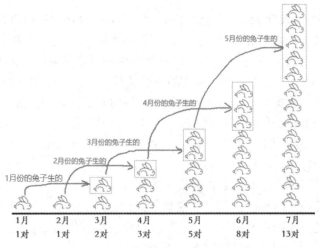

图 3-4　斐波那契数列增长示意图

解析：斐波那契数列的形式为(1，1，2，3，5，8，13，...)，其中第一项和第二项都是 1，从第三项开始后面每项是紧邻前两项数字的和。在这个题目中，由于无法提前预知输入正整数的大小，所以无法提前确定要输出的整数个数，也就无法提前确定循环次数，适合使用 while 循环。在程序中，语句"a，b = b，a+b"是序列解包的语法，执行过程为：计算等号右侧表达式的值，然后按位置同时赋值给等号左侧的变量，也就是把原来变量 b 的值赋值给现在的变量 a，把原来变量 a 与 b 相加的和赋值给现在的变量 b。在使用序列解包时，应确保等号右侧值的数量和等号左侧变量的数量一样多。关于序列解包更详细的介绍请参考 4.5 节的内容。

```
number = int(input('请输入一个正整数：'))
# 序列解包，同时为多个变量赋值
a, b = 1, 1
while a < number:
    print(a, end=' ')
    # 序列解包
    a, b = b, a+b
```

例 3-6 代码讲解

连续三次运行结果如下，可以看出这个数列的增长速度是非常快的。

```
请输入一个正整数：1000
1 1 2 3 5 8 13 21 34 55 89 144 233 377 610 987
请输入一个正整数：3500
1 1 2 3 5 8 13 21 34 55 89 144 233 377 610 987 1597 2584
```

```
请输入一个正整数：10000
1 1 2 3 5 8 13 21 34 55 89 144 233 377 610 987 1597 2584 4181 6765
```

3.3.3 break 与 continue 语句

break 语句和 continue 语句在 while 循环和 for 循环中都可以使用，并且一般常与选择结构或异常处理结构结合使用，但不能在循环结构之外使用这两个语句。一旦 break 语句被执行，将使得 break 语句所属层次的循环结构提前结束；如果 break 语句所在的循环带有 else 子句，那么执行 break 之后不会执行 else 子句中的代码。continue 语句的作用是提前结束本次循环，忽略 continue 之后的所有语句，提前进入下一次循环。在实际开发中，continue 的使用率要比 break 少一些，大部分使用 continue 的代码也可以通过改写使用 break 代替，但在少数场合中合理使用 continue 可以减少代码的缩进层次，代码可读性更好一些。

例 3-7 编写程序，输出 500 以内最大的素数。

解析：内置函数 range() 的第三个参数 step 可以为负数，并且 range() 函数返回的 range 对象限定的是左闭右开区间，这一点尤其要注意。根据题目描述，在从 [500，1) 区间上从大到小找到第一个素数即可。

所谓素数，是指除了 1 和自身之外没有其他因数的正整数，最小的素数是 2。如果一个正整数 n 是素数，那么从 2 到 $n-1$ 之间必然没有因数。在下面的程序中，直接使用这个定义来判断一个正整数是否为素数，并没有进行算法和代码的优化，效率较低，进一步的优化实现可以参考例 7-9。

例 3-7 代码讲解

```
for n in range(500, 1, -1):        # 从大到小遍历
    for i in range(2, n):          # 遍历[2, n-1]区间的自然数
        if n%i == 0:               # 如果有 n 的因数，n 就不是素数
            break                  # 提前结束内循环
    else:                          # 如果内循环自然结束，继续执行这里的代码
        print(n)                   # 输出素数
        break                      # 结束外循环
```

运行结果为：

```
499
```

例 3-8 编写程序，输入两个任意字符串，使用内置函数 zip() 将其对应位置的字符组合到一起，然后遍历并输出 zip 对象中下标不能被 3 整除的元素。

解析：continue 语句的作用是提前结束本次循环，跳过循环体中后面的语句，提前进入下一次循环。在代码中，使用内置函数 enumerate() 枚举 zip 对象中的下标和元素，如果某个元素对应的下标能被 3 整除就执行 continue 语句跳过后面的输出语句。

```
s1 = input('请输入一个字符串：')
s2 = input('再输入一个字符串：')
for index, tup in enumerate(zip(s1, s2)):
    if index%3 == 0:
        continue
    print(tup)
```

运行结果为：

```
请输入一个字符串：abcdefgh
再输入一个字符串：1234567
('b', '2')
('c', '3')
('e', '5')
('f', '6')
```

本节开始时提到，continue 的使用率要比 break 少一些，很多程序员更习惯使用 break。在很多使用了 continue 的代码中，可以稍微改写就可以删除 continue 相关的代码或者使用 break 代替。例如，上面的代码可以改写如下：

```
s1 = input('请输入一个字符串：')
s2 = input('再输入一个字符串：')
for index, tup in enumerate(zip(s1, s2)):
    if index%3 != 0:
        print(tup)
```

在有些场合中，虽然可以不用 continue 也可以实现要求的功能，但是如果使用 continue 的话可以适当减少代码缩进层次。这样的话，既可以提高代码的可读性，也可以避免代码整体变得太 "宽"。例如，下面的两段代码功能相同，但第二段比第一段的缩进少了一层。

```
digits = (1, 2, 3, 4)
for x in digits:
    for y in digits:
        if y != x:
            for z in digits:
                if z!=x and z!=y:
                    print((x,y,z), end=' ')

print('\n'+'='*20)
for x in digits:
    for y in digits:
```

```
        if y == x:
            continue
        for z in digits:
            if z!=x and z!=y:
                print((x,y,z), end=' ')
```

运行结果为：

```
(1, 2, 3) (1, 2, 4) (1, 3, 2) (1, 3, 4) (1, 4, 2) (1, 4, 3) (2, 1, 3) (2, 1, 4)
(2, 3, 1) (2, 3, 4) (2, 4, 1) (2, 4, 3) (3, 1, 2) (3, 1, 4) (3, 2, 1) (3, 2, 4) (3,
4, 1) (3, 4, 2) (4, 1, 2) (4, 1, 3) (4, 2, 1) (4, 2, 3) (4, 3, 1) (4, 3, 2)
==================
(1, 2, 3) (1, 2, 4) (1, 3, 2) (1, 3, 4) (1, 4, 2) (1, 4, 3) (2, 1, 3) (2, 1, 4)
(2, 3, 1) (2, 3, 4) (2, 4, 1) (2, 4, 3) (3, 1, 2) (3, 1, 4) (3, 2, 1) (3, 2, 4) (3,
4, 1) (3, 4, 2) (4, 1, 2) (4, 1, 3) (4, 2, 1) (4, 2, 3) (4, 3, 1) (4, 3, 2)
```

3.4 异常处理结构

异常是指代码运行时由于输入的数据不合法或者某个条件临时不满足而发生的错误。例如，除法运算中除数为 0，变量名不存在或拼写错误，要打开的文件不存在、权限不足或者用法不对(例如试图写入以只读模式打开的文件)，操作数据库时 SQL 语句语法不正确或指定的表名、字段名不存在，要求输入整数但实际通过内置函数 input() 输入的内容无法使用内置函数 int() 转换为整数，要访问的属性不存在，文件传输过程中网络连接突然断开，这些情况都会引发代码异常。

虽然使用异常处理结构会提高代码的鲁棒性(也叫健壮性，表示在一些不正常的情况下程序仍有相对来说比较正常合理的表现)，但是过多使用也会降低代码的可读性。因此，对于可以确保不会出现错误抛出异常的代码，不建议使用异常处理结构。

3.4.1 常见异常表现形式与解决方法

代码一旦引发异常就会崩溃，如果得不到正确的处理会导致整个程序中止运行。下面的代码在 IDLE 交互模式下演示了常见异常的表现形式。

```
# 除法运算的除数为 0，导致代码崩溃抛出异常
>>> 3 / 0
Traceback (most recent call last):
  File "<pyshell#140>", line 1, in <module>
    3 / 0
ZeroDivisionError: division by zero
# 函数用法不对，传递给函数的参数数量不对
```

```
# 这时可以使用 help(sum)查看一下 sum()函数的说明文档
>>> sum(1, 2, 3)
Traceback (most recent call last):
  File "<pyshell#86>", line 1, in <module>
    sum(1, 2, 3)
TypeError: sum() takes at most 2 arguments (3 given)
# 函数用法不对，内置函数 sorted()必须使用 key 参数指定排序规则
# 正确用法为 sorted([111,22,3], key=str)
>>> sorted([111,22,3], str)
Traceback (most recent call last):
  File "<pyshell#89>", line 1, in <module>
    sorted([111,22,3], str)
TypeError: sorted expected 1 argument, got 2
# 函数用法不对，内置函数 sorted()第一个参数必须是位置参数
>>> sorted(iterable=[111,22,3], key=str)
Traceback (most recent call last):
  File "<pyshell#93>", line 1, in <module>
    sorted(iterable=[111,22,3], key=str)
TypeError: sorted expected 1 argument, got 0
# 列表是可变的，属于不可哈希对象，不能作为集合的元素
>>> data = {[1], [2]}
Traceback (most recent call last):
  File "<pyshell#136>", line 1, in <module>
    data = {[1], [2]}
TypeError: unhashable type: 'list'
# 大括号可以用来定义字典和集合，但不能同时包含"键:值"对和非"键:值"对
>>> data = {'a':97, 'b':98, 99, 100}
SyntaxError: invalid syntax
# 变量不存在，这样的情况一般是拼写错误造成的
>>> print(age)
Traceback (most recent call last):
  File "<pyshell#141>", line 1, in <module>
    print(age)
NameError: name 'age' is not defined
# 文件不存在，这样的情况一般是路径错误或者拼写错误造成的
# 还有种可能是 Windows 操作系统隐藏了真正的扩展名，看到的扩展名并不是真的
# 使用字符串表示文件路径时，建议加字母 r 使用原始字符串，见 2.1.3 节和 8.1 节
>>> with open('20200121.txt', encoding='utf8') as fp:
    content = fp.read()
```

```
Traceback (most recent call last):
  File "<pyshell#144>", line 1, in <module>
    with open('20200121.txt', encoding='utf8') as fp:
FileNotFoundError: [Errno 2] No such file or directory: '20200121.txt'
```
读取文本文件时使用了不正确的编码格式，见 8.1 节
```
>>> with open(r'C:/Python38/20200120.txt', encoding='utf8') as fp:
    print(fp.read())


Traceback (most recent call last):
  File "<pyshell#23>", line 2, in <module>
    print(fp.read())
  File "C:\Python38\lib\codecs.py", line 322, in decode
    (result, consumed) = self._buffer_decode(data, self.errors, final)
UnicodeDecodeError: 'utf-8' codec can't decode byte 0xb6 in position 0: invalid
start byte
```
以 'w' 模式打开的文件不能读取其中的内容，见 8.1 节
```
>>> with open('20200726.txt', 'w', encoding='utf8') as fp:
    print(fp.read())


Traceback (most recent call last):
  File "<pyshell#42>", line 2, in <module>
    print(fp.read())
io.UnsupportedOperation: not readable
>>> import sqlite3
>>> conn = sqlite3.connect('database.db')
>>> sql = 'SELECT * FROM student WHERE zhuanye="网络工程"'
```
数据库中不存在名为 student 的数据表
此时应检查 SQL 语句是否有拼写错误以及连接的数据库路径是否正确
```
>>> for row in conn.execute(sql):
    print(row)


Traceback (most recent call last):
  File "<pyshell#150>", line 1, in <module>
    for row in conn.execute(sql):
sqlite3.OperationalError: no such table: student
```
输入的内容包含非数字字符，无法转换为整数
```
>>> number = int(input('请输入一个正整数: '))
请输入一个正整数: 12,345
Traceback (most recent call last):
```

```
    File "<pyshell#152>", line 1, in <module>
      number = int(input('请输入一个正整数：'))
ValueError: invalid literal for int() with base 10: '12,345'
>>> data = [1, 2, 3, 4, 5]
# 列表对象没有名为 rindex 的方法，无法调用
>>> data.rindex(3)
Traceback (most recent call last):
  File "<pyshell#154>", line 1, in <module>
    data.rindex(3)
AttributeError: 'list' object has no attribute 'rindex'
# Python 不支持字符串与整数相加
>>> print('A' + 32)
Traceback (most recent call last):
  File "<pyshell#24>", line 1, in <module>
    print('A' + 32)
TypeError: can only concatenate str (not "int") to str
# 不支持对复数计算余数
>>> (3+4j) % (2+1j)
Traceback (most recent call last):
  File "<pyshell#50>", line 1, in <module>
    (3+4j) % (2+1j)
TypeError: can't mod complex numbers.
# 3(4+5)不能理解为 3*(4+5)
# 这样写相当于把 3 当作函数来调用，出错并提示整数对象不可调用
>>> print(3(4+5))
Traceback (most recent call last):
  File "<pyshell#28>", line 1, in <module>
    print(3(4+5))
TypeError: 'int' object is not callable
# 字符串漏掉了最后的引号，没有闭合
>>> print('Hello world)
SyntaxError: EOL while scanning string literal
# 集合的大括号没有闭合
>>> print({3,4,5)
SyntaxError: closing parenthesis ')' does not match opening parenthesis '{'
# 在交互模式中每次只能执行一条语句
# 这样的错误一般是从文件中复制了多条语句到交互模式中执行造成的
>>> x = 3
y = 5
```

```
SyntaxError: multiple statements found while compiling a single statement
# 续行符 "\" 后面不能再有代码有效字符
>>> x = 3 + 5\ - 2
SyntaxError: unexpected character after line continuation character
>>> from PIL import Image
>>> im = Image.open('1234.jpg')
# 调用方法时传递的实参数量不对，此时应使用 help(im.getpixel)查看使用说明
# 这里正确的用法应该是 print(im.getpixel((30,40)))
# 也就是使用表示横坐标和纵坐标位置的元组(30,40)作为方法 getpixel()的参数
>>> print(im.getpixel(30,40))
Traceback (most recent call last):
  File "<pyshell#59>", line 1, in <module>
    print(im.getpixel(30,40))
TypeError: getpixel() takes 2 positional arguments but 3 were given
```

　　在代码引发异常导致崩溃时，惊慌是没有用的，也不建议急于求助别人，建议在自己充分查阅资料和思考之后仍无法解决时再去问别人，不要把别人当搜索引擎，要学会尊重别人的时间。应该尝试着自己阅读异常信息并查找原因，大多数情况下，异常信息还是能够给出足够多而且比较准确的提示的，但确实也有少部分情况反而会给人误导，真正的错误并不是提示的那一行代码，这需要靠长期的经验积累。一般而言，在异常信息的最后一行明确给出了异常的类型或者导致错误的原因，倒数第二行会给出导致崩溃的那一行代码。例如，把下面的代码保存为文件并运行。

```
values = eval(input('请输入一个列表：'))
num = int(input('请输入一个整数：'))
print('最后一次出现的位置：', values.rindex(num))
```

　　运行结果如图 3-5 所示，根据异常信息不难发现和解决问题，把代码第 3 行的 rindex 改为 index 就可以了。

```
请输入一个列表：[1, 2, 3, 4]
请输入一个整数：3                                    导致错误的代码所在文件和行号
Traceback (most recent call last):                            导致错误的代码
  File "C:/Python38/测试.py", line 3, in <module>
    print('最后一次出现的位置：', values.rindex(num))           错误原因：列表对象没
AttributeError: 'list' object has no attribute 'rindex'        有rindex属性
```

图 3-5　代码运行结果与异常信息

3.4.2　异常处理结构语法与应用

　　一个好的程序应该能够充分考虑可能发生的错误并进行预防和处理，要么给出友好提示信息，要么直接忽略异常继续执行，表现出很好的鲁棒性，在一些临时出现的突发状况下能够有相对来说较好的表现。

异常处理结构的一般思路是先尝试运行代码，如果不出现异常就正常执行，如果引发异常就根据异常类型的不同采取不同的处理方案。本节主要介绍三种与异常有关的语法，但其实异常处理更多的是一种意识，就是要始终想着我们写的代码是有可能会出错的，编写代码时要想着代码运行时遇到什么样的错误应该如何处理，尽可能避免运行时在用户面前崩溃，那是一种非常糟糕的体验。另外，在代码发布和部署之前的测试阶段，需要能够根据代码抛出的异常信息快速定位到有问题的代码并解决问题，这是每个程序员都应该具备的重要能力之一。

　　1．try...except...else...finally...

异常处理结构的完整语法形式如下：

```
try:
    #可能会引发异常的代码块
except 异常类型 1 as 变量 1:
    #处理异常类型 1 的代码块
[except 异常类型 2 as 变量 2:
    #处理异常类型 2 的代码块
....]
[else:
    #如果 try 块中的代码没有引发异常，就执行这里的代码块
]
[finally:
    #不论 try 块中的代码是否引发异常，也不论异常是否被处理
    #总是最后执行这里的代码块
]
```

　　在上面的语法形式中，else 和 finally 子句不是必需的，except 子句的数量也要根据具体的业务逻辑来确定，可以有一个也可以有多个，形式比较灵活。如果异常处理结构中包含多个 except 子句，应注意按照从派生类到基类的顺序进行捕捉，否则程序可能会出现莫名其妙的运行结果。暂时不理解这段话的意思也没关系，先记住即可，如果哪天自己编写的程序使用到了异常处理结构并且真的出现了很奇怪的结果，说明你已经具备了较高的水平可以解决稍大一些的问题了，那时候再回来看这段话应该就能够明白了。

　　另外一点需要注意的是，并不是使用了异常处理结构就万事大吉了，异常处理结构中用来处理异常的代码也有可能会出错，解决旧问题的同时引入了新问题是软件开发时经常发生的事情，所以很多软件都会不停地修修补补，即使专业开发团队维护了很多年的大型商业软件也不例外。再就是，不要过早使用异常处理结构，这可能会隐藏真实错误。

　　最后，如果有人说你写的某个程序有 bug，在运行时出现错误崩溃了，不要沮丧和难过，谁写的代码都会有 bug，只是数量多少不同而已。一定不要对向你报告错误的人发脾气，因为至少还有人在使用你的劳动成果，能主动和你报告错误也是希望这个程序越来越好，是在帮你。如果自己写的程序从来没有人说有错误，那很可能不是代码质量高，而是

根本没有人用。

2. assert 断言

在程序中某些位置，可能需要某个条件必须得到满足才能继续执行后面的代码。这时，可以使用断言语句 assert 来确认某个条件是否满足。要求的条件满足时不会有任何提示，什么也不会发生，默默地继续执行后面的代码；如果要求的条件不满足则会引发异常。断言语句 assert 的语法形式如下：

```
assert condition, information
```

其中，condition 可以是任何表达式，assert 要求这个表达式的值必须等价于 True，否则就会引发异常；information 用来指定异常具体信息的字符串。assert 语句常和异常处理结构配合使用，下面的代码在 IDLE 中演示了 assert 语句的用法。在 Python 3.8 之后的版本中，assert 语句中可以使用赋值运算符":="，简化了代码的编写。

```
>>> assert 3
>>> assert 3==5, '两个数字不相等'
Traceback (most recent call last):
  File "<pyshell#159>", line 1, in <module>
    assert 3==5, '两个数字不相等'
AssertionError: 两个数字不相等
>>> a = input('输入密码: ')
输入密码: 1234
>>> b = input('再输入一次密码: ')
再输入一次密码: 12345
>>> try:
    assert a==b
except:
    print('两次输入的密码不一样')

两次输入的密码不一样
>>> assert int(a:=input('请输入一个大于 0 的正整数: '))>0
请输入一个大于 0 的正整数: 3
>>> print(a)
3
```

3. raise 关键字

关键字 raise 可以用来在程序中显式引发异常或者重新抛出最后一个异常。如果 raise 关键字后面没有任何表达式就重新抛出当前程序执行过程中的最后一个异常，如果没有异常就简单地抛出一个 RuntimeError 表示发生了错误，例如下面的代码：

```
>>> raise
```

```
Traceback (most recent call last):
  File "<pyshell#0>", line 1, in <module>
    raise
RuntimeError: No active exception to reraise
# 重新抛出最后发生的一个错误
>>> try:
    print('A' + 32)
except:
    raise

Traceback (most recent call last):
  File "<pyshell#19>", line 2, in <module>
    print('A' + 32)
TypeError: can only concatenate str (not "int") to str
```

如果 raise 关键字带表达式，那么应该带 Python 异常基类 BaseException 或者某个异常派生类的对象，例如下面的代码：

```
# 显式抛出异常基类的对象
>>> raise BaseException('出错啦')
Traceback (most recent call last):
  File "<pyshell#4>", line 1, in <module>
    raise BaseException('出错啦')
BaseException: 出错啦
# 抛出异常派生类 ZeroDivisionError 的对象
>>> raise ZeroDivisionError('注意，除数不能是 0 噢')
Traceback (most recent call last):
  File "<pyshell#7>", line 1, in <module>
    raise ZeroDivisionError('注意，除数不能是 0 噢')
ZeroDivisionError: 注意，除数不能是 0 噢
# 抛出新的错误
>>> try:
    print('A' + 32)
except:
    raise BaseException('出错啦')

Traceback (most recent call last):
  File "<pyshell#21>", line 2, in <module>
    print('A' + 32)
TypeError: can only concatenate str (not "int") to str
```

```
During handling of the above exception, another exception occurred:

Traceback (most recent call last):
  File "<pyshell#21>", line 4, in <module>
    raise BaseException('出错啦')
BaseException: 出错啦
```

相对于 try..except...else...finally...结构和 assert 断言语句而言，关键字
raise 用得要少一些。

3.5　综合例题解析

　　例 3-9　编写程序，用户每次输入一个整数表示第几个月份，输出斐波那契数列中这
个月份的兔子数量，然后用户再输入一个月份重复上面的过程，如果输入的是 0 表示结束
输入退出程序。要求考虑输入非整数时可能会发生的错误并给出相应的处理。斐波那契数
列的概念见例 3-6。

　　解析：在下面的代码中，使用列表来存放斐波那契数列中的数字，如果要查询的月份
已经包含在列表中就直接输出，如果不存在就动态扩展数列。使用 while True 循环+break
语句的结构来接收用户任意多次的输入，使用异常处理结构和断言来保证用户的输入是有
效的。

```
# 斐波那契数列中的前两个数
fibo = [1, 1]

# 重复接收用户的键盘输入，给出查询结果
while True:
    n = input('请输入一个正整数：')
    # 输入 0 表示结束
    if n == '0':
        break
    # 对用户的键盘输入做检查，必须为正整数
    try:
        # 必须是整数
        n = int(n)
        # 必须是正数
        assert n > 0
    # 同时捕捉和处理两种类型的异常
    except (ValueError,AssertionError) as e:
        print('必须输入正整数')
        # 跳过后面的代码，直接进入下一次输入
```

例 3-9 代码讲解

```
        continue
    length = len(fibo)
    # 根据需要动态扩展数列
    if n > length:
        # 仅用来控制循环次数的变量可以不起名字，使用一个下划线即可
        for _ in range(n-length):
            fibo.append(fibo[-1]+fibo[-2])
    print(f'第{n}个月的兔子数量是{fibo[n-1]}')
    print(f'当前斐波那契数列：\n{fibo}')
```

运行结果为：

```
请输入一个正整数：a
必须输入正整数
请输入一个正整数：-3
必须输入正整数
请输入一个正整数：8
第 8 个月的兔子数量是 21
当前斐波那契数列：
[1, 1, 2, 3, 5, 8, 13, 21]
请输入一个正整数：5
第 5 个月的兔子数量是 5
当前斐波那契数列：
[1, 1, 2, 3, 5, 8, 13, 21]
请输入一个正整数：20
第 20 个月的兔子数量是 6765
当前斐波那契数列：
[1, 1, 2, 3, 5, 8, 13, 21, 34, 55, 89, 144, 233, 377, 610, 987, 1597, 2584,
4181, 6765]
请输入一个正整数：18
第 18 个月的兔子数量是 2584
当前斐波那契数列：
[1, 1, 2, 3, 5, 8, 13, 21, 34, 55, 89, 144, 233, 377, 610, 987, 1597, 2584,
4181, 6765]
请输入一个正整数：3,
必须输入正整数
请输入一个正整数：3
第 3 个月的兔子数量是 2
当前斐波那契数列：
```

```
[1, 1, 2, 3, 5, 8, 13, 21, 34, 55, 89, 144, 233, 377, 610, 987, 1597, 2584,
4181, 6765]
请输入一个正整数: 0
```

例 3-10 编写程序,接收一个正整数 *n*,输出所有的 *n* 位水仙花数。如果一个 *n* 位正整数的各位数字的 *n* 次方之和等于这个数字本身,那么这个正整数是水仙花数。例如 153 是 3 位水仙花数,因为 153=1^3+5^3+3^3,再例如 370、371、407 都是 3 位水仙花数,1634、8208、9474 是 4 位水仙花数,54748、92727、93084 是 5 位水仙花数,只有 548834 这一个 6 位水仙花数,7 位水仙花数有 1741725、4210818、9800817、9926315。

解析: 代码中使用异常处理结构保证用户输入的是正整数,然后遍历所有 *n* 位正整数,检查每个 *n* 位正整数是否各位数字的 *n* 次方之和等于原来的正整数。代码逐个检查所有 *n* 位正整数,当 *n* 较大的时候会因为搜索范围太大而导致代码运行时间非常长,可以采用更加优化的算法来解决这个问题。如果要计算一段代码的运行时间,可以使用标准库 time 中的函数 time(),每次调用 time()函数会返回从纪元时间(1970 年 1 月 1 日 8 时 0 分 0 秒)到现在所经过的实数秒数,两次调用 time()得到的秒数相减即可得到时间差,也就是两次 time()函数调用之间的代码的运行时间。在 Python 3.8 之后的版本中,标准库 time 提供了函数 time_ns()用来返回从纪元时间到现在的整数纳秒数,比 time()得到的时间更加精确,见 3.3.1 节。

```python
from time import time

try:
    n = int(input('请输入一个正整数: '))
    assert n > 0
except:
    print('输入的不是正整数。')
else:
    func = lambda d: int(d)**n
    # 记录当前时间
    start = time()
    # 遍历所有 n 位正整数
    for num in range(10**(n-1), 10**n):
        if sum(map(func, str(num))) == num:
            print(num)
    # 记录当前时间
    end = time()
    # 输出两次调用 time()函数的时间差,也就是中间一段代码的运行时间
    print(f'用时: {end-start}秒')
```

运行结果为:

```
请输入一个正整数: 8
24678050
24678051
88593477
用时: 428.76689076423645 秒
```

例 3-11　编写程序，打印九九乘法表。

解析：九九乘法表大家都比较熟悉，代码中的要点有两个：① 控制内循环变量的取值范围；② 结果对齐，由于每个表达式的结果长度不一样，有的是 1 位，有的是 2 位，如果直接输出的话会有一部分列没有左对齐，有一点点不完美。关于表达式输出结果左对齐的具体实现请参考代码中的注释。另外，除了使用小于号<表示左对齐，还可以使用大于号>表示右对齐，以及使用符号^表示居中对齐。字符串格式化的详细内容见 **6.1.3** 节。

```
for i in range(1, 10):
    for j in range(1, i+1):
        # {i*j:<2d}表示计算并替换表达式 i*j 的值
        # 把计算结果格式化为 2 位字符串，不足 2 位的使用空格填充
        # <表示左对齐，也就是在右侧填充空格
        print(f'{i}*{j}={i*j:<2d}', end=' ')
    print()
```

例 3-11 代码讲解

运行结果为：

```
1*1=1
2*1=2  2*2=4
3*1=3  3*2=6  3*3=9
4*1=4  4*2=8  4*3=12 4*4=16
5*1=5  5*2=10 5*3=15 5*4=20 5*5=25
6*1=6  6*2=12 6*3=18 6*4=24 6*5=30 6*6=36
7*1=7  7*2=14 7*3=21 7*4=28 7*5=35 7*6=42 7*7=49
8*1=8  8*2=16 8*3=24 8*4=32 8*5=40 8*6=48 8*7=56 8*8=64
9*1=9  9*2=18 9*3=27 9*4=36 9*5=45 9*6=54 9*7=63 9*8=72 9*9=81
```

例 3-12　编写程序，求解鸡兔同笼问题。通过键盘输入鸡和兔的总数以及腿的数量，计算并输出鸡、兔各有多少只。

解析：在数学上，这是个二元一次方程组的求解问题，假设使用 m 表示鸡和兔的头的数量，使用 n 表示腿的数量，使用 x 表示鸡的数量，使用 y 表示兔的数量，那么方程求解的过程为

$$\begin{cases} x+y=m \\ 2x+4y=n \end{cases} \Rightarrow y=\frac{n-2m}{2}, x=m-y$$

虽然在数学上可以直接这样做，但用于实际的鸡兔同笼问题时还要保证鸡和兔的数量都必须是正整数才行。

```python
try:
    m = int(input('请输入鸡和兔的总数：'))
    n = int(input('请输入笼子里腿的总数：'))
except:
    print('两个数字必须都是整数。')
else:
    y = (n-2*m) / 2
    x = m - y
    if y==int(y) and y>0 and x>0:
        print(f'鸡{x}只，兔{y}只。')
    else:
        print('无解。')
```

运行结果为：

```
请输入鸡和兔的总数：30
请输入笼子里腿的总数：90
鸡15.0只，兔15.0只。
```

例 3-13　编写程序，计算百钱买百鸡问题。假设公鸡 5 元一只，母鸡 3 元一只，小鸡 1 元三只，现在有 100 块钱，想买 100 只鸡，输出所有可能的购买方案。

解析：根据具体的业务逻辑，选择结构、循环结构和异常处理结构互相之间都可以嵌套，形式非常灵活，没有固定的用法。另外，在本例代码倒数第二行 and 关键字连接的两个表达式中，把 z%3==0 放在前面可以在一定程度上提高效率，对于不能被 3 整除的整数 z 不会计算后面的表达式(5*x + 3*y + z//3 == 100)，减少了计算量。最后，在编写比较长的表达式时，即使运算符优先级本身决定的计算顺序不会有歧义，也建议在适当的位置增加括号来明确说明计算顺序，同时也方便阅读代码。

```python
#假设能买 x 只公鸡，x 最大为 20
for x in range(21):
    #假设能买 y 只母鸡，y 最大为 33
    for y in range(34):
        #假设能买 z 只小鸡
        z = 100-x-y
        if z%3==0 and (5*x + 3*y + z//3 == 100):
            print(f'公鸡{x}只，母鸡{y}只，小鸡{z}只')
```

运行结果为：

```
公鸡 0 只，母鸡 25 只，小鸡 75 只
公鸡 4 只，母鸡 18 只，小鸡 78 只
公鸡 8 只，母鸡 11 只，小鸡 81 只
公鸡 12 只，母鸡 4 只，小鸡 84 只
```

例 3-14　编写程序，输入一个正整数 *n*，然后计算前 *n* 个正整数的阶乘之和 1!+2!+3!+...+*n*!的值。

解析：简单分析要计算的表达式可以得知，相邻两项之间有一定的关系，前项的值乘以一个数字就可以得到后项，代码中充分利用了这个特点，而不是单独计算每一项再相加，大幅度减少了计算量。

```python
try:
    n = int(input('请输入一个正整数：'))
    assert n > 0
except:
    print('必须输入正整数。')
else:
    # result 表示前 n 项的和，temp 表示每一项
    result, temp = 0, 1
    for i in range(1, n+1):
        temp = temp * i
        result = result + temp
    print(result)
```

例 3-14 代码讲解

连续几次运行结果为：

```
请输入一个正整数：4
33
请输入一个正整数：30
274410818470142134209703780940313
```

例 3-15　编写程序，计算李白买酒问题。李白闲来街上走，提着酒壶去买酒。遇店加一倍，见花喝一斗。店不相邻开，花不成双长。三遇店和花，喝光壶中酒。请问此壶中，原有多少酒？

解析：这样的问题适合倒推。因为最后的时候李白喝光了所有的酒，所以肯定是最后遇到的是花，又因为店与店不相邻，花与花也不相邻，所以李白遇到酒店和花的顺序应该如图 3-6 所示。如果从右向左倒推的话，最后酒壶里有 0 斗，向左遇到花就加 1 斗，再向左遇到酒店壶里的酒减少一半，重复这个过程 3 次即可得到本来壶中酒的数量。

图 3-6 李白上街买酒示意图

```
# 最后喝光了所有的酒
num = 0
for i in range(3):
    # 遇到鲜花
    num = num + 1
    # 遇到酒店
    num = num / 2
print(num)
```

运行结果为：

```
0.875
```

例 3-16 圆周率近似值有很多种计算方法，其中一种是这样的：绘制给定圆周的内接正 *n* 边形，容易得知，*n* 越大，正 *n* 边形的周长越接近于圆的周长。在图 3-7 中，假设 *O* 为圆心，*AB* 是正 *n* 边形的一条边，*OA* 和 *OB* 为圆的半径，做线段 *OD* 垂直于 *AB* 并交 *AB* 于点 *D*。容易得到线段 *AD* 的长度为 $AD=OA \times \sin \angle AOD$，而 $\angle AOD$ 是 360° 圆周平分为 2*n* 份中的一份，多边形周长为 $l=n \times 2 \times AD$，如果 *n* 足够大，可以认为多边形周长近似于圆的周长。同时，作为圆的周长又有 $l=2\pi \times OA$。综合上面的分析有 $l=2\pi \times OA \approx n \times 2 \times OA \times \sin\dfrac{360}{2n}$，简化可得 $\pi \approx n \times \sin\dfrac{360}{2n}$。编写程序，使用这个方法计算圆周率的近似值。

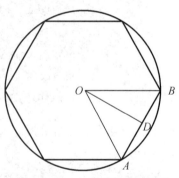

图 3-7 正 *n* 边形与圆周长的关系示意图

解析： 按照上面分析的结果编写代码，提前设计好正多边形可能的边数，然后分别计算不同边数时圆周率的值。代码中用到了标准库 math 中的正弦函数 sin()，该函数要求参数为弧度，所以使用标准库 math 中的函数 radians() 对角度进行了转换。

```
from math import sin, radians

# 正多边形的边数
ns = (list(range(6, 15))+
    [100, 1000, 1500, 2000, 3000, 5000])
```

```
for n in ns:
    # radians()用来把角度转换为弧度
    # sin()用来计算弧度的正弦值
    print(sin(radians(360/2/n))*n)
```

运行结果如下，可以看到随着多边形边数的增加，圆周率越来越接近真实值。

```
2.9999999999999996
3.037186173822907
3.0614674589207183
3.0781812899310186
3.090169943749474
3.0990581252557265
3.105828541230249
3.111103635738251
3.1152930753884016
3.141075907812829
3.141587485879563
3.141590356829061
3.1415913616617575
3.1415920793995156
3.141592446881286
```

例 3-17　编写程序，输入一个正整数 *n*，判断其是否为丑数。如果一个正整数的质因数只包含 2、3 或 5，不包含其他质因数，那么这个数是丑数。

解析：如果无法提前确定循环次数，使用 while True 和 break 的组合是比较好的选择。下面的代码没有对用户输入进行有效性检查，大家可以尝试着增加代码完成这一功能。

```
n = int(input('请输入一个正整数: '))
for i in (2, 3, 5):
    while True:
        m, r = divmod(n, i)
        if r != 0:
            break
        else:
            n = m
print('是丑数' if n==1 else '不是丑数')
```

连续几次运行结果为：

```
请输入一个正整数: 135
是丑数
```

```
请输入一个正整数：227
不是丑数
请输入一个正整数：31383143806
不是丑数
请输入一个正整数：8033551259904000000000
是丑数
```

例 3-18 假设墙上有一排 5 个洞，其中一个洞里有狐狸，玩家来抓这只狐狸，每天只能抓一次。玩家打开一个洞口的门，如果里面有小狐狸就抓到了，不考虑狐狸挣脱甚至抓伤玩家的情况。如果洞口里没有小狐狸就第二天再来抓，但是第二天小狐狸会在有人来抓之前跳到隔壁洞口里。如果在规定的次数之内无法抓住狐狸，玩家失败。如果在规定的次数之内能够抓到狐狸，玩家赢得一局。编写程序，模拟这个游戏以及玩家抓狐狸和狐狸跳跃的过程。

解析：使用一个变量表示洞口的个数，一个变量表示允许的最大抓狐狸次数，一个变量表示狐狸当前所在的洞口编号(所有洞口从 1 开始编号)。程序首先通过键盘输入来确定洞口数量和允许的最大次数，然后通过随机数来确定狐狸的初始位置，对游戏进行初始化。接下来通过用户输入来模拟抓狐狸，如果输入的数字恰好和狐狸当前所在的洞口编号一样就表示抓住了。如果没有抓住并且次数没有用完，就让狐狸跳到隔壁的洞里，也就是修改表示狐狸当前位置的变量值，然后进入下一次循环表示玩家第二天继续抓狐狸。

一般来说，在对问题深入思考之后，最好画个流程图来把思路描述出来，反复推演没有问题之后再开始写代码。根据前面的分析，解决这个问题的简单流程如图 3-8 所示。

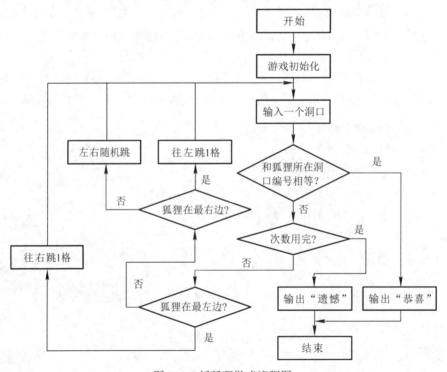

图 3-8　抓狐狸游戏流程图

例 3-18 代码讲解

```python
from random import choice, randint
while True:
    try:
        n = int(input('请输入洞口个数：'))
        assert n>0
        break
    except:
        print('输入无效，必须是正整数。')
while True:
    try:
        maxTimes = int(input('请输入允许的最大尝试次数：'))
        assert maxTimes>0
        break
    except:
        print('输入无效，必须是正整数')
# 随机生成狐狸的初始位置，洞口从 1 到 n 编号
currentPosition = randint(1,n)
for i in range(maxTimes):
    x = int(input(f'请输入要打开的洞口编号(1-{n})：'))
    if x == currentPosition:
        print('恭喜')
        break
    print('这次没抓到，再来一次。')
    # 到头，往回跳
    if currentPosition == 1:
        currentPosition += 1
    elif currentPosition == n:
        currentPosition -= 1
    else:
        #中间位置，随机左右跳
        currentPosition += choice((-1,1))
    # print('狐狸的当前位置：', currentPosition)
else:
    print('遗憾')
```

本章知识要点

（1）在 Python 中，几乎所有合法的表达式都可以作为条件表达式。条件表达式的值

等价于 True 时表示条件成立，等价于 False 时表示条件不成立。条件表达式的值只要不是 False、0(或 0.0、0j)、空值 None、空列表、空元组、空集合、空字典、空字符串、空 range 对象或其他可空迭代对象，Python 解释器均认为与 True 等价。

(2) 在编写包含选择结构、循环结构、异常处理结构的程序时，一定要仔细检查代码的缩进和对齐。

(3) 程序控制结构包括顺序结构、选择结构、循环结构和异常处理结构。

(4) 拿到问题之后，一定要先深入分析问题和数据本身，设计好模型、算法或思路，最后再写代码实现。

(5) 在编写和测试循环结构时，要重点测试边界条件，防止少一次循环或者多一次循环。尤其注意，内置函数 range() 限定的是左闭右开区间，很多初学者因未注意这点而导致所编程序的循环次数不对。

(6) Python 语言中的 for 循环非常适合用来遍历可迭代对象(列表、元组、字典、集合、字符串以及 map、zip 等迭代器对象)中的元素。

(7) Python 语言中的 while 循环结构主要适用于无法提前确定循环次数的场合，while True 循环+break 这样的结构在开发中很常见。

(8) break 语句和 continue 语句在 while 循环和 for 循环中都可以使用，并且一般常与选择结构或异常处理结构结合使用。一旦 break 语句被执行，将使得 break 语句所属层次的循环结构提前结束，如果当前循环带有 else 子句，不会执行其中的代码；continue 语句的作用是提前结束本次循环，忽略 continue 之后的所有语句，提前进入下一次循环。

(9) 异常是指代码运行时由于输入的数据不合法或者某个条件临时不满足而发生的错误。

(10) assert 关键字常用来确保某个条件必须成立，常用于开发和测试阶段。代码测试通过之后，一般会删除 assert 语句再发布，以适当提高运行速度。

(11) 一个好的代码应该能够充分考虑可能发生的异常并进行处理，要么给出友好提示信息，要么忽略异常继续执行，表现出很好的鲁棒性，即在临时出现的不正常条件下仍有较好的表现。

习　　题

1. 判断题：在 Python 中，作为条件表达式时，[3]和{5}是等价的，都表示条件成立。

2. 判断题：在 Python 中，else 只能用于选择结构中，也就是说，else 必须和前面代码中的某个 if 或 elif 对齐。

3. 判断题：在 Python 中，选择结构的 if 必须有对应的 else，否则程序无法执行。

4. 判断题：对于带 else 的循环结构，如果由于循环结构中执行了 break 语句而提前结束循环结构，将会继续执行 else 中的代码。

5. 判断题：Python 中的异常处理结构必须带有 finally 子句。

6. 判断题：Python 中的异常处理结构可以不带 else 子句。

7．判断题：对于带有 else 的异常处理结构，如果 try 块的代码发生错误抛出异常，会继续执行 else 块中的代码。

8．填空题：表达式 isinstance([3, 5, 7], list)的值为＿＿＿＿＿＿。

9．填空题：表达式 bool(3+5)的值为＿＿＿＿＿＿。

10．填空题：＿＿＿＿＿＿语句用来提前结束循环结构，继续执行循环结构后面的代码。

11．填空题：＿＿＿＿＿＿语句用来提前结束本次循环，跳过循环结构中该语句后面的代码，提前进入下一次循环。

12．编程题：编写程序，准备好一些备用的汉字，然后随机生成 100 个人名，要求其中大概 70%左右的人名是 3 个字的，20%左右的人名是 2 个字的，10%左右的人名是 4 个字的。程序运行后，在屏幕上输出这些人名。

13．编程题：小猴子有一天摘了很多桃子，一口气吃掉一半还不过瘾，就多吃了一个；第二天又吃掉剩下的桃子的一半多一个，以后每天都是吃掉前一天剩余桃子的一半还多一个，到了第五天再想吃的时候发现只剩下一个了。编写程序，计算小猴子最初摘了多少个桃子。

14．编程题：有一座八层宝塔，每一层都有一些琉璃灯，从上往下每层琉璃灯越来越多，并且每一层的灯数都是上一层的二倍，已知共有 765 盏琉璃灯。编写程序，求解每层各有多少琉璃灯。

15．编程题：角谷猜想。编写程序，输入一个正整数，如果是偶数就除以 2，如果是奇数就乘以 3 再加 1，对得到的数字重复这个操作，计算经过多少次之后会得到 1，输出所需要的次数。要求检查用户输入是否有效，无效则给出相应的提示，有效再进行上述的计算。

16．编程题：一辆卡车违反交通规则后逃逸。现场有三人目击整个事件，但都没有记住车号，只记下车号的一些特征。甲说：牌照的前两位数字是相同的；乙说：牌照的后两位数字是相同的，但与前两位不同；丙是数学家，他说：四位的车牌号刚好是一个整数的平方。编写程序，根据以上线索求出车号。

17．编程题：小明在步行街开了一家豆腐脑店，在豆腐脑里面放了一种祖传秘方腌制的小咸菜，吃过的顾客都赞不绝口，每天早上都有很多顾客排队来买。为了进一步吸引顾客，小明尝试着加了一点麻汁，顾客品尝之后大呼这麻汁简直就是神来之笔。于是，小明又陆续开发出加辣椒油、加蒜蓉、加香菜等不同口味，这几种辅料可以自由组合，但顾客反馈说辣椒油和麻汁一起放了不好吃，于是小明删除了同时包含辣椒油和麻汁的组合。这样的话，祖传秘制小咸菜是必须放的，麻汁、辣椒油、蒜蓉、香菜这四种材料可以再放 1 到 3 种，但麻汁和辣椒油不能同时放。编写程序，输出小明的豆腐脑口味的所有组合，输出格式为类似于('小咸菜', '麻汁')、('小咸菜', '麻汁', '香菜')这样形式的若干元组，每个元组占一行。程序中可以使用标准库 itertools 中的组合函数，但不允许使用集合。

18．编程题：改写例 3-5 的代码，使用 filter()+lambda 表达式替换原来的 for 循环。

第 4 章

列表、元组

本章 **学习目标** ▶▶

- ➤ 理解列表和元组的概念与区别
- ➤ 熟练掌握列表和元组对象的常用方法
- ➤ 熟练掌握常用内置函数对列表和元组的操作
- ➤ 熟练掌握列表和元组对运算符的支持
- ➤ 了解部分标准库与扩展库对列表和元组的操作
- ➤ 熟练掌握列表推导式、生成器表达式的语法和应用
- ➤ 熟练掌握切片操作
- ➤ 理解浅复制与深复制的概念与区别
- ➤ 理解列表中存储元素引用的内存管理模式
- ➤ 熟练掌握序列解包的语法和应用

4.1 列　表

列表是包含若干元素的有序连续内存空间，是 Python 内置的有序容器对象或有序序列对象，是 Python 中最重要的可迭代对象之一。在形式上，列表的所有元素放在一对方括号中，相邻元素之间使用逗号分隔。在 Python 中，同一个列表中元素的数据类型可以各不相同，可以同时包含整数、实数、复数、字符串等基本类型的元素，也可以包含列表、元组、字典、集合、函数或其他任意对象。一对空的方括号表示空列表。下面所列都是合法的列表对象：

```
[3.141592653589793, 9.8, 2.718281828459045]
['Python', 'C#', 'PHP', 'JavaScript', 'go', 'Julia', 'VB']
['spam', 2.0, 5, 3+4j, [10, 20], (5,)]
[['file1', 200, 7], ['file2', 260, 9]]
[{8}, {'a':97}, (1,)]
[range, map, filter, zip, lambda x: x**6]
```

4.1.1 列表创建与删除

　　除了使用方括号包含若干元素直接创建列表之外，也可以使用 2.3.4 节介绍的 `list()` 函数把元组、`range` 对象、字符串、字典、集合或其他可迭代对象转换为列表，还可以使用 4.2 节介绍的列表推导式创建列表，某些内置函数、标准库函数和扩展库函数也会返回列表。当一个列表不再使用时，可以使用 `del` 命令将其删除。下面的代码演示了列表创建与删除的用法。

```
>>> data = [1, 2, 3, 4, 5]              # 使用方括号直接创建列表
>>> print(data)
[1, 2, 3, 4, 5]
>>> data = list('Python')               # 把字符串转换为列表
>>> print(data)
['P', 'y', 't', 'h', 'o', 'n']
>>> data = list(range(5))               # 把 range 对象转换为列表
>>> print(data)
[0, 1, 2, 3, 4]
>>> data = list(map(str, range(5)))     # 把 map 对象转换为列表
>>> print(data)
['0', '1', '2', '3', '4']
>>> data = list(zip(range(5)))          # 把 zip 对象转换为列表
>>> print(data)
[(0,), (1,), (2,), (3,), (4,)]
>>> data = list(enumerate('Python'))    # 把 enumerate 对象转换为列表
>>> print(data)
[(0, 'P'), (1, 'y'), (2, 't'), (3, 'h'), (4, 'o'), (5, 'n')]
>>> data = list(filter(lambda x: x%2==0, range(10)))
                                        # 把 filter 对象转换为列表
>>> print(data)
[0, 2, 4, 6, 8]
>>> import random
>>> random.shuffle(data)                # 随机打乱顺序
>>> print(data)
[2, 4, 6, 0, 8]
>>> print(sorted(data))                 # 内置函数 sorted() 返回列表
[0, 2, 4, 6, 8]
>>> data = random.choices('01', k=20)   # 随机选择返回列表，允许重复
>>> print(data)
```

```
['1', '1', '0', '1', '1', '0', '0', '1', '0', '0', '1', '1', '1', '1', '1',
'1', '0', '0', '0', '0']
>>> data = random.sample(range(100), k=20)
                                    # 随机选择返回列表，不允许重复
>>> print(data)
[48, 5, 32, 37, 7, 20, 31, 69, 3, 0, 88, 46, 38, 39, 54, 43, 14, 40, 15, 66]
# 下面一行代码适用于 Python 3.9 之后的版本
# counts 参数用来指定元素的重复次数，也就是从 3 个'a'和 9 个'b'中选择 5 个
>>> print(random.sample(['a','b'], 5, counts=[3,9]))
['b', 'b', 'a', 'a', 'b']
>>> print('Beautiful is better than ugly.'.split())
                                    # 分隔字符串，返回列表
['Beautiful', 'is', 'better', 'than', 'ugly.']
>>> from jieba import lcut              # 需要先安装扩展库 jieba
>>> text = '已步入中年的小明也开始学习董付国老师的 Pyhon 教材了，旁边还有一个泡着
枸杞的保温杯。'
>>> words = lcut(text)                  # 分词结果以列表形式返回
>>> print(words)
['已', '步入', '中年', '的', '小明', '也', '开始', '学习', '董付国', '老师', '
的', 'Pyhon', '教材', '了', '，', '旁边', '还有', '一个', '泡', '着', '枸杞', '的
', '保温杯', '。']
>>> import itertools
>>> dir(itertools)                      # 查看模块中的成员，返回列表
['__doc__', '__loader__', '__name__', '__package__', '__spec__', '_grouper',
'_tee', '_tee_dataobject', 'accumulate', 'chain', 'combinations',
'combinations_with_replacement', 'compress', 'count', 'cycle', 'dropwhile',
'filterfalse', 'groupby', 'islice', 'permutations', 'product', 'repeat',
'starmap', 'takewhile', 'tee', 'zip_longest']
```

4.1.2 列表元素访问

　　列表、元组和字符串属于有序序列，其中的元素有严格的先后顺序，可以很确定地说第几个元素是什么，可以使用整数作为下标来随机访问其中任意位置上的元素，也支持使用切片(将在 4.3 节介绍)来访问其中的多个元素。

　　列表、元组和字符串都支持双向索引，有效索引范围为[-L, L-1]，其中 L 表示列表、元组或字符串的长度。使用正向索引时下标 0 表示第 1 个元素，下标 1 表示第 2 个元素，下标 2 表示第 3 个元素，以此类推；使用反向索引时下标-1 表示最后 1 个元素，下标-2 表示倒数第 2 个元素，下标-3 表示倒数第 3 个元素，以此类推。

　　列表属于 Python 可迭代对象类型，除下标和切片之外，也可以使用 for 循环从前向

后逐个遍历其中的元素。下面的代码演示了下标和 for 循环遍历列表元素的用法。

```
>>> values = [89, 92, 97, 68, 80]
>>> print(values[0])         # 下标 0 表示第一个元素
89
>>> print(values[3])         # 下标 3 表示第四个元素
68
>>> print(values[-3])        # 倒数第 3 个元素
97
>>> print(values[-1])        # 最后一个元素
80
>>> for value in values:     # 遍历列表中的每个元素
    if value%2 == 1:         # 如果是奇数，就输出
        print(value)         # 注意，这里要按两次回车键

89
97
```

4.1.3　列表常用方法

在面向对象程序设计语言中，方法和函数的形式虽然很相似，但是这两个概念是有本质区别的，在平时称呼时也应严格区分，在 Python 中也不例外。方法是成员方法的简称，必须通过类或对象进行调用，而普通函数不需要；在调用函数时需要通过参数传递来说明要操作的对象，通过对象调用方法时不需要这样做，而通过类调用方法时需要提供该类对象作为第一个参数进行传递(暂时看不懂的话不用纠结，后面将会了解)。

列表是一个功能非常强大的数据类型，是学习和理解其他可迭代对象的基础，还可以在其基础上进行封装和二次开发，以实现更加复杂的数据类型。例如，组合调用方法 append(item)和 pop(-1)就可以用来实现栈，组合调用方法 append(item)和 pop(0)就可以用来实现队列。另外要注意的是，为了支持强大的功能，列表的内部实现非常复杂，开销比较大，在能够使用其他可迭代对象满足需要的场合应尽量避免使用列表。

列表对象常用的方法如表 4-1 所示，这些方法必须通过一个列表对象来调用，表中的"当前列表"指正在调用该方法的列表对象，例如对于表达式 data.append(3)而言，data 就是当前列表。另外，如果使用 dir([])命令查看的话，大家会注意到输出结果中还有很多前后各有两个下划线的名字。那些是特殊成员，一般不直接使用，往往用来实现对某些运算符、内置函数的支持，例如__add__()用来实现对加号运算符的支持、__eq__()用来实现对关系运算符 "=="的支持、__len__()用来实现对内置函数 len()的支持。了解即可，暂时不用在这上面花费太多时间。

表 4-1　列表对象常用方法

方　　法	说　　明
append(object, /)	将 object 追加至当前列表的尾部，不影响列表中已有的元素下标，也不影响列表在内存中的起始地址。斜线表示该位置前面的参数必须以位置参数的形式进行传递，斜线本身不是参数，下同
clear	删除列表中的所有元素
copy()	返回当前列表对象的浅复制
count(value, /)	返回 value 在当前列表中的出现次数
extend(iterable, /)	将可迭代对象 iterable 中所有元素追加至当前列表的尾部，不影响列表中已有的元素位置，也不影响列表在内存中的起始地址
insert(index, object, /)	在当前列表的 index 位置前面插入对象 object，该位置及后面所有元素自动向后移动，索引加 1
index(value, start=0, stop=9223372036854775807, /)	返回当前列表指定范围中第一个值为 value 的元素的索引，若不存在值为 value 的元素则抛出异常，可以使用参数 start 和 stop 指定要搜索的下标范围，start 默认为 0 表示从头开始，stop 默认值表示最大允许的下标值
pop(index=-1, /)	删除并返回当前列表中下标为 index 的元素，该位置后面的所有元素自动向前移动，索引减 1。index 默认为 -1，表示删除并返回列表中最后一个元素。当列表为空或者参数 index 指定的位置不存在时，会引发异常
remove(value, /)	在当前列表中删除第一个值为 value 的元素，被删除元素位置之后的所有元素自动向前移动，索引减 1；如果列表中不存在值为 value 的元素则抛出异常
reverse()	对当前列表中的所有元素进行原地翻转，首尾交换
sort(*,key=None, reverse=False)	对当前列表中的元素进行原地排序，是稳定排序(在指定规则下相等的元素保持原来的相对顺序)。参数 key 用来指定排序规则，reverse 为 False 表示升序，为 True 表示降序，*表示该位置之后的所有参数必须使用关键参数形式，也就是说调用时必须指定参数名称

1. append()、insert()、extend()

列表方法 append(object, /)用于向列表尾部追加一个元素，其中参数 object 可以是任意类型的对象；insert(index, object, /)用于向参数 index 指定的列表位置插入一个元素，其中索引 index 以及后面的所有元素向后移动一个位置，索引加 1，参数 object 可以是任意类型的对象；extend(iterable, /)用于将参数 iterable 指定的列表、元组、字典、集合、字符串、map 对象、zip 对象等任意可迭代对象中的所有元素追加至当前列表的尾部。

这三个方法都没有返回值，或者说返回空值 None，这意味着不能使用 ret = data.append(3)类似形式的语句，因为这时 ret 将会是空值，这样的赋值没有意义。后面再有类似的情况就不再赘述了，大家一看到说某个函数或方法没有返回值应该立刻想到这段话。下面的代码演示了这几个方法的用法。

```
>>> data = [1, 2, 3]
# 使用 append()方法在列表尾部追加元素 4
>>> data.append(4)
>>> print(data)
[1, 2, 3, 4]
# 使用 insert()方法在指定的位置插入元素
# 该位置及后面所有元素在列表中向后移动
>>> data.insert(0, 0)
>>> print(data)
[0, 1, 2, 3, 4]
>>> data.insert(2, 1.5)
>>> print(data)
[0, 1, 1.5, 2, 3, 4]
# insert()方法第一个参数可以是正整数或负整数
# 如果当前列表存在这个位置，就在这个位置上插入元素
>>> data.insert(-2, 2.5)
>>> print(data)
[0, 1, 1.5, 2, 2.5, 3, 4]
# 如果指定的负整数位置不存在，就在列表头部插入元素
>>> data.insert(-20, -1)
>>> print(data)
[-1, 0, 1, 1.5, 2, 2.5, 3, 4]
# 如果指定的正整数位置不存在，就在列表尾部插入元素
>>> data.insert(20, 5)
>>> print(data)
[-1, 0, 1, 1.5, 2, 2.5, 3, 4, 5]
# 使用 extend()方法把列表、元组、字符串、集合
# 以及其他可迭代对象中的元素添加到当前列表尾部
# 如果参数是字典，默认把字典中的"键"添加到当前列表尾部
>>> data.extend([6, 7])
>>> print(data)
[-1, 0, 1, 1.5, 2, 2.5, 3, 4, 5, 6, 7]
>>> data.extend(map(int, '89'))
>>> print(data)
```

```
[-1, 0, 1, 1.5, 2, 2.5, 3, 4, 5, 6, 7, 8, 9]
# 注意 append()与 extend()的不同
# 不管 append()方法的参数是什么对象，都直接追加到当前列表尾部
>>> data.append([10])
>>> print(data)
[-1, 0, 1, 1.5, 2, 2.5, 3, 4, 5, 6, 7, 8, 9, [10]]
```

2. pop()、remove()、clear()

列表方法 pop(index=-1, /)用于删除并返回下标为 index 的元素，不指定参数 index 时默认删除并返回列表中最后一个元素，如果列表为空或者指定的位置不存在会抛出异常；remove(value, /)用于删除列表中第一个值与参数 value 相等的元素，如果不存在该元素则抛出异常；clear()用于清空列表中的所有元素。其中，remove()和 clear()方法都没有返回值，pop()方法有返回值。

```
>>> data = list('Readability count.')
>>> print(data)
['R', 'e', 'a', 'd', 'a', 'b', 'i', 'l', 'i', 't', 'y', ' ', 'c', 'o', 'u',
'n', 't', '.']
# 删除并返回最后一个元素
>>> print(data.pop())
.
# 删除并返回下标 3 的元素
>>> print(data.pop(3))
d
# 删除并返回下标-3 的元素
>>> print(data.pop(-3))
u
>>> print(data)
['R', 'e', 'a', 'a', 'b', 'i', 'l', 'i', 't', 'y', ' ', 'c', 'o', 'n', 't']
# 删除列表中第一个字符 i
>>> data.remove('i')
>>> print(data)
['R', 'e', 'a', 'a', 'b', 'l', 'i', 't', 'y', ' ', 'c', 'o', 'n', 't']
# 清空列表，删除所有元素
>>> data.clear()
>>> print(data)
[]
```

在插入和删除元素时要注意，在列表中间位置插入或删除元素时，会导致该位置之后的元素后移或前移，效率较低，并且该位置后面所有元素在列表中的索引也会发生变化。

一般来说，除非确实需要，否则应尽量避免在列表起始处或中间位置进行元素的插入和删除操作，这样能适当提高代码运行速度和减少错误。下面的代码演示了 remove()+for 循环结构批量删除列表元素时潜在的问题。

```python
data = [1,2] * 5
print(data)
data.remove(2)                    # 只删除了第一个2
print(data)
data = [1] * 5
print(data)
for num in data:                  # 删除元素时后面的元素前移，会跳过部分元素
    if num == 1:
        data.remove(num)          # 每次都是删除列表中的第一个1
print(data)
```

运行结果为：

```
[1, 2, 1, 2, 1, 2, 1, 2, 1, 2]
[1, 1, 2, 1, 2, 1, 2, 1, 2]
[1, 1, 1, 1, 1]
[1, 1]
```

如果确实需要删除列表中某个值的所有出现，应从后向前处理，例如下面的代码。

```python
data = [1,2] * 5
print(data)
for index in range(len(data)-1, -1, -1):
    if data[index] in (1,2):      # 删除列表中的全部1和2
        del data[index]
print(data)
```

运行结果为：

```
[1, 2, 1, 2, 1, 2, 1, 2, 1, 2]
[]
```

从后向前删除是一个很重要的操作，在很多场合都需要这样处理。例如，在处理视频时，需要剪掉其中第 5s～8s 秒之间和第 50s～55s 之间的两段，就应该先剪后面的一段再剪前面的一段。如果先剪掉第一段，时间轴就变了，再按原来的时间轴剪掉第二段视频就错了。

3. count()、index()

列表方法 count(value, /)用于返回列表中值为 value 的元素出现的次数；

index(value, start=0, stop=9223372036854775807, /)用于返回值为 value 的元素在列表中首次出现的位置，如果不存在该元素则抛出异常。方法 index() 的参数 start 和 stop 用来指定搜索的下标范围，其中 start 默认值为 0 表示从头开始搜索，stop 默认值为 9223372036854775807(8 个字节能表示的最大正整数，十六进制形式为 0x7fffffffffffffff，适用于 64 位 Python)或 2147483647(4 个字节能表示的最大正整数，十六进制形式为 0x7fffffff，适用于 32 位 Python)，分别表示 64 位和 32 位允许的最大下标范围。本书以 Win10 和 64 位 Python 3.8.3 介绍和演示 Python 的语法和应用，下面的代码在 IDLE 交互模式下演示了最大下标的问题：

```
# 不支持这么大的下标，自然也就不支持这么大的列表
# 要不然没法使用下标访问其中的元素了
# 这一点同样适用于元组和字符串
>>> data = [0] * 9223372036854775808
Traceback (most recent call last):
  File "<pyshell#26>", line 1, in <module>
    data = [0] * 9223372036854775808
OverflowError: cannot fit 'int' into an index-sized integer
# 支持这么大的下标，也就支持这么大的列表，但是内存没有那么大
>>> data = [0] * 9223372036854775807
Traceback (most recent call last):
  File "<pyshell#25>", line 1, in <module>
    data = [0] * 9223372036854775807
MemoryError
```

这两个方法都有返回值，可以将其返回值赋值给变量进行保存后使用，也可以直接输出或者作为其他函数的参数。另外，对于 remove()、pop()、index() 和其他类似的可能引发异常的方法，调用时应结合选择结构和异常处理结构，避免程序发生崩溃。

创建程序文件，输入并运行下面的代码：

```
data = [1, 2, 2, 3, 3, 3, 4, 4, 4, 4]
print(data.count(4), data.count(8))
number = 3
# 与选择结构结合使用
if number in data:
    print(data.index(number))
else:
    print('列表中没有这个元素')
# 与异常处理结构结合使用
number = 8
try:
```

```
        print(data.index(number))
    except:
        print('列表中没有这个元素')
```

运行结果为：

```
4 0
3
列表中没有这个元素
```

4. sort()、reverse()

列表方法 sort(*, key=None, reverse=False)用于按照指定的规则对列表中所有元素进行排序，星号表示后面的参数 key 和 reverse 都必须使用关键参数的形式进行传递(见 7.2.3 节)，其中 key 参数与内置函数 sorted() 的 key 参数作用相同，用来指定排序规则，可以是函数、方法、lambda 表达式、类等可调用对象，不指定排序规则时默认按照元素的大小直接进行排序；reverse 参数与内置函数 sorted() 的 reverse 参数作用相同，用来指定升序排序还是降序排序，默认为升序排序，如果需要降序排序可以指定参数 reverse=True。列表方法 reverse() 用于原地翻转列表所有元素。这两个方法都没有返回值，类似于 ret = lst.sort() 这样的语句都会使得变量 ret 得到空值 None，在某些场合下会影响后面的代码。

创建程序文件，输入并运行下面的代码：

```
from random import shuffle

data = list(range(15))
print(f'原始数据：\n{data}')

shuffle(data)
print(f'随机打乱顺序：\n{data}')
data.sort(key=str)
print(f'按转换为字符串后的大小升序排序：\n{data}')

shuffle(data)
print(f'随机打乱顺序：\n{data}')
# 按转换为字符串后的长度升序排序，长度相同的保持原来的相对顺序
data.sort(key=lambda num: len(str(num)))
print(f'按转换为字符串后的长度升序排序：\n{data}')
data.sort(key=lambda num: len(str(num)), reverse=True)
print(f'按转换为字符串后的长度降序排序：\n{data}')

shuffle(data)
print(f'随机打乱顺序：\n{data}')
# 不指定排序规则，按元素本身的大小排序
```

```
data.sort(reverse=True)
print(f'直接按数值大小降序排序：\n{data}')

shuffle(data)
print(f'随机打乱顺序：\n{data}')
data.reverse()
print(f'翻转后的数据：\n{data}')
```

运行结果如下：

```
原始数据：
[0, 1, 2, 3, 4, 5, 6, 7, 8, 9, 10, 11, 12, 13, 14]
随机打乱顺序：
[0, 7, 11, 14, 10, 13, 12, 8, 6, 9, 5, 1, 2, 4, 3]
按转换为字符串后的大小升序排序：
[0, 1, 10, 11, 12, 13, 14, 2, 3, 4, 5, 6, 7, 8, 9]
随机打乱顺序：
[10, 5, 6, 9, 1, 7, 14, 13, 0, 8, 2, 4, 11, 3, 12]
按转换为字符串后的长度升序排序：
[5, 6, 9, 1, 7, 0, 8, 2, 4, 3, 10, 14, 13, 11, 12]
按转换为字符串后的长度降序排序：
[10, 14, 13, 11, 12, 5, 6, 9, 1, 7, 0, 8, 2, 4, 3]
随机打乱顺序：
[14, 0, 7, 1, 4, 8, 2, 13, 12, 11, 6, 10, 9, 5, 3]
直接按数值大小降序排序：
[14, 13, 12, 11, 10, 9, 8, 7, 6, 5, 4, 3, 2, 1, 0]
随机打乱顺序：
[2, 1, 9, 0, 11, 8, 3, 5, 12, 4, 7, 10, 6, 14, 13]
翻转后的数据：
[13, 14, 6, 10, 7, 4, 12, 5, 3, 8, 11, 0, 9, 1, 2]
```

5. copy()

列表方法 copy() 返回列表对象的浅复制。所谓浅复制，是指只对列表中第一级元素的引用进行复制，在浅复制完成的瞬间，新列表和原列表包含同样的引用。如果原列表中只包含整数、实数、复数、元组、字符串、range 对象以及 map 对象、zip 对象等可哈希对象(或称不可变对象)，浅复制不会带来任何副作用。但是如果原列表中包含列表、字典、集合这样的不可哈希对象(或称可变对象)，那么浅复制得到的列表和原列表之间可能会互相影响。下面的代码演示了浅复制的原理和可能带来的问题。创建程序文件，输入并运行下面的代码：

```
data = [1, 2.0, 3+4j, '5', (6,)]
# 原列表 data 中所有元素都是可哈希对象
# 得到的新列表 data_new 与原列表是互相独立的
data_new = data.copy()
```

```
data_new[3] = 3
print(data)
print(data_new)

# 原列表中包含不可哈希的子列表
data = [[1], [2], [3]]
# 浅复制
data_new = data.copy()
# 直接修改新列表中元素的引用，不影响原列表
data_new[1] = 3
# 调用了新列表中可哈希元素的原地操作方法，影响原列表
data_new[0].append(4)
data[2].extend([5,6,7])
print(data)
print(data_new)
```

运行结果如下：

```
[1, 2.0, (3+4j), '5', (6,)]
[1, 2.0, (3+4j), 3, (6,)]
[[1, 4], [2], [3, 5, 6, 7]]
[[1, 4], 3, [3, 5, 6, 7]]
```

上面的代码分别演示了列表中只包含可哈希数据和列表中包含不可哈希数据的两种情况，其原理分别如图 4-1 和图 4-2 所示。

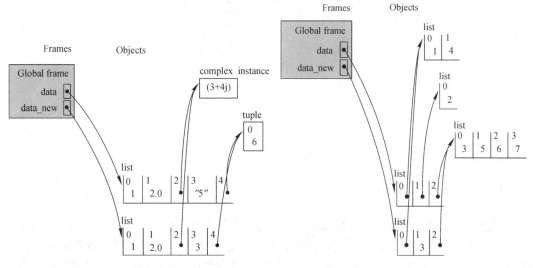

图 4-1　列表中只包含可哈希数据　　　　图 4-2　列表中包含不可哈希数据

对于包含列表、字典、集合等可变对象的列表，如果想使得复制得到的新列表和原列表完全独立、互相不影响，应使用标准库 copy 提供的函数 deepcopy()进行深复制。创建程序文件，输入并运行下面的代码：

```
from copy import deepcopy

data = [[1], [2], [3]]
data_new = deepcopy(data)
data_new[1] = 3
data_new[0].append(4)
data[2].extend([5,6,7])
print(data)
print(data_new)
```

运行结果如下：

```
[[1], [2], [3, 5, 6, 7]]
[[1, 4], 3, [3]]
```

其内部工作过程与原理如图 4-3 所示。

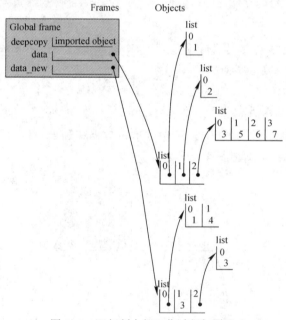

图 4-3　深复制内部工作过程与原理

4.1.4　列表对象支持的运算符

列表、元组和字符串支持的运算符基本类似，本节重点介绍列表对这些运算符的支持。除了本节介绍的这些运算符，列表、元组和字符串还支持 += 这样的复合运算符，但由于内部实现各有不同，没有统一的表现，不推荐使用这样的复合运算符，更建议使用相应的方法来实现需要的功能。这一点在团队开发时尤其重要，毕竟团队开发不是展示个人小技巧的时候，和小伙伴们以最快的速度和最低的沟通成本快速推进和完成项目才是最重要的。

（1）加法运算符"+"可以连接两个列表，得到一个新列表。使用这种方式连接多个列表，会涉及大量元素的复制，效率较低，不推荐使用。下面的程序演示了运算符"+"和 append()方法的速度差别。

```python
from time import time

N = 99999
start = time()                    # 记录当前时间
data = []
for i in range(N):
    data.append(i+5)
print(f'用时：{time()-start}秒')   # 计算并输出时间差

start = time()
data = []
for i in range(N):
    data = data+[i+5]
print(f'用时：{time()-start}秒')
```

运行结果如下：

```
用时：0.017945289611816406 秒
用时：21.052687168121338 秒
```

当把程序中 N 的值改为 999999 时，运行结果为：

```
用时：0.365023136138916 秒
用时：6303.378684520721 秒
```

(2) 乘法运算符"*"可以用于列表与整数相乘(或整数与列表相乘)，对列表中的元素进行重复，返回新列表。在使用时需要注意的是，该运算符类似于浅复制，只对列表中的第一级元素的引用进行重复，请参考 **4.1.3** 节的描述。

创建程序文件，输入并运行下面的代码：

```python
values = [1, 2, 3] * 3
print(values)
values = [[1, 2, 3]] * 3     # 内部的 3 个子列表其实是同一个列表的 3 个引用
print(values)
values[0][1] = 8             # 通过任何 1 个引用都可以影响另外 2 个引用
print(values)
```

运行结果如下：

```
[1, 2, 3, 1, 2, 3, 1, 2, 3]
[[1, 2, 3], [1, 2, 3], [1, 2, 3]]
[[1, 8, 3], [1, 8, 3], [1, 8, 3]]
```

乘法运算的浅复制特点

(3) 成员测试运算符 in 可用于测试列表中是否包含某个元素，包含时返回 True，否

则返回 False。与该运算符相反，not in 用于测试列表中是否不包含某个元素，如果不包含就返回 True，包含就返回 False。除了列表、元组、字符串、字典、集合，该运算符还支持 range 对象以及 map 对象、zip 对象等迭代器对象。当作用于列表、元组和字符串时，这两个运算符具有惰性求值特点并且采用了线性搜索的算法，也就是从前往后逐个遍历其中的元素，如果遇到满足条件的元素，就返回 True 不再检查后面的元素，如果所有元素都不满足条件，就返回 False。列表、元组、字符串越长，所需要的平均时间也越长。由于内部实现方式不同，in 运算符作用于字典和集合时，长度对所需时间的影响非常小。

下面的代码演示了运算符 in 作用于列表的用法。

```
values = [1, 2, 3, 4, 5]
print(3 in values)
print(8 in values)
```

运行结果为：

```
True
False
```

（4）关系运算符可以用来比较两个列表的大小，从前向后逐个比较两个列表中对应位置上的元素值，直到能够得出明确的结论为止。关系运算符具有惰性求值的特点，任何时候只要能够确定表达式的值，后面的元素就不会再比较了。

```
# 第一个元素与预期结果相反，直接得出结论 False，停止比较
>>> print([1,2,3] > [2,3,4])
False
# 第一个元素与预期结果一致，直接得出结论 True，停止比较
>>> print([2,3,4] > [1,2,3])
True
# 第一个元素与预期结果一致，直接得出结论 True，停止比较
>>> print([2] > [1,2,3,4])
True
# 前两个元素相等，第三个元素与预期结果一致
>>> print([1,2,4] > [1,2,3])
True
# 前三个元素都相等，第一个列表还有元素，第二个已结束，返回 True
>>> print([1,2,3,4] > [1,2,3])
True
# 两个列表长度相等，且三个元素都相等，不符合预期结果，返回 False
>>> print([1,2,3] > [1,2,3])
False
# 两个列表长度相等，且三个元素都相等，不符合预期结果，返回 False
```

```
>>> print([1,2,3] < [1,2,3])
False
# 两个列表长度相等，且对应位置上的元素全部相等，认为两个列表相等
>>> print([1,2,3] == [1,2,3])
True
```

另外，属性访问运算符"."用来访问列表对象的方法请参考 4.1.3 节的描述，用来访问模块中成员的用法请参考 2.2 节。下标运算符[]用来获取列表中指定位置的元素，请参考 4.1.2 节的介绍，切片用法请参考 4.3 节，用于定义列表推导式的用法请参考 4.2 节。

4.1.5 内置函数对列表的操作

很多 Python 内置函数可以对列表进行操作，其中大部分也同样适用于元组、字符串、字典和集合。下面的程序演示了部分内置函数对列表的操作，其中用到了 Python 3.8 的新特性，不能运行于 Python 3.8 之前版本的环境。如果使用低版本 Python 解释器，可以将 f-字符串中大括号内最后的等于号删除。

```
values = [9, 1111, 7892, 8368, 12, 666, 0, 666, 9]
print(f'{values=}')
# 查看类型
print(f'{type(values)=}')
# 转换为元组
print(f'{tuple(values)=}')
# 转换为集合
print(f'{set(values)=}')
# 查看最大值、最小值
print(f'{max(values)=}, {min(values)=}')
# 查看特定排序规则下的最大值
print(f'{max(values,key=str)=}')
# 列表对 all()、any()的支持
print(f'{all(values)=}, {any(values)=}')
# 列表长度、元素求和
print(f'{len(values)=}, {sum(values)=}')
# 对 zip()函数的支持
print(f'{list(zip(values, values))=}')
# 枚举列表中的元素
print(f'{list(enumerate(values))=}')
# 使用 sorted()函数排序，返回新列表
print(f'{sorted(values)=}')
# 使用 reversed()函数翻转，再将翻转结果转换为列表
```

```
print(f'{list(reversed(values))=}')
# 使用 filter()函数过滤列表中的元素
print(f'{list(filter(None, values))=}')
# 使用 map()函数对列表中的所有元素做统一处理
print(f'{list(map(str, values))}')
# 把包含若干介于[0,255]区间整数的列表转换为字节串
print(f'{bytes([97,98,99,100])=}')
```

运行结果如下：

```
values=[9, 1111, 7892, 8368, 12, 666, 0, 666, 9]
type(values)=<class 'list'>
tuple(values)=(9, 1111, 7892, 8368, 12, 666, 0, 666, 9)
set(values)={0, 9, 12, 8368, 7892, 1111, 666}
max(values)=8368, min(values)=0
max(values,key=str)=9
all(values)=False, any(values)=True
len(values)=9, sum(values)=18733
list(zip(values, values))=[(9, 9), (1111, 1111), (7892, 7892), (8368, 8368),
(12, 12), (666, 666), (0, 0), (666, 666), (9, 9)]
list(enumerate(values))=[(0, 9), (1, 1111), (2, 7892), (3, 8368), (4, 12), (5,
666), (6, 0), (7, 666), (8, 9)]
sorted(values)=[0, 9, 9, 12, 666, 666, 1111, 7892, 8368]
list(reversed(values))=[9, 666, 0, 666, 12, 8368, 7892, 1111, 9]
list(filter(None, values))=[9, 1111, 7892, 8368, 12, 666, 666, 9]
['9', '1111', '7892', '8368', '12', '666', '0', '666', '9']
bytes([97,98,99,100])=b'abcd'
```

4.2 列表推导式语法与应用

列表推导式是 Python 的一种常用语法，可以使用非常简洁的形式对列表或其他可迭代对象的元素进行遍历、过滤或再次计算，快速生成满足特定需求的列表。列表推导式的语法形式为：

```
[expression  for expr1 in sequence1 if condition1
             for expr2 in sequence2 if condition2
             for expr3 in sequence3 if condition3
             ...
             for exprN in sequenceN if conditionN]
```

列表推导式在逻辑上等价于一个循环语句，第一个循环相当于最外层的循环，最后一个循环相当于最内层的循环。循环结构语法和工作原理见 3.3 节。列表推导式的工作过程与循环结构一样，只是形式比较简洁，运行效率并没有得到提高。

在实际使用时，列表推导式可以嵌套，也就是上面语法形式中的 expression 还可以是列表推导式。在这种嵌套的形式中，越内层方括号中的循环速度越快，详见例 4-3。

例 4-1　编写程序，使用列表模拟向量，使用列表推导式模拟两个等长向量的加法、减法、内积运算以及向量与标量之间的除法运算。

解析：使用列表推导式逐个遍历列表中的元素，进行相应的运算。内置函数 zip() 用来把两个列表中对应位置上的元素组合到一起，然后通过 for 循环使用两个循环变量遍历每个组合的两个元素。

```
vector1 = [1, 3, 9, 30]
vector2 = [-5, -17, 22, 0]
print(vector1, vector2, sep='\n')
print('向量相加: ')
print([x+y for x,y in zip(vector1,vector2)])
print('向量相减: ')
print([x-y for x,y in zip(vector1,vector2)])
print('向量内积: ')
print(sum([x*y for x,y in zip(vector1,vector2)]))
print('向量与标量相除: ')
print([num/5 for num in vector1])
```

运行结果为：

```
[1, 3, 9, 30]
[-5, -17, 22, 0]
向量相加:
[-4, -14, 31, 30]
向量相减:
[6, 20, -13, 30]
向量内积:
142
向量与标量相除:
[0.2, 0.6, 1.8, 6.0]
```

例 4-2　编写程序，使用列表推导式查找列表中最大元素出现的所有位置。

解析：使用内置函数 enumerate() 枚举列表中元素的位置和值，如果值与最大值相等就保留对应的下标。

```
from random import choices
```

```
values = choices(range(10), k=20)
m = max(values)
print(values)
print(m)
print([index for index, value in enumerate(values) if value==m])
```

运行结果如下：

```
[7, 2, 4, 9, 0, 1, 3, 9, 0, 4, 4, 3, 6, 6, 2, 2, 6, 6, 4, 0]
9
[3, 7]
```

例 4-3   编写程序，使用嵌套的列表表示矩阵，模拟矩阵的转置运算，也就是沿左上角到右下角的对角线进行翻转，原矩阵的第 i 行变为新矩阵的第 i 列，原矩阵的第 j 列变为新矩阵的第 j 行。程序运行后，从键盘输入矩阵的行数 m 和列数 n，然后依次输入矩阵的每一行(以列表形式输入)，输入完成后输出矩阵转置的结果，每行输出新矩阵中的一行。要求矩阵中只包含整数，并且使用嵌套的列表推导式实现转置。

解析： 在下面的代码中，使用异常处理结构和循环结构对用户的输入进行了必要的检查，但并不是每个例题都给出了这样完整的代码，大家练习其他程序时可以参考下面的代码以及第 3 章类似的完整代码对其他代码进行完善和补充。

```
try:
    m = int(input('请输入矩阵的行数：'))
    n = int(input('请输入矩阵的列数：'))
    assert m>0 and n>0
except:
    print('行数和列数都必须是正整数。')
else:
    matrix = []
    for i in range(1, m+1):
        # 使用 while True+break 结构确保每个输入有效
        while True:
            try:
                row = eval(input(f'请输入第{i}行：'))
                # 每个输入都必须是包含 n 个整数的列表
                assert (isinstance(row, list) and
                        len(row)==n and
                        set(map(type, row))=={int})
                break
            except:
                print('无效数据，请重新输入。')
```

例 4-3 代码讲解

```
        matrix.append(row)
    # 输入完成后使用嵌套的列表推导式进行转置
    # 把原矩阵的第 j 列变为新矩阵中的第 j 行
    matrixT = [[row[j] for row in matrix] for j in range(n)]
    # 输出转置结果的每一行
    print('转置结果: ')
    for row in matrixT:
        print(row)
```

运行结果如下：

```
请输入矩阵的行数：5
请输入矩阵的列数：3
请输入第 1 行：[1,2,3]
请输入第 2 行：[3,2,1]
请输入第 3 行：[1,2,3]
请输入第 4 行：[3,1,2,2]
无效数据，请重新输入。
请输入第 4 行：[3,2,1]
请输入第 5 行：[3.1,5,6]
无效数据，请重新输入。
请输入第 5 行：[2,1,3]
转置结果：
[1, 3, 1, 3, 2]
[2, 2, 2, 2, 1]
[3, 1, 3, 1, 3]
```

4.3　切片语法与应用

切片是用来获取列表、元组、字符串等有序序列中部分元素的一种语法，也适用于 range 对象，但很少那样用。切片的语法形式为：

```
[start:end:step]
```

其中第一个数字 start 表示切片开始位置，默认为 0(step 为正整数时)或 -1(step 为负整数时)；第二个数字 end 表示切片截止(但不包含)位置，当 step 是正数时 end 默认为列表长度，当 step 是负数时 end 默认为 $-L-1$(其中 L 表示列表长度)；第三个数字 step 表示切片的步长(默认为 1)，省略步长时还可以同时省略最后一个冒号，写作 [start:end]。另外，当 step 为负整数时，表示反向切片，这时 start 应该在 end 的右侧。

切片作用于元组和字符串时仅能访问其中的部分元素，作用于列表时具有最强大的功能。不仅可以使用切片来截取列表中的任何部分返回得到一个新列表，也可以通过切片来修改和删除列表中的部分元素，甚至可以通过切片操作为列表对象增加元素。

1. 使用切片获取列表部分元素

使用切片可以返回列表中部分元素组成的新列表。当切片范围超出列表边界时，不会因为下标越界而抛出异常，而是简单地在列表尾部截断或者返回一个空列表，代码具有更强的鲁棒性。下面的代码以列表为例演示了切片的这个用法，同样的用法也适用于元组和字符串。

```
# 创建列表对象
>>> values = list('Beautiful is better than ugly.')
# 输出列表的内容，f'{values=}'这种语法仅适用于 Python 3.8 之后的版本
# 如果使用低版本，可以替换为 f'values={values}'
>>> print(f'{values=}')
values=['B', 'e', 'a', 'u', 't', 'i', 'f', 'u', 'l', ' ', 'i', 's', ' ', 'b',
'e', 't', 't', 'e', 'r', ' ', 't', 'h', 'a', 'n', ' ', 'u', 'g', 'l', 'y', '.']
# 切片，start、end、step 均使用默认值，返回所有元素组成的新列表
>>> print(f'{values[:]=}')
values[:]=['B', 'e', 'a', 'u', 't', 'i', 'f', 'u', 'l', ' ', 'i', 's', ' ',
'b', 'e', 't', 't', 'e', 'r', ' ', 't', 'h', 'a', 'n', ' ', 'u', 'g', 'l', 'y',
'.']
# 下标介于[0,3)区间的元素
>>> print(f'{values[:3]=}')
values[:3]=['B', 'e', 'a']
# 下标介于[5,9)区间的元素
>>> print(f'{values[5:9]=}')
values[5:9]=['i', 'f', 'u', 'l']
# 最后 3 个元素
>>> print(f'{values[-3:]=}')
values[-3:]=['l', 'y', '.']
# 从下标 0 开始，返回偶数位置上的元素
>>> print(f'{values[::2]=}')
values[::2]=['B', 'a', 't', 'f', 'l', 'i', ' ', 'e', 't', 'r', 't', 'a', ' ',
'g', 'y']
# 从下标 0 开始，每 3 个元素取 1 个，或者说每隔 2 个元素取 1 个
>>> print(f'{values[::3]=}')
values[::3]=['B', 'u', 'f', ' ', ' ', 't', 'r', 'h', ' ', 'l']
# 下标介于[6,100)区间的元素，由于 100 大于实际长度，所以在尾部截断
>>> print(f'{values[6:100]=}')
```

```
values[6:100]=['f', 'u', 'l', ' ', 'i', 's', ' ', 'b', 'e', 't', 't', 'e', 'r',
' ', 't', 'h', 'a', 'n', ' ', 'u', 'g', 'l', 'y', '.']
# 下标大于等于 100 的所有元素，由于 100 大于实际长度，因此返回空列表
>>> print(f'{values[100:]=}')
values[100:]=[]
# -100 不在有效下标范围之内并且 -100 小于 0，在列表头部截断
>>> print(f'{values[-100:-21]=}')
values[-100:-21]=['B', 'e', 'a', 'u', 't', 'i', 'f', 'u', 'l']
```

在使用时要注意的是，切片得到的是原列表的浅复制。如果原列表中包含列表、字典、集合这样的可变对象，切片得到的新列表和原列表之间可能会互相影响。下面的代码演示了这种情况，更多关于浅复制的描述请参考 **4.1.3** 节。当切片作用于扩展库 numpy 中的数组和扩展库 pandas 中的 DataFrame 对象时，也是返回浅复制，修改返回的新对象中的数据时会影响原对象中的数据，这一点一定要特别注意。

```
# 包含子列表的列表
>>> data = [[1], [2], [3], [4]]
# 切片，返回前两个元素的引用组成的新列表
>>> data_new = data[:2]
>>> print(f'{data=}')
data=[[1], [2], [3], [4]]
>>> print(f'{data_new=}')
data_new=[[1], [2]]
# 通过 data_new 可以影响原列表 data
>>> data_new[0].append(666)
>>> data_new[1].extend([0, 0])
>>> print(f'{data=}')
data=[[1, 666], [2, 0, 0], [3], [4]]
>>> print(f'{data_new=}')
data_new=[[1, 666], [2, 0, 0]]
```

2. 使用切片为列表增加元素

当列表切片出现在等号左侧时，并没有真的把元素切出来，只是标记一些位置，如果标记的位置不包含任何元素，可以实现元素增加或插入的功能。下面的代码演示了这个用法。

```
>>> values = [1, 2, 3, 4, 5]
>>> print(f'{values=}')
values=[1, 2, 3, 4, 5]
# 在尾部追加元素
>>> values[len(values):] = [6, 7]
```

```
>>> values[len(values):] = map(str, range(8,10))
>>> print(f'{values=}')
values=[1, 2, 3, 4, 5, 6, 7, '8', '9']
# 在头部插入元素
>>> values[:0] = [-1, 0]
>>> values[:0] = zip(range(-3,-1))
>>> print(f'{values=}')
values=[(-3,), (-2,), -1, 0, 1, 2, 3, 4, 5, 6, 7, '8', '9']
# 在中间位置插入元素
>>> values[3:3] = [1.5]
>>> values[5:5] = filter(None, [0,0.0,'a'])
>>> print(f'{values=}')
values=[(-3,), (-2,), -1, 1.5, 0, 'a', 1, 2, 3, 4, 5, 6, 7, '8', '9']
```

3. 使用切片替换和修改列表中的元素

当列表切片出现在等号左侧时，并没有真的把元素切出来，只是标记一些位置，如果这些位置确实包含实际元素，则对这些位置上的元素进行替换。在使用切片替换列表中的元素时，如果切片的步长不是 1，等号左侧切片包含的位置的数量和等号右侧可迭代对象中包含的元素数量必须一样多。

```
>>> values = [1, 2, 3, 4, 5]
>>> print(f'{values=}')
values=[1, 2, 3, 4, 5]
# 替换前 3 个元素
>>> values[:3] = ['1', '2', '3']
>>> print(f'{values=}')
values=['1', '2', '3', 4, 5]
# 把第一个元素替换为 3 个元素
>>> values[:1] = ['a', 'b', 'c']
>>> print(f'{values=}')
values=['a', 'b', 'c', '2', '3', 4, 5]
# 给切片赋值时，等号右侧可以是任意可迭代对象
# 100 是字母 d 的 ASCII 码，101 是字母 e 的 ASCII 码
# 内置函数 chr()用来把 Unicode 编码转换为对应的字符
# 把列表 values 的下标 3 往后所有元素替换为等号右侧可迭代对象中的值
>>> values[3:] = map(chr, (100,101))
>>> print(f'{values=}')
values=['a', 'b', 'c', 'd', 'e']
# 字符串也属于可迭代对象的类型
# 把下标 3 的元素删除，插入 3 个元素
```

```
>>> values[3:4] = 'fgh'
>>> print(f'{values=}')
values=['a', 'b', 'c', 'f', 'g', 'h', 'e']
# 给切片赋值时，如果步长不等于 1
# 那么等号左侧位置的数量和等号右侧可迭代对象中元素的数量必须相等
>>> values[::2] = [0]*4
>>> print(f'{values=}')
values=[0, 'b', 0, 'f', 0, 'h', 0]
# 否则代码会出错并抛出异常
>>> values[::2] = [0]*5
Traceback (most recent call last):
  File "<pyshell#49>", line 1, in <module>
    values[::2] = [0]*5
ValueError: attempt to assign sequence of size 5 to extended slice of size 4
# 切片步长为负整数时，同样要求等号两侧位置和元素的数量相等
>>> values[::-1] = [3]
Traceback (most recent call last):
  File "<pyshell#63>", line 1, in <module>
    values[::-1] = [3]
ValueError: attempt to assign sequence of size 1 to extended slice of size 8
# 列表 data 中包含不可哈希的子列表
>>> data = [[1], [2]]
# 注意，这样的赋值实际是把等号右侧可迭代对象中元素的引用复制到左侧标记的位置
>>> values[-1:] = data
>>> print(f'{values=}')
values=[0, 'b', 0, 'f', 0, 'h', [1], [2]]
# 这时通过列表 values 是可能会影响列表 data 的
>>> values[-2].append(3)
>>> print(f'{values=}')
values=[0, 'b', 0, 'f', 0, 'h', [1, 3], [2]]
>>> print(f'{data=}')
data=[[1, 3], [2]]
```

4. 使用切片删除列表中的元素

使用切片限定列表中部分元素位置，赋值为空列表可以删除这些元素，此时要求切片是正向连续的，也就是说 step 必须为 1。也可以结合使用 del 命令与切片结合来删除列表中的部分元素，此时切片可以不连续。

```
>>> values = list(range(10))
>>> print(f'{values=}')
```

```
values=[0, 1, 2, 3, 4, 5, 6, 7, 8, 9]
# 删除前 3 个元素
>>> values[:3] = []
>>> print(f'{values=}')
values=[3, 4, 5, 6, 7, 8, 9]
# 试图删除偶数位置上的元素，失败
# 因为切片步长不为 1 并且等号左侧位置的数量与等号右侧元素的数量不相等
>>> values[::2] = []
Traceback (most recent call last):
  File "<pyshell#73>", line 1, in <module>
    values[::2] = []
ValueError: attempt to assign sequence of size 0 to extended slice of size 4
# 上面失败的语句没有对列表做任何修改
>>> print(f'{values=}')
values=[3, 4, 5, 6, 7, 8, 9]
# 使用 del 删除列表中多个元素时，步长可以不为 1
>>> del values[::2]
>>> print(f'{values=}')
values=[4, 6, 8]
```

4.4 元组与生成器表达式

在形式上，元组的所有元素放在一对圆括号中，元素之间使用逗号分隔，如果元组中只有一个元素则必须在最后增加一个逗号。严格来说，是逗号创建了元组，圆括号只是一种辅助形式。可以把元组看作是轻量级列表或者简化版列表，支持很多和列表类似的操作，但功能要比列表简单很多，并且元组定义后其中每个元素的引用不能发生改变。

4.4.1 元组创建

除了把元素放在圆括号内表示元组之外，还可以使用内置函数 **tuple()** 把列表、字典、集合、字符串、**range** 对象、**map** 对象、**zip** 对象、**filter** 对象以及其他类型的容器类对象转换为元组。另外还有的内置函数、标准库函数、扩展库函数也会返回元组或者包含元组的对象。例如下面的代码。

```
# 表示颜色的三元组，分别表示红、绿、蓝三个分量的值
>>> red = (255, 0, 0)
# 测试 3 是否为三种类型之一的对象
>>> print(isinstance(3, (int,float,complex)))
True
```

```
# divmod()函数返回元组，其中包含整商和余数
>>> print(divmod(60, 13))
(4, 8)
>>> text = 'abcde'
# 把字符串转换为元组
>>> keys = tuple(text)
# 把 map 对象转换为元组
>>> values = tuple(map(ord, text))
>>> print(keys, values, sep='\n')
('a', 'b', 'c', 'd', 'e')
(97, 98, 99, 100, 101)
# zip()函数返回包含若干元组的 zip 对象
# *表示序列解包，一次性输出 zip 对象中的所有元素
>>> print(*zip(keys,values), sep=',')
('a', 97),('b', 98),('c', 99),('d', 100),('e', 101)
# enumerate()函数返回包含若干元组的 enumerate 对象
>>> print(*enumerate('Python'), sep=',')
(0, 'P'),(1, 'y'),(2, 't'),(3, 'h'),(4, 'o'),(5, 'n')
>>> from itertools import combinations, permutations, product
# 从 5 个元素中任选 3 个组成的所有组合
>>> print(*combinations(range(5), 3), sep=',')
(0, 1, 2),(0, 1, 3),(0, 1, 4),(0, 2, 3),(0, 2, 4),(0, 3, 4),(1, 2, 3),(1, 2,
4),(1, 3, 4),(2, 3, 4)
# 从 5 个元素中任选 3 个的所有排列
>>> print(*permutations(range(5), 3), sep=',')
(0, 1, 2),(0, 1, 3),(0, 1, 4),(0, 2, 1),(0, 2, 3),(0, 2, 4),(0, 3, 1),(0, 3,
2),(0, 3, 4),(0, 4, 1),(0, 4, 2),(0, 4, 3),(1, 0, 2),(1, 0, 3),(1, 0, 4),(1, 2,
0),(1, 2, 3),(1, 2, 4),(1, 3, 0),(1, 3, 2),(1, 3, 4),(1, 4, 0),(1, 4, 2),(1, 4,
3),(2, 0, 1),(2, 0, 3),(2, 0, 4),(2, 1, 0),(2, 1, 3),(2, 1, 4),(2, 3, 0),(2, 3,
1),(2, 3, 4),(2, 4, 0),(2, 4, 1),(2, 4, 3),(3, 0, 1),(3, 0, 2),(3, 0, 4),(3, 1,
0),(3, 1, 2),(3, 1, 4),(3, 2, 0),(3, 2, 1),(3, 2, 4),(3, 4, 0),(3, 4, 1),(3, 4,
2),(4, 0, 1),(4, 0, 2),(4, 0, 3),(4, 1, 0),(4, 1, 2),(4, 1, 3),(4, 2, 0),(4, 2,
1),(4, 2, 3),(4, 3, 0),(4, 3, 1),(4, 3, 2)
# 3 个字符串'abc'中元素的笛卡尔积
>>> print(*product('abc', repeat=3), sep=',')
('a', 'a', 'a'),('a', 'a', 'b'),('a', 'a', 'c'),('a', 'b', 'a'),('a', 'b',
'b'),('a', 'b', 'c'),('a', 'c', 'a'),('a', 'c', 'b'),('a', 'c', 'c'),('b', 'a',
'a'),('b', 'a', 'b'),('b', 'a', 'c'),('b', 'b', 'a'),('b', 'b', 'b'),('b', 'b',
```

```
'c'),('b', 'c', 'a'),('b', 'c', 'b'),('b', 'c', 'c'),('c', 'a', 'a'),('c', 'a',
'b'),('c', 'a', 'c'),('c', 'b', 'a'),('c', 'b', 'b'),('c', 'b', 'c'),('c', 'c',
'a'),('c', 'c', 'b'),('c', 'c', 'c')
# 需要安装扩展库 pillow，其中的 Image 是图像处理常用模块
>>> from PIL import Image
# 打开一个图像文件
>>> im = Image.open('test.jpg')
# 获取并输出指定位置像素的颜色值
# (300,400)中的数字分别表示像素横坐标和纵坐标
# 返回的结果元组中元素分别是红、绿、蓝三原色分量的值
>>> print(im.getpixel((300, 400)))
(52, 52, 52)
# struct 是标准库，pack()和 unpack()分别是其中用来序列化和反序列化的函数
# 所谓序列化，是指按照一定的规则把 Python 对象转换为字节串
# 所谓反序列化，是指按照一定的规则把字节串还原为 Python 对象
>>> from struct import pack, unpack
# 'iffi?'表示一个整数、两个实数、一个整数、一个布尔值
>>> packed_data = pack('iffi?', 666, 3.14, 9.8, 888, True)
>>> print(packed_data)
b'\x9a\x02\x00\x00\xc3\xf5H@\xcd\xcc\x1cAx\x03\x00\x00\x01'
>>> print(unpack('iffi?', packed_data))
(666, 3.140000104904175, 9.800000190734863, 888, True)
# socket 是用于套接字编程的模块，使用元组表示套接字地址
>>> import socket
>>> sock = socket.socket(socket.AF_INET, socket.SOCK_DGRAM)
>>> sock.bind(('127.0.0.1', 8080))
# 查看本地套接字，返回元组
>>> print(sock.getsockname())
('127.0.0.1', 8080)
# os.path 是用来处理文件路径的标准库
>>> import os.path
# 切分目录名和文件名，返回元组，见 8.2.1 节
>>> print(os.path.split(r'C:\Windows\notepad.exe'))
('C:\\Windows', 'notepad.exe')
# 切分文件名和扩展名，返回元组
>>> print(os.path.splitext(r'C:\Windows\notepad.exe'))
('C:\\Windows\\notepad', '.exe')
```

4.4.2　元组方法与常用操作

元组属于有序序列，支持使用下标和切片访问其中的元素。作为 Python 重要的可迭代对象类型之一，元组也适用于大多数可以使用列表的场合。元组支持使用加号进行连接，支持与整数相乘进行重复，支持使用关键字 in 测试是否存在某个元素，支持使用 count()方法获取元素出现次数，以及支持使用 index()方法返回元素的首次出现位置。例如：

```
>>> data = (1, 2, 3, 4)
>>> print(len(data))            # 元组长度，即元素数量
4
>>> print(data[0])              # 元组中下标为 0 的元素
1
>>> print(data[-2])             # 元组中倒数第 2 个元素
3
>>> print(data + (5,6))         # 使用加号连接两个元组
(1, 2, 3, 4, 5, 6)
>>> print(data * 3)             # 元组与整数相乘，返回新元组
(1, 2, 3, 4, 1, 2, 3, 4, 1, 2, 3, 4)
>>> print(data[2:])             # 切片，元组中下标 2 以及后面的元素
(3, 4)
>>> print(data.count(3))        # 元组中元素 3 的出现次数
1
>>> print(data.index(3))        # 元组中元素 3 首次出现的下标
2
>>> print(list(map(str, data))) # 元组中所有元素转换为字符串
['1', '2', '3', '4']
>>> print(list(map(lambda num: num+5, data)))
                                # 元组中所有元素加 5
[6, 7, 8, 9]
>>> print(list(filter(lambda num: num%2==0, data)))
                                # 过滤，只返回元组中的偶数
[2, 4]
```

4.4.3　元组与列表的区别

列表和元组都属于有序序列，都支持使用双向索引随机访问其中的元素，以及使用 count()方法统计指定元素的出现次数和 index()方法获取指定元素的索引，len()、map()、zip()、enumerate()、filter()等大量内置函数以及+、*、in 等运算符也都

可以作用于列表和元组。虽然有着一定的相似之处，但列表与元组的外在表现和内部实现都有着很大的不同。

元组属于不可变序列，不可以直接修改元组中元素的引用，也无法为元组增加或删除元素。元组没有提供 append()、extend()和 insert()等方法，无法向元组中添加元素。同样，元组也没有 remove()和 pop()方法，不能从元组中删除元素。

元组也支持切片操作，但是只能通过切片来访问元组中的元素，不允许使用切片来修改元组中元素的值，也不支持使用切片操作来为元组增加或删除元素

元组的访问速度比列表更快，开销更小。如果定义了一系列常量值，主要用途只是对它们进行遍历或其他类似操作，那么一般建议使用元组而不用列表。

元组在内部实现上不允许修改其元素的引用，从而使得代码更加安全，例如调用函数时使用元组传递参数可以防止在函数中修改元组，使用列表则无法保证这一点。

最后，作为不可变序列，与整数、字符串一样，元组可以作为字典的键，也可以作为集合的元素。列表不能当作字典键使用，也不能作为集合中的元素，因为列表是可变的。

4.4.4 生成器表达式

生成器表达式的语法与列表推导式非常相似，只不过在形式上生成器表达式使用圆括号作为定界符。生成器表达式的结果是一个生成器对象，属于迭代器对象，具有惰性求值的特点，只能从前往后逐个访问其中的元素，且每个元素只能使用一次。与列表推导式相比，生成器表达式的空间占用非常少，尤其适合大数据处理的场合。

使用生成器对象的元素时，可以根据需要将其转化为列表、元组、字典、集合，也可以使用内置函数 next()从前向后逐个访问其中的元素，或者直接使用 for 循环来遍历其中的元素。但是不管用哪种方法访问其元素，访问过的元素不可再次访问。当所有元素访问结束以后，如果需要重新访问其中的元素，必须重新创建该生成器对象。另外，生成器对象不支持使用下标和切片访问其中的元素。

下面的代码在 IDLE 中演示了生成器对象的"元素只能使用一次"特点。

```
# 创建生成器对象
>>> g = (i**2 for i in range(10))
# 把生成器对象转换为列表，用完了生成器对象中的所有元素
>>> list(g)
[0, 1, 4, 9, 16, 25, 36, 49, 64, 81]
# 此时生成器对象中已经没有任何元素，转换得到空列表
>>> list(g)
[]
# 重新创建生成器对象
>>> g = (i**2 for i in range(10))
```

```
# 生成器对象中包含 4，返回 True，不再检查后面的元素
# 这时用完了原来的生成器对象中元素 4 以及 4 前面的所有元素
>>> 4 in g
True
# 从原来生成器对象中元素 4 的下一个元素开始检查
# 因为生成器对象中不再包含元素 4，所以检查完所有元素才能得出结论
# 这次测试用完了生成器对象中的所有元素
>>> 4 in g
False
# 此时生成器对象中已经没有任何元素
>>> 49 in g
False
```

下面的程序"测试.py"对列表推导式和生成器表达式的时间和空间进行了对比，其中的 pass 为 Python 空语句，执行该语句什么也不会发生，只是个占位符。在运行该程序之前，需要首先执行命令 pip install memory_profiler 安装扩展库 memory_profiler，使用这个扩展库可以报告代码占用内存的情况。

```
from memory_profiler import profile
from time import time

# 这是修饰器的用法，见 7.6 节
@profile
def test():
    gen = (i for i in range(999999))
    start = time()
    for num in gen:
        pass
    print(f'用时：{time()-start}秒')

    lst = [i for i in range(999999)]
    start = time()
    for num in lst:
        pass
    print(f'用时：{time()-start}秒')

test()
```

运行结果如图 4-4 所示，可以看出，使用生成器表达式的空间占用为 0，但是访问其中元素所需的时间比列表要长。

```
用时：89.77336311340332秒
用时：43.08089089393616秒
Filename: C:/Python38/测试.py

Line #    Mem usage    Increment    Line Contents
================================================
     4    22.2 MiB    22.2 MiB    @profile
     5                            def test():
     6    22.3 MiB     0.0 MiB        gen = (i for i in range(999999))
     7    22.3 MiB     0.0 MiB        start = time()
     8    22.3 MiB     0.0 MiB        for num in gen:
     9    22.3 MiB     0.0 MiB            pass
    10    22.2 MiB     0.0 MiB        print(f'用时：{time()-start}秒')
    11
    12    61.3 MiB     0.6 MiB        lst = [i for i in range(999999)]
    13    61.3 MiB     0.0 MiB        start = time()
    14    61.3 MiB     0.0 MiB        for num in lst:
    15    61.3 MiB     0.0 MiB            pass
    16    60.9 MiB     0.0 MiB        print(f'用时：{time()-start}秒')
```

图 4-4　列表推导式与生成器表达式的时间、空间对比

4.5　序　列　解　包

　　序列解包的本质是使用等号右侧的计算结果对多个变量同时进行赋值，也就是把一个可迭代对象中的多个元素的值同时赋值给多个变量，要求等号左侧变量的数量和等号右侧可迭代对象中元素的数量必须一致。

　　序列解包也可以用于列表、元组、字典、集合、字符串以及 enumerate 对象、filter 对象、zip 对象、map 对象等，但是对字典使用时，默认是对字典"键"进行操作，如果需要对"键:值"元素进行操作，需要使用字典的 items() 方法说明；如果需要对字典"值"进行操作，需要使用字典的 values() 方法明确指定，见 5.1 节内容。

```
# 同时给多个变量赋值，等号右侧虽然没有圆括号，但实际上是个元组，见 4.4 节
# 元组、列表、字符串属于有序序列，其中的元素有严格的先后顺序
# 序列解包时把其中的元素按顺序依次赋值给等号左侧的变量
>>> x, y, z = 1, 2, 3
>>> print(x, y, z)
1 2 3
# 把列表中元素的引用依次赋值给等号左侧的变量
>>> x, y, z = [1, 2, 3]
>>> print(x, y, z)
1 2 3
# 交换两个变量的引用，也可以简单地理解为交换两个变量的值
>>> x, y = y, x
>>> print(x, y)
2 1
```

```
# 等号右侧可以是 range 对象
>>> x, y, z = range(3)
>>> print(x, y, z)
0 1 2
# 等号右侧可以是 map 对象
>>> x, y, z = map(str, range(3))
>>> print(x, y, z)
0 1 2
# 注意和上面输出形式的不同
>>> print((x, y, z))
('0', '1', '2')
>>> s = {'a':97, 'b':98, 'c':99}
# 把字典的"键"赋值给等号左侧的变量
>>> x, y, z=s
>>> print((x, y, z))
('a', 'b', 'c')
# 把字典的"值"赋值给等号左侧的变量
>>> x, y, z = s.values()
>>> print(x, y, z)
97 98 99
# 把字典的"键:值"元素赋值给等号左侧的变量
>>> x, y, z = s.items()
>>> print(x, y, z)
('a', 97) ('b', 98) ('c', 99)
# 如果可迭代对象中每个元素是包含两个元素的可迭代对象
# 那么使用 for 循环遍历时可以使用两个循环变量
>>> for key, value in s.items():
    print(key, value, sep=':')


a:97
b:98
c:99
>>> for item in s.items():
    print(item, sep=',')


('a', 97)
('b', 98)
('c', 99)
>>> for index, value in enumerate('Python'):
    print(f'{index}:{value}')
```

Python 程序设计入门与实践

```
0:P
1:y
2:t
3:h
4:o
5:n
>>> for item in enumerate('Python'):
    print(item)

(0, 'P')
(1, 'y')
(2, 't')
(3, 'h')
(4, 'o')
(5, 'n')
# 循环变量的数量可以是一个，也可以与可迭代对象中每个元素的长度相等
>>> for v1, v2, v3 in zip('abcd', (1,2,3), range(5)):
    print(f'{v1},{v2},{v3}')

a,1,0
b,2,1
c,3,2
>>> for item in zip('abcd', (1,2,3), range(5)):
    print(item)

('a', 1, 0)
('b', 2, 1)
('c', 3, 2)
```

4.6 综合例题解析

例 4-4 编写程序，把给定的包含子列表(每个子列表长度可以不相同，但子列表中不再包含列表)的列表 data 平铺化得到不包含子列表的列表，类似于把二维数组变为一维数组。例如原列表为[[1], [2,3], [4,5,6]]，平铺化为[1, 2, 3, 4, 5, 6]。

解析：解决这个问题有很多种方法，除了下面代码给出的几种，大家也可以发挥想象继续写出更多的实现方法。有能力的同学可以进一步思考，如果子列表中仍有可能嵌套子列表并且嵌套的层数不确定，又该如何实现类似的功能。

```
from itertools import chain
```

```
# 原始列表，包含子列表，子列表长度可能各不相同，但都不再包含下一级子列表
```

```
data = [[1], [2,3], [4,5,6]]

# 使用嵌套循环和列表方法 append()实现
data_new = []
for row in data:
    for item in row:
        data_new.append(item)
print(f'{data_new=}')

# 使用循环结构和列表方法 extend()实现
data_new = []
for row in data:
    data_new.extend(row)
print(f'{data_new=}')

# 使用列表推导式实现
# 第一个 for 循环相当于外循环，第二个 for 循环相当于内循环
data_new = [num for row in data for num in row]
print(f'{data_new=}')

# 使用内置函数 sum()实现，此时必须要指定 sum()函数的第二个参数为空列表
data_new = sum(data, [])
print(f'{data_new=}')

# 使用标准库 itertools 中的 chain()函数实现
# 相当于把原列表中的所有子列表"串起来"
data_new = list(chain(*data))
print(f'{data_new=}')
```

例 4-4 代码讲解

运行结果为：

```
data_new=[1, 2, 3, 4, 5, 6]
data_new=[1, 2, 3, 4, 5, 6]
data_new=[1, 2, 3, 4, 5, 6]
data_new=[1, 2, 3, 4, 5, 6]
data_new=[1, 2, 3, 4, 5, 6]
```

例 4-5　编写程序，输入一个包含若干整数的列表 values、一个整数 n 和一个整数 total，输出列表 values 中相加之和等于 total 的 n 个整数。要求对输入的数据进行检查，并对不合理的输入进行适当的提示。

解析：使用 while 循环+异常处理结构对用户输入进行检查和约束，使用标准库 itertools 中的 combinations()函数生成所有符合条件的组合。

```
from itertools import combinations

while True:
    values = eval(input('请输入一个包含若干整数的列表：'))
    # 如果不是列表就再次输入
    if not isinstance(values, list):
        continue
    # 如果列表中所有元素的类型都是 int，表示输入有效，退出循环
    if set(map(type, values)) == {int}:
        break

# 确保输入的是有效的正整数，如果无效就重复输入
while True:
    try:
        n = int(input('请输入一个整数：'))
        assert 0 < n <= len(values)
        break
    except:
        pass

while True:
    try:
        number = int(input('请输入 n 个整数之和：'))
        break
    except:
        pass

for item in combinations(values, n):
    if sum(item) == number:
        print(item)
```

连续三次运行结果如下：

```
请输入一个包含若干整数的列表：[-3, 3, -2, 2, -5, 5, -1, 1]
请输入一个整数：4
请输入 n 个整数之和：0
(-3, 3, -2, 2)
(-3, 3, -5, 5)
(-3, 3, -1, 1)
(-2, 2, -5, 5)
(-2, 2, -1, 1)
(-5, 5, -1, 1)
```

```
请输入一个包含若干整数的列表：[-3, 3, -2, 2, -5, 5, -1, 1]
请输入一个整数：3
请输入 n 个整数之和：0
(-3, -2, 5)
(-3, 2, 1)
(3, -2, -1)
(3, 2, -5)
请输入一个包含若干整数的列表：[-3, 3, -2, 2, -5, 5, -1, 1]
请输入一个整数：6
请输入 n 个整数之和：0
(-3, 3, -2, 2, -5, 5)
(-3, 3, -2, 2, -1, 1)
(-3, 3, -5, 5, -1, 1)
(-2, 2, -5, 5, -1, 1)
```

例 4-6 编写程序，生成[0,10)区间上以 0.01 为步长的 1000 个实数，然后计算这些实数的正弦值的绝对值，计算并输出函数 y=｜sinx｜在[0,10)区间上所有的极大值和极小值的 x 和 y 坐标值。所谓极大值是指函数在某个子区间或者邻域内的最大值(比两侧紧邻的两个值都大的值)，也称局部最大值；极小值是指函数在某个子区间或邻域内的最小值(比两侧紧邻的两个值都小的值)，也称局部最小值。图 4-5 中五角星标记的位置即为极大值和极小值。

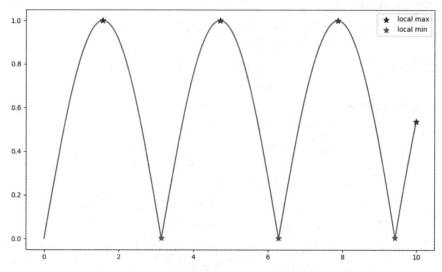

图 4-5 函数 y=｜sinx｜在[0,10)区间上的极大值和极小值

解析： 在下面的代码中，用到了 Python 可视化扩展库 matplotlib，该扩展库中的 pyplot 模块提供了绘制折线图的函数 plot()、绘制散点图的函数 scatter()以及其他一些常用函数，在本书 9.5 节还通过另外一个案例演示了这个扩展库的用法，读者可以互相结合学习，更多用法可以查阅 matplotlib 官方文档或微信公众号"Python 小屋"。安装

扩展库的方法请参考本书 1.5 节，代码含义见注释。另外，如果使用扩展库 numpy 来生成采样点坐标的话会更方便一些，但为了避免使用太多扩展库给大家增加压力，在代码中使用列表来生成和存储采样点坐标，感兴趣的朋友可以查阅相关资料进行学习。

```python
from math import sin
import matplotlib.pyplot as plt

# 函数自变量取值范围区间
start, end = 0, 10

# 划分子区间，在每个子区间(不包含端点)内寻找极值
# 调整区间大小，会影响极值数量
span = 66

# 所有采样点的 x 坐标
x = list(map(lambda num: num/100, range(start,end*100)))
# 采样点处的函数值
y = list(map(abs, map(sin, x)))

# 使用直线段依次连接所有采样点，绘制函数曲线
# x 指定采样点的横坐标，y 指定采样点的纵坐标，'r-'表示红色实心线
plt.plot(x, y, 'r-')


for start in range(0, len(y), span):
    # 每个子区间的自变量与函数值
    sectionY = y[start:start+span]
    sectionX = x[start:start+span]
    localMax = max(sectionY)
    localMin = min(sectionY)
    for index, yy in enumerate(sectionY):
        if yy==localMax and index not in (0, span-1):
            print(f'极大值：{round(sectionX[index],3)},{round(yy,8)}')
            # 在极大值处绘制一个蓝色五角星，参数 s 用来指定负号大小
            s1 = plt.scatter(sectionX[index], yy, marker='*', s=80, c='b')
        elif yy==localMin and index not in (0, span-1):
            print(f'极小值：{round(sectionX[index],3)},{round(yy,8)}')
            # 在极小值处绘制一个绿色五角星
            s2 = plt.scatter(sectionX[index], yy, marker='*', s=80, c='g')

# 创建图例
plt.legend([s1,s2], ['local max','local min'])

#显示绘制的结果，见图 4-5
```

```
plt.show()
```

运行结果如下：

```
极大值: 1.57,0.99999968
极小值: 3.14,0.00159265
极大值: 4.71,0.99999715
极小值: 6.28,0.0031853
极大值: 7.85,0.99999207
极小值: 9.42,0.00477794
极大值: 9.99,0.53560333
```

例 4-7 编写程序，对给定的表示矩阵的二维嵌套列表(列表的每个元素也是列表，子列表中包含若干数值)进行最大池化处理，也就是把原数据划分为指定大小的若干子区域，对每个子区域的数据使用最大值进行代替，达到数据压缩的目的。

解析: 在程序中首先使用标准库 random 中的函数 choices()结合列表推导式得到 10行 10 列测试数据，然后使用内置函数 range()把原列表划分为若干 2 行 2 列的子区域，计算每个子区域中 4 个数值的最大值，得到最大池化后的新数据。

```
from random import choices

# 测试数据，10 行 10 列
# 程序中的下划线表示匿名变量，即不需要起名字的临时变量
data = [choices(range(10,100), k=10)
        for _ in range(10)]
# 输出原数据
print(*data, sep='\n')
# 子区域窗口大小
m, n = 2, 2
result = []
for r in range(0, 10, m):
    temp = []
    for c in range(0, 10, n):
        # 计算子区域内的最大值
        area = [data[i][j]
                for i in range(r,r+m)
                for j in range(c,c+n)]
        temp.append(max(area))
    result.append(temp)
# 输出一个空行作为分隔
print()
```

```
# 输出最大池化之后的数据
print(*result, sep='\n')
```

对于本例随机产生的测试数据，子区域划分和各子区域的最大值如图 4-6 所示。

```
[55, 49, 45, 34, 27, 42, 57, 50, 23, 15]
[94, 81, 38, 85, 62, 68, 21, 58, 60, 63]
[67, 40, 92, 97, 62, 99, 35, 54, 67, 59]
[36, 61, 17, 80, 80, 17, 64, 76, 22, 19]
[47, 74, 99, 73, 55, 63, 56, 39, 16, 36]
[93, 40, 62, 42, 17, 71, 56, 23, 95, 44]
[78, 35, 39, 28, 91, 54, 90, 33, 35, 64]
[67, 20, 65, 99, 69, 93, 74, 50, 87, 12]
[86, 62, 28, 39, 21, 33, 88, 21, 23, 56]
[49, 55, 72, 83, 30, 23, 67, 24, 80, 63]

[94, 85, 68, 58, 63]
[67, 97, 99, 76, 67]
[93, 99, 71, 56, 95]
[78, 99, 93, 90, 87]
[86, 83, 33, 88, 80]
```

图 4-6 子区域划分与各子区域的最大值

例 4-8 编写程序，使用一个包含子列表的列表来模拟矩阵，子列表中所有元素都为整数，计算其每行元素横向求和与每列元素纵向求和的结果。

解析：代码首先生成包含 8 个子列表的列表，每个子列表中有 10 个随机数，然后每个子列表中的元素相加即可得到横向求和结果，每行相同位置上的元素相加即可得到纵向求和结果。

```
from random import choices

m, n = 8, 10
# 8 行 10 列的矩阵，每个数字介于[0,10)区间
matrix = [choices(range(10), k=n) for _ in range(m)]

# 输出原始数据
print('原始数据：')
print(*matrix, sep='\n')

# 横向求和
print('横向求和结果：')
print(list(map(sum, matrix)))

# 纵向求和
print('纵向求和结果：')
print([sum([row[j] for row in matrix]) for j in range(n)])
```

例 4-8 代码讲解

运行结果如下：

原始数据：

```
[8, 2, 6, 2, 4, 7, 4, 8, 0, 5]
[3, 2, 2, 1, 3, 4, 6, 7, 2, 4]
[5, 7, 8, 9, 0, 7, 7, 5, 5, 3]
[1, 7, 9, 5, 6, 4, 7, 4, 0, 6]
[4, 6, 9, 6, 0, 6, 7, 8, 6, 4]
[4, 5, 1, 9, 4, 1, 2, 1, 3, 1]
[7, 9, 8, 2, 1, 1, 6, 1, 7, 2]
[8, 3, 5, 9, 1, 9, 5, 6, 4, 3]
横向求和结果:
[46, 34, 56, 49, 56, 31, 44, 53]
纵向求和结果:
[40, 41, 48, 43, 19, 39, 44, 40, 27, 28]
```

例 4-9　编写程序,输入一个包含若干正整数的列表,对这些数字进行组合,输出能够组成的最小数。例如,列表[30, 300, 3]能够组成 303003、303300、300303、300330、330300、330030 这 6 个数字,其中最小的是 300303。

解析:可以使用枚举法进行求解,也就是列出给定数字的所有连接方式得到的数字,然后从其中选择最小的一个。下面的代码实现了这一思路,请自行测试。

```python
from itertools import permutations

values = eval(input('请输入包含若干正整数的列表: '))
values = list(map(str, values))
values = map(''.join, permutations(values,len(values)))
print(int(min(values,key=int)))
```

例 4-10　编写程序,模拟报数游戏。有 *n* 个人围成一圈,从 1 到 *n* 顺序编号,从第一个人开始从 1 到 *k*(例如 *k*=3)报数,报到 *k* 的人退出圈子,然后圈子缩小,从下一个人继续游戏,重复这个过程,问最后留下的是原来的第几号。

解析:标准库 itertools 中的函数 cycle()用来根据给定的有限个元素创建一个无限循环的迭代器对象,相当于把原来的元素首尾相接构成一个环。

```python
from itertools import cycle

k = int(input('请输入一个正整数: '))
numbers = list(range(1, 11))
# 游戏一直进行到只剩下最后一个人
while len(numbers) > 1:
    # 创建 cycle 对象
    c = cycle(numbers)
    # 从 1 到 k 报数
```

```
    for i in range(k):
        t = next(c)
    # 一个人出局，圈子缩小
    index = numbers.index(t)
    numbers = numbers[index+1:] + numbers[:index]
print(f'最后一个人的编号为：{numbers[0]}')
```

第一次运行结果为：

请输入一个正整数：3
最后一个人的编号为：4

第二次运行结果为：

请输入一个正整数：5
最后一个人的编号为：3

本章知识要点

（1）在形式上，列表的所有元素放在一对方括号中，相邻元素之间使用逗号分隔。

（2）同一个列表中元素的数据类型可以各不相同，可以同时包含整数、实数、复数、字符串等基本类型的元素，也可以包含列表、元组、字典、集合、函数或其他任意对象。

（3）列表和元组中不直接存储元素值，存储的是元素的引用。

（4）除了使用方括号包含若干元素直接创建列表，也可以使用 list()函数把元组、range 对象、字符串、字典、集合或其他可迭代对象转换为列表，某些内置函数、标准库函数和扩展库函数也会返回列表。

（5）列表、元组和字符串都支持双向索引，有效索引范围为[-L, L-1]，其中 L 表示列表、元组或字符串的长度。正向索引时下标 0 表示第 1 个元素，下标 1 表示第 2 个元素，下标 2 表示第 3 个元素，以此类推；反向索引时下标-1 表示最后 1 个元素，下标-2 表示倒数第 2 个元素，下标-3 表示倒数第 3 个元素，以此类推。

（6）在使用函数和列表方法时，一定要注意有没有返回值，有没有修改形参对象。

（7）在插入和删除元素时要注意，在列表中间位置插入或删除元素时，会导致该位置之后的元素后移或前移，效率较低，并且该位置后面所有元素在列表中的索引也会发生变化。

（8）增加和删除元素时，在列表尾部操作的速度更快一些。

（9）列表的 copy()方法和切片都是返回的浅复制。所谓浅复制，是指只对列表中第一级元素的引用进行复制，在浅复制完成的瞬间，新列表和原列表包含同样的引用。浅复制得到的列表和原列表之间是有可能互相影响的，具体是否会影响还取决于列表中的元素类型以及如何使用它们。

（10）深复制得到的列表和原列表之间不会互相影响，不论原列表中的元素是什么类型。

(11) 列表推导式可以使用非常简洁的方式对列表或其他可迭代对象的元素进行遍历、过滤或再次计算，快速生成满足特定需求的列表。

(12) 如果要删除列表中某个值的多次出现，最好从后向前删，避免下标变化导致错误。

(13) 在形式上，元组的所有元素放在一对圆括号中，元素之间使用逗号分隔，如果元组中只有一个元素则必须在最后增加一个逗号。

(14) 列表是可变的，元组是不可变的。元组内部实现比列表简单一些，代码运行开销小，速度更快一些。

(15) 生成器表达式的结果是一个生成器对象，属于迭代器对象，具有惰性求值的特点，只能从前往后逐个访问其中的元素，且每个元素只能使用一次。

(16) 切片操作适用于列表、元组、字符串和 range 对象，但作用于元组和字符串时仅能用来访问其中的部分元素，作用于列表时具有最强大的功能。不仅可以使用切片来截取列表中的任何部分返回得到一个新列表，也可以通过切片来修改和删除列表中的部分元素，甚至可以通过切片操作为列表对象增加元素。

(17) 序列解包的本质是对多个变量同时进行赋值，也就是把一个可迭代对象中的多个元素的值同时赋值给多个变量，要求等号左侧变量的数量和等号右侧值的数量必须一致。

习　　题

1. 判断题：同一个列表中元素的数据类型必须相同，例如必须同时都是整数或者都是实数，不能同时包含整数、实数、字符串或其他不同类型的元素。

2. 判断题：表达式(3)*5 和(3,)*5 的结果是一样的。

3. 判断题：列表、元组和字符串都支持双向索引，有效索引范围为[-L，L-1]，其中 L 表示列表、元组或字符串的长度。

4. 判断题：假设 data 是包含若干元素的列表，那么语句 data.pop(3)的作用是删除列表中所有的 3。

5. 判断题：假设 data 是包含若干元素的列表，那么语句 data.remove(3)的作用是删除列表中所有的 3。

6. 判断题：列表的切片和 copy()方法得到的都是浅复制。

7. 判断题：生成器表达式的结果是一个生成器对象，其中的元素可以反复使用。

8. 判断题：生成器对象也支持使用下标和切片访问其中的元素。

9. 判断题：已知 data = (1, 2, 3)，执行语句 data[0] = 4 之后，data 的值为(4, 2, 3)。

10. 判断题：range 对象中的每个元素只能使用一次，并且只能从前往后逐个进行访问，不能使用下标直接访问任意位置的元素。

11. 填空题：对于长度大于 3 的列表，如果使用负数作索引，那么列表中倒数第 3 个元素的下标为_____。

12. 填空题：已知 data = [1, 2, 3]，现在连续两次执行语句 print(3 in data)，第一次执行输出的结果是_____，第二次执行输出的结果是_____。

13. 填空题：已知 data = (num**2 for num in [1,2,4])，现在连续两次执行语句 print(4 in data)，第一次执行输出的结果是_____，第二次执行输出的结果是_____。

14. 填空题：已知 values = [3, 4, 5, 6, 7, 9, 11, 13, 15, 17]，那么表达式 values[-100:-7]的值为_____。

15. 编程题：编写程序，输入一个正整数 *n*，使用筛选法求解小于 *n* 的所有素数，输出包含这些素数的列表。

16. 编程题：编写程序，输入一个包含若干元素的列表，输出其中出现次数最多的元素。

17. 编程题：编写程序，输入两个正整数 *m* 和 *n*，然后创建一个 *m* 行 *n* 列的矩阵(包含子列表的列表)，其中每个元素都是区间[1,100)内的随机整数，最后输出这个矩阵和对角线元素之和。

18. 编程题：改写例 4-1 的代码，使用标准库 operator 中的运算符和内置函数 map()、list()，采用函数式编程模式，实现同样的功能。

19. 编程题：改写例 4-10 的代码，不使用 cycle()函数，改用列表方法 pop()和 append()实现同样的功能。

20. 编程题：编写程序，输入一个包含若干整数的列表 diag，创建一个矩阵(包含子列表的列表)，以列表 diag 中的元素为矩阵对角线上的元素，矩阵中所有非对角线元素都是 0。例如，输入列表[1, 2, 3]，程序输出为：

```
[1, 0, 0]
[0, 2, 0]
[0, 0, 3]
```

21. 编程题：修改例 4-6 的代码，使得在函数自变量结束的位置不显示最后一个表示极大值的五角星。

第 5 章

字典与集合

> 理解字典与集合的相同点与区别
> 熟练掌握创建字典与集合的不同形式
> 理解字典"键"与集合元素的相似之处与不同之处
> 熟练掌握字典对象与集合对象的常用方法
> 理解字典方法 keys()、items() 返回值与集合之间的运算
> 理解并熟练掌握字典对象使用下标赋值的含义与功能
> 熟练掌握字典与集合对运算符和内置函数的支持

5.1 字　　典

字典是 Python 内置容器类，是重要的可迭代对象之一，用来表示一种对应关系或映射关系。字典中可以包含任意多个元素，每个元素包含"键"和"值"两部分，两部分之间使用冒号分隔，不同元素之间用逗号分隔，所有元素放在一对大括号中。

字典中每个元素的"键"可以是 Python 中任意可哈希(或不可变)类型的数据，例如整数、实数、复数、字符串、元组等类型，不能使用列表、集合、字典或其他可变类型作为字典的"键"，包含列表等可变对象的元组也不能作为字典的"键"。

字典是可变的，可以动态地增加、删除元素，也可以随时修改元素的"值"。在任何时刻，字典中的"键"都不允许重复，"值"是可以重复的。

在 Python 3.5 之前的版本中，字典中的元素是没有顺序的，先放入字典的元素不一定在前面，后放入字典的元素不一定在后面，使用字典时不需要关心元素顺序。Python 3.6 之后的版本中不仅提高了字典的处理效率，对内存管理进行优化，还通过二次索引技术使得字典中的元素变得有序了，但使用时仍不建议依赖元素顺序。

5.1.1 创建字典的几种形式

除了把很多"键:值"元素放在一对大括号内创建字典之外，还可以使用内置类 dict

的不同形式来创建字典，或者使用字典推导式创建字典，某些标准库函数和扩展库函数也会返回字典或类似的对象。如果确定一个字典对象不再使用，可以使用 del 语句进行删除。

下面的代码演示了创建字典的不同形式。

```
# 创建空字典
>>> data = {}
>>> print(data)
{}
# 查看对象 data 的类型
>>> print(type(data))
<class 'dict'>
# 创建空字典
>>> data = dict()
>>> print(type(data))
<class 'dict'>
# 直接使用大括号创建字典
>>> colors = {'red': (255,0,0), 'green': (0,255,0), 'blue': (0,0,255)}
# Python 3.6 之后的版本中，元素加入的顺序与显示的顺序一致
>>> print(colors)
{'red': (255, 0, 0), 'green': (0, 255, 0), 'blue': (0, 0, 255)}
# 列表属于不可哈希对象，不能作为字典的"键"，否则会抛出异常
>>> data = {[1,2,3]: 'red'}
Traceback (most recent call last):
  File "<pyshell#27>", line 1, in <module>
    data = {[1,2,3]: 'red'}
TypeError: unhashable type: 'list'
# 字典属于不可哈希类型
>>> hash({})
Traceback (most recent call last):
  File "<pyshell#74>", line 1, in <module>
    hash({})
TypeError: unhashable type: 'dict'
# 把包含若干(key,value)形式的可迭代对象转换为字典
>>> data = dict(zip('abcd', '1234'))
>>> print(data)
{'a': '1', 'b': '2', 'c': '3', 'd': '4'}
>>> data = dict([('a',97), ('b',98), ('c',99)])
>>> print(data)
{'a': 97, 'b': 98, 'c': 99}
```

```
>>> data = dict(enumerate('Python'))
>>> print(data)
{0: 'P', 1: 'y', 2: 't', 3: 'h', 4: 'o', 5: 'n'}
# 以参数的形式指定"键"和"值"
>>> data = dict(language='Python', version='3.8.3')
>>> print(data)
{'language': 'Python', 'version': '3.8.3'}
# 以可迭代对象中的元素为"键"，创建"值"为空的字典
>>> data = dict.fromkeys('abcd')
>>> print(data)
{'a': None, 'b': None, 'c': None, 'd': None}
>>> data = dict.fromkeys([1,2,3,4])
>>> print(data)
{1: None, 2: None, 3: None, 4: None}
>>> data = dict.fromkeys(map(str,range(3)))
>>> print(data)
{'0': None, '1': None, '2': None}
# 以可迭代对象中的元素为"键"，创建字典，所有元素的"值"相等
# fromkeys()方法的功能和语法见 5.1.2 节的表 5-1
>>> data = dict.fromkeys('abcd', 666)
>>> print(data)
{'a': 666, 'b': 666, 'c': 666, 'd': 666}
>>> data = dict.fromkeys('abcd', 777)
>>> print(data)
{'a': 777, 'b': 777, 'c': 777, 'd': 777}
# 如果所有元素的"值"是同一个对象的引用，会互相影响
# 见 4.1.3 节和 5.1.2 节的表 5-1
>>> data = dict.fromkeys('abc', [])
>>> print(data)
{'a': [], 'b': [], 'c': []}
>>> data['a'].append(3)
>>> print(data)
{'a': [3], 'b': [3], 'c': [3]}
# 使用字典推导式创建字典
>>> data = {num: chr(num) for num in range(97,100)}
>>> print(data)
{97: 'a', 98: 'b', 99: 'c'}
# 下面这两种形式属于函数式编程模式，运行速度比上面的字典推导式快
>>> data = dict(map(lambda num: (num,chr(num)), range(97,100)))
```

```
>>> print(data)
{97: 'a', 98: 'b', 99: 'c'}
>>> data = dict(zip(range(97,100), map(chr,range(97,100))))
>>> print(data)
{97: 'a', 98: 'b', 99: 'c'}
# 字符串对象的 maketrans()方法返回表示映射关系的字典，见 6.1.6 节
>>> table = str.maketrans('abcd', '1234')
# 字典中的"键"和"值"是字符的 Unicode 编码
>>> print(table)
{97: 49, 98: 50, 99: 51, 100: 52}
# 标准库 collections 中的函数 Counter 用来统计有限长度可迭代对象中元素出现的次数
# 返回类似于字典的 Counter 对象
>>> from collections import Counter
>>> data = Counter('aaabcdddcabc')
# 每个元素作为"键"，出现次数作为"值"
>>> print(data)
Counter({'a': 4, 'c': 3, 'd': 3, 'b': 2})
>>> data = Counter([1, 1, 2, 2, 3, 1, 2, 1])
>>> print(data)
Counter({1: 4, 2: 3, 3: 1})
# 查看出现次数最多的一个元素及其出现次数
>>> print(data.most_common(1))
[(1, 4)]
# Counter 可以作用于任意可迭代对象
>>> data = Counter(map(ord, 'abcabd'))
>>> print(data)
Counter({97: 2, 98: 2, 99: 1, 100: 1})
# 可以把 Counter 对象直接转换为字典
>>> print(dict(data))
{97: 2, 98: 2, 99: 1, 100: 1}
```

5.1.2 字典常用方法

和其他内置类型一样，字典也提供了大量的方法，可以使用 dir(dict)查看，例如

```
>>> print(dir(dict))
['__class__', '__contains__', '__delattr__', '__delitem__', '__dir__',
'__doc__', '__eq__', '__format__', '__ge__', '__getattribute__', '__getitem__',
'__gt__', '__hash__', '__init__', '__init_subclass__', '__iter__', '__le__',
'__len__', '__lt__', '__ne__', '__new__', '__reduce__', '__reduce_ex__',
```

```
'__repr__',    '__reversed__',    '__setattr__',    '__setitem__',    '__sizeof__',
'__str__', '__subclasshook__', 'clear', 'copy', 'fromkeys', 'get', 'items', 'keys',
'pop', 'popitem', 'setdefault', 'update', 'values']
```

在上面代码输出结果中，以两个下划线开始和结束的属于特殊成员，与某个运算符、内置函数或其他操作对应，一般不直接调用。例如，__contains__()对应于关键字 in，__delitem__()对应于 del 语句，__eq__()对应于关系运算符==，__getitem__()对应于使用"键"作为下标访问元素的值，__setitem__()对应于使用"键"作为下标修改元素的值或者添加新元素，__len__()对应于内置函数 len()。这些特殊成员一般不会直接使用，更多的是使用对应的运算符、关键字或内置函数。下面的代码简单演示一下用法。对于普通 Python 程序员，不建议深究，稍微了解一下即可，把学习重点放在不带下划线的普通方法上面。

```
>>> data = {'host': '127.0.0.1', 'port': 80}
>>> print(data.__contains__('host'))
True
>>> print('host' in data)
True
>>> print(data.__len__())
2
>>> print(len(data))
2
>>> print(data['port'])
80
>>> print(data.__getitem__('port'))
80
# 查看特殊方法的说明文档，同样也可以用来查看其他方法的说明文档
>>> help(data.__getitem__)
Help on built-in function __getitem__:

__getitem__(...) method of builtins.dict instance
    x.__getitem__(y) <==> x[y]
```

Python 内置字典类 dict 的常用方法如表 5-1 所示，可以使用内置函数 help()查看更详细的用法和说明。

表 5-1　Python 内置类 dict 的常用用法

方　法	功 能 描 述
clear()	不接收参数，删除当前字典对象中的所有元素，没有返回值
copy()	不接收参数，返回当前字典对象的浅复制(见 4.1.3 节)

方　　法	功　能　描　述
fromkeys(iterable, value=None, /)	以参数 iterable 中的元素为"键"、以参数 value 为"值"创建并返回字典对象。字典中所有元素的"值"都一样，要么是 None，要么是参数 value 指定的值
get(key, default=None, /)	返回当前字典对象中以参数 key 为"键"对应的元素的"值"，如果当前字典对象中没有以 key 为"键"的元素，返回 default 的值
items()	不接收参数，返回包含当前字典对象中所有元素的 dict_items 对象，其中每个元素形式为元组(key, value)，dict_items 对象可以和集合进行并集、交集、差集等运算
keys()	不接收参数，返回当前字典对象中所有的"键"，结果为 dict_keys 类型的可迭代对象，可以直接和集合进行并集、交集、差集等运算
pop(k[,d])	删除以 k 为"键"的元素，返回对应的"值"，如果当前字典中没有以 k 为"键"的元素，返回参数 d，此时如果没有指定参数 d，则抛出 KeyError 异常
popitem()	不接收参数，删除并按 LIFO(Last In First Out，后进先出)顺序返回一个元组(key, value)，如果当前字典为空则抛出 KeyError 异常
setdefault(key, default=None, /)	如果当前字典对象中没有以 key 为"键"的元素则插入以 key 为"键"、以 default 为"值"的新元素并返回 default 的值，如果当前字典中有以 key 为"键"的元素则直接返回对应的"值"
update([E,]**F)	使用 E 和 F 中的数据对当前字典对象进行更新，**表示参数 F 只能接收字典或关键参数。该方法没有返回值
values()	不接收参数，返回包含当前字典对象中所有的"值"的 dict_values 对象，不能和集合之间进行任何运算

1. 字典元素访问

字典支持下标运算，把"键"作为下标即可返回对应的"值"，如果字典中不存在这个"键"会抛出 KeyError 异常提示不存在指定的"键"。使用下标访问元素"值"时，一般建议配合选择结构或者异常处理结构，以免代码异常引发崩溃。下面的代码演示了这两种用法。

```
data = {'age': 43, 'name': 'Dong', 'sex': 'male'}
key = eval(input('请输入一个键：'))
# 与选择结构结合，先确定"键"在字典中，再使用下标访问
```

```
if key in data:
    print(data[key])
else:
    print('字典中没有这个键')
key = eval(input('再输入一个键：'))
# 与异常处理结构结合，如果"键"不在字典中，则进行相应的处理
try:
    print(data[key])
except:
    print('字典中没有这个键')
```

运行结果为：

```
请输入一个键：'age'
39
再输入一个键：123
字典中没有这个键
```

为了避免"键"不存在导致代码崩溃抛出异常，一般推荐优先考虑使用字典的 get(key, default=None, /)方法获取指定"键"对应的"值"，如果参数 key 指定的"键"不存在，get()方法会返回空值或参数 default 指定的值，这样代码鲁棒性会更好一些，至少 get()方法调用不会出错抛出异常。但这并不意味着使用了 get()方法就万事大吉了，仍需要对该方法的返回值进行必要的检查。在下面的代码最后一段中，如果输入的内容不是字典 functions 的"键"，返回的是空值，func 得到的就是空值，直接当成函数进行调用的话会出错抛出异常。虽然提示出错的代码是 func()，但真正的原因是 get()返回空值引起的。这在调试代码时也是需要注意的，有时候提示错误的代码和真正导致错误的代码不是同一个，甚至有可能两者距离很远。

```
data = {'age': 43, 'name': 'Dong', 'sex': 'male'}
# 指定的"键"存在，返回对应的"值"
print(data.get('age'))
# 指定的"键"不存在，默认返回空值
print(data.get('address'))
# 指定的"键"不存在，返回指定的值
print(data.get('address', '不存在'))

# 使用 lambda 表达式作为字典的"值"
functions = {'f1': lambda :3,
             'f2': lambda :5,
             'f3': lambda :8}
key = input('请输入：')
```

```
func = functions.get(key)
# 这个检查非常有必要
# 如果输入的内容不是字典的"键"，返回的空值不是可调用对象
# func()会抛出异常 TypeError: 'NoneType' object is not callable
if func:
    print(func())
else:
    print('error')
```

运行结果为：

```
43
None
不存在
请输入：f1
3
```

字典对象的 setdefault(key, default=None, /)方法可以用于获取字典中元素的"值"或者增加新元素。如果当前字典对象中没有以 key 为"键"的元素则插入以 key 为"键"、以 default 为"值"的新元素并返回 default 的值，如果当前字典中有以 key 为"键"的元素则直接返回对应的"值"。下面的代码演示了字典方法 setdefault()的用法。

```
>>> data = {'host': '127.0.0.1', 'port': 80}
>>> print(data)
{'host': '127.0.0.1', 'port': 80}
# 字典中存在以'host'为"键"的元素，直接返回对应的"值"
>>> print(data.setdefault('host'))
127.0.0.1
# 字典中不存在以'protocol'为"键"的元素，插入新元素
>>> print(data.setdefault('protocol', 'TCP'))
TCP
>>> print(data)
{'host': '127.0.0.1', 'port': 80, 'protocol': 'TCP'}
```

最后，字典属于 Python 内置可迭代对象类型之一，可以将其转换为列表或元组，也可以使用 for 循环直接进行遍历。在这样的场合中，默认情况下是遍历字典的"键"，如果需要遍历字典的元素则必须使用字典对象的 items()方法明确说明，如果需要遍历字典的"值"则必须使用字典对象的 values()方法明确说明。当使用 len()、max()、min()、sum()、sorted()、enumerate()、map()、filter()等内置函数以及成员测试运算符 in 对字典对象进行操作时，也遵循同样的约定。下面的代码演示了相关的用法。

```
>>> data = {'host': '127.0.0.1', 'port': 80, 'protocol': 'TCP'}
>>> print(data)
{'host': '127.0.0.1', 'port': 80, 'protocol': 'TCP'}
# 查看字典长度，也就是其中元素的个数
>>> print(len(data))
3
# 查看字典中是否存在以'port'为"键"的元素
>>> print('port' in data)
True
# 查看字典中是否存在以 80 为"值"的元素
>>> print(80 in data.values())
True
# 把字典所有元素的"键"转换为列表
>>> print(list(data))
['host', 'port', 'protocol']
>>> print(list(data.keys()))
['host', 'port', 'protocol']
# 把字典所有元素的"值"转换为列表
>>> print(list(data.values()))
['127.0.0.1', 80, 'TCP']
# 把字典所有的元素转换为列表
>>> print(list(data.items()))
[('host', '127.0.0.1'), ('port', 80), ('protocol', 'TCP')]
# 使用 for 循环遍历字典的"键"，直接使用 data 和使用 data.keys()是等价的
>>> for key in data:
    print(key)

host
port
Protocol
# 在字典前面加一个星号表示对"键"进行解包
>>> print(*data, sep=',')
host,port,protocol
# 在字典前面加两个星号表示把元素解包为关键参数或"键:值"对
>>> print({**data, 'test': 666})
{'host': '127.0.0.1', 'port': 80, 'protocol': 'TCP', 'test': 666}
# 使用 for 循环遍历字典的"值"，必须使用 values()方法明确说明
>>> for value in data.values():
    print(value)
```

```
127.0.0.1
80
TCP
# 使用 for 循环遍历字典的元素，必须使用 items()方法明确说明
>>> for item in data.items():
    print(item)

('host', '127.0.0.1')
('port', 80)
('protocol', 'TCP')
# items()方法返回结果的每一个元素都是一个(key,value)形式的元组
# 请自行查看 data.keys()和 data.values()的返回结果
>>> print(data.items())
dict_items([('host', '127.0.0.1'), ('port', 80), ('protocol', 'TCP')])
# 使用两个循环变量同时遍历字典元素的"键"和"值"
# 注意，下面的代码适用于 Python 3.8 之后的版本
# 如果使用低版本的话，可以把 f-字符串中的等号删除
>>> for key, value in data.items():
    print(f'{key=},{value=}')

key='host',value='127.0.0.1'
key='port',value=80
key='protocol',value='TCP'
```

2. 字典元素添加与修改

当以指定"键"为下标为字典元素赋值时，有两种含义：①若该"键"存在，表示修改该"键"对应元素的"值"；②若该"键"不存在，表示添加一个新元素。

```
>>> data = {'host': '127.0.0.1', 'port': 80}
# 修改已有元素的"值"，不改变元素顺序
>>> data['host'] = '192.168.9.1'
>>> print(data)
{'host': '192.168.9.1', 'port': 80}
# 在尾部添加新元素
>>> data['protocol'] = 'TCP'
>>> print(data)
{'host': '192.168.9.1', 'port': 80, 'protocol': 'TCP'}
```

使用字典对象的 update([E,]**F)方法可以将另一个字典或可迭代对象(要求每个元素都为包含 2 个值的元组或类似结构)中的元素一次性全部添加到当前字典对象中，如

果两个字典中存在相同的"键",则以另一个字典中的"值"为准对当前字典进行更新。该方法没有返回值,直接对当前字典进行更新。下面的代码演示了该方法的用法。

```
>>> data = {'host': '127.0.0.1', 'port': 80}
# 使用另一个字典对当前字典进行更新,不改变已有元素的顺序
>>> data.update({'port': 8080, 'scheme': 'HTTP'})
>>> print(data)
{'host': '127.0.0.1', 'port': 8080, 'scheme': 'HTTP'}
# 使用列表对当前字典进行更新
>>> data.update([('host', '192.168.9.1'), ('port', 80)])
>>> print(data)
{'host': '192.168.9.1', 'port': 80, 'scheme': 'HTTP'}
# 同时使用列表和关键参数对当前字典进行更新
>>> data.update([('protocol','TCP')], scheme='HTTPS', port=443)
>>> print(data)
{'host': '192.168.9.1', 'port': 443, 'scheme': 'HTTPS', 'protocol': 'TCP'}
```

3. 字典元素删除

使用字典对象的 pop(k[,d]) 方法可以删除参数 k 指定的"键"对应的元素,同时返回对应的"值",如果字典中没有 k 指定的"键"并且指定了参数 d 就返回 d 的值,如果没有 k 指定的"键"并且也没有指定参数 d 就抛出 KeyError 异常。字典方法 popitem() 用于按 LIFO(后进先出)的顺序删除并返回一个包含两个元素的元组(key, value),其中的两个元素分别是字典元素的"键"和"值"。字典方法 clear() 用于清空字典中所有元素。另外,也可以使用 del 删除指定的"键"对应的元素。下面的代码演示了相关的用法。

```
>>> data = {'host': '127.0.0.1', 'port': 8080, 'scheme': 'HTTP'}
# 指定的"键"不存在,并且没有指定参数 d,抛出异常
>>> print(data.pop('protocol'))
Traceback (most recent call last):
  File "<pyshell#7>", line 1, in <module>
    print(data.pop('protocol'))
KeyError: 'protocol'
# 指定的"键"不存在,但是指定了参数 d,就返回参数 d 的值
>>> print(data.pop('protocol', '不存在'))
不存在
# 指定的"键"存在,直接返回对应的元素的"值",忽略参数 d 的内容
>>> print(data.pop('scheme', '不存在'))
HTTP
>>> print(data)
{'host': '127.0.0.1', 'port': 8080}
```

```
# 删除并返回字典中最后一个元素
>>> print(data.popitem())
('port', 8080)
# 删除指定的 "键" 对应的元素，没有返回值
>>> del data['host']
>>> print(data)
{}
>>> data = {'host': '127.0.0.1', 'port': 8080, 'scheme': 'HTTP'}
# 删除字典里的所有元素
>>> data.clear()
>>> print(data)
{}
>>> data = {'host': '127.0.0.1', 'port': 8080, 'scheme': 'HTTP'}
# 按后进先出的顺序依次删除并返回字典中的元素
>>> for _ in range(3):
    print(data.popitem())

('scheme', 'HTTP')
('port', 8080)
('host', '127.0.0.1')
>>> print(data)
{}
```

5.2 集　　合

　　集合也是 Python 常用的内置可迭代类型之一。集合中所有元素放在一对大括号中，元素之间使用英文半角逗号分隔。同一个集合内的每个元素都是唯一的，不允许重复，这是集合最明显的特征之一，应熟练掌握和运用。

　　类似于字典的 "键"，集合中的元素只能是整数、实数、复数、字符串、字节串、元组等不可变类型或可哈希的数据，不能包含列表、字典、集合等可变类型或不可哈希的数据，包含列表或其他可变类型数据的元组也不能作为集合的元素。如果试图把不可哈希数据作为集合的元素，会抛出 TypeError 异常并提示 "unhashable type"。

　　集合是可变的，创建之后可以添加和删除元素。集合中的元素是无序的，元素存储顺序和添加顺序并不一致，先放入集合的元素不一定存储在前面。集合中的元素不存在 "位置" 或 "索引" 的概念，不支持使用下标直接访问指定位置上的元素，不支持使用切片访问其中的元素，也不支持使用 random 中的 choice() 和 choices() 函数从集合中随机选取元素，试图这样做时都会抛出异常 "TypeError: 'set' object is not subscriptable"。对集合对象进行序列解包时，解包得到的元素顺序和肉眼看到的也可能不一样，这是正常的。在使用集合时不要依赖元素顺序，切记。

集合支持使用标准库 random 中的 sample()函数随机选取不重复的部分元素并返回这些元素组成的列表(Python 3.9 开始不再建议这样使用，在未来的版本中会取消这种用法)，也支持使用标准库 itertools 中的组合函数 combinations()、允许重复的组合函数 combinations_with_replacement()、排列函数 permutations()、笛卡尔积函数 product()等。

5.2.1 创建集合的几种形式

除了把若干可哈希对象放在一对大括号内创建集合，也可以使用 set()函数将列表、元组、字符串、字节串、字典 range 对象以及其他有限长度可迭代对象转换为集合，如果原来的数据中存在重复元素，在转换为集合的时候只保留一个，自动去除重复元素。如果原可迭代对象中有可变类型的数据，则无法转换成为集合，抛出 TypeError 异常并提示对象不可哈希。当不再使用某个集合时，可以使用 del 语句删除整个集合。

下面的代码演示了创建集合的不同形式和方法。

```
# 直接使用大括号创建集合
>>> data = {'red', 'green', 'blue'}
# 注意，集合中的元素存储顺序和放入的先后顺序不一定相同
>>> print(data)
{'blue', 'red', 'green'}
# 注意，{}表示空字典，不能用来创建空集合
# 应使用 set()创建空集合
>>> data = set()
# 把 range 对象转换为集合
>>> data = set(range(5))
# 把列表转换为集合，自动去除重复的元素
>>> data = set([1, 2, 3, 4, 3, 5, 3])
>>> print(data)
{1, 2, 3, 4, 5}
# 把字符串转换为集合，注意，不要在意集合中元素的顺序
>>> data = set('Python')
>>> print(data)
{'h', 't', 'y', 'n', 'P', 'o'}
# 把 map 对象转换为集合
>>> data = set(map(chr, [97,97,98,99,98,100]))
>>> print(data)
{'a', 'd', 'b', 'c'}
# 把 filter 对象转换为集合
>>> data = set(filter(None, (3,3,0,False,5,7,True,'a')))
>>> print(data)
```

```
{True, 3, 5, 7, 'a'}
# 把 zip 对象转换为集合，集合中可以包含元组
>>> data = set(zip('Python', range(3)))
>>> print(data)
{('y', 1), ('P', 0), ('t', 2)}
# 把标准库函数 itertools.zip_longest()返回的迭代器对象转换为集合
>>> import itertools
>>> data = set(itertools.zip_longest('Python', range(3)))
>>> print(data)
{('n', None), ('P', 0), ('t', 2), ('y', 1), ('o', None), ('h', None)}
# 删除集合对象
>>> del data
# 试图把不可哈希对象作为集合元素时抛出异常
>>> data = {[3]}
Traceback (most recent call last):
  File "<pyshell#113>", line 1, in <module>
    data = {[3]}
TypeError: unhashable type: 'list'
# 试图把非可迭代对象转换为集合时抛出异常
>>> data = set(345)
Traceback (most recent call last):
  File "<pyshell#116>", line 1, in <module>
    data = set(345)
TypeError: 'int' object is not iterable
```

5.2.2　集合常用方法

Python 内置集合类 set 的对象支持内置函数 len()、max()、min()、sum()、sorted()、map()、filter()、enumerate()、all()、any()等内置函数和并集运算符 "|"、交集运算符 "&"、差集运算符 "-"、对称差集运算符 "^"、成员测试运算符 "in"、同一性测试运算符 "is"，不支持内置函数 reversed()，相关内置函数和运算符的介绍详见本书第 2 章。另外，set 类自身还提供了大量方法，如表 5-2 所示。

表 5-2　Python 内置集合类提供的方法

方　　法	功 能 简 介
add(...)	往当前集合中增加一个可哈希元素，如果集合中已经存在该元素，直接忽略该操作，如果参数不可哈希，抛出 TypeError 异常并提示参数不可哈希。该方法直接修改当前集合，没有返回值
clear()	删除当前集合对象中所有元素，没有返回值
copy()	返回当前集合对象的浅复制，不对当前集合做任何修改

续表

方　法	功 能 简 介
difference(...)	接收一个或多个集合(或其他有限长度可迭代对象,下同),返回当前集合对象与所有参数对象的差集,不对当前集合做任何修改,功能类似于差集运算符"-"
difference_update(...)	接收一个或多个集合(或其他可迭代对象),从当前集合中删除所有参数对象中的元素,对当前集合进行更新。该方法没有返回值,功能类似于运算符"-="
discard(...)	接收一个可哈希对象作为参数,从当前集合中删除该元素,如果参数元素不在当前集合中则直接忽略该操作。该方法直接修改当前集合,没有返回值
intersection(...)	接收一个或多个集合对象(或其他可迭代对象),返回当前集合与所有参数对象的交集,不对当前集合做任何修改,功能类似于交集运算符"&"
intersection_update(...)	接收一个或多个集合(或其他可迭代对象),使用当前集合与所有参数对象的交集更新当前集合对象。该方法没有返回值,功能类似于运算符"&="
isdisjoint(...)	接收一个集合(或其他可迭代对象),如果当前集合与参数对象的交集为空则返回 True
issubset(...)	接收一个集合(或其他可迭代对象),测试当前集合的元素是否都存在于参数指定的可迭代对象中,是则返回 True,否则返回 False,功能类似于关系运算符"<="
issuperset(...)	接收一个集合(或其他可迭代对象),测试是否参数指定的可迭代对象中所有元素都存在于当前集合中,是则返回 True,否则返回 False,功能类似于关系运算符">="
pop()	不接收参数,删除并返回当前集合中的任意一个元素,如果当前集合为空则抛出 KeyError 异常
remove(...)	从当前集合中删除参数指定的元素,如果参数指定的元素不在集合中就抛出 KeyError 异常。该方法直接修改当前集合,没有返回值
symmetric_difference(...)	接收一个集合(或其他可迭代对象),返回当前集合与参数对象的对称差集,不对当前集合做任何修改,功能类似于对称差集运算符"^"
symmetric_difference_update(...)	接收一个集合(或其他可迭代对象),使用当前集合与参数对象的对称差集更新当前集合,没有返回值,功能类似于运算符"^="
union(...)	接收一个或多个集合(或其他可迭代对象),返回当前集合与所有参数对象的并集,不对当前集合做任何修改,功能类似于并集运算符"|"
update(...)	接收一个或多个集合(或其他可迭代对象),把参数对象中所有元素添加到当前集合对象中。该方法没有返回值,功能类似于运算符"|="

下面我们分组讲解这些方法的用法。

1. 原地增加与删除集合元素

集合方法 add()、update()可以用于向集合中添加新元素,difference_update()、intersection_update()、pop()、remove()、symmetric_difference_update()、clear()可以用于删除集合中的元素,这些方法都是对集合对象原地进行修改,没有返回值。下面的代码演示了部分方法的用法。

```
>>> data = {97, 98, 99, 666}
>>> print(data)
{97, 98, 99, 666}
# 当前集合中没有元素 100,成功加入
>>> data.add(100)
>>> print(data)
{97, 98, 99, 100, 666}
# 当前集合中已经存在元素 100,该操作被自动忽略,并且不会提示
>>> data.add(100)
>>> print(data)
{97, 98, 99, 100, 666}
# 把任意多个可迭代对象中的元素都合并到当前集合中,自动忽略已存在的元素
>>> data.update([97,101], (98,102), {99,103})
>>> print(data)
{97, 98, 99, 100, 101, 102, 103, 666}
# 从当前集合中删除所有参数可迭代对象中的元素
>>> data.difference_update([99], (100,105), {97})
>>> print(data)
{98, 101, 102, 103, 666}
# 计算当前集合与所有参数可迭代对象的交集,更新当前集合
>>> data.intersection_update(range(97,105), (103,105), {98,103,666})
>>> print(data)
{103}
# 从集合中删除并返回任意一个元素
>>> print(data.pop())
103
# 试图对空集合调用 pop()方法时会抛出异常
>>> print(data.pop())
Traceback (most recent call last):
  File "<pyshell#41>", line 1, in <module>
    print(data.pop())
KeyError: 'pop from an empty set'
```

```
# 对空集合调用 clear()删除所有元素,不会抛出异常
>>> data.clear()
# 空集合使用 set()表示,而不是{}
>>> print(data)
set()
```

2. 计算交集/并集/差集/对称差集返回新集合

并集运算符"|"、交集运算符"&"、差集运算符"-"、对称差集运算符"^"可以实现增加或删除集合元素的功能,但是不对原来的集合做任何修改,而是返回新集合。这些运算符的用法请参考本书 2.2.4 节。

集合对象还提供了与这些运算符对应的方法,并且功能更加强大一些。集合方法 difference()、intersection()、union()分别用来返回当前集合与另外一个或多个集合(或其他可迭代对象)的差集、交集、并集,方法 symmetric_difference()用来返回当前集合与另外一个集合或其他可迭代对象的对称差集,这些方法的参数不必须是集合,可以是任意可迭代对象。下面的代码演示了这几个方法的用法。

```
>>> data = {1, 2, 3, 4, 5}
# 差集
>>> print(data.difference({1},(2,),map(int,'34')))
{5}
# 交集
>>> print(data.intersection({1,2,3},[3],(5,)))
set()
# 并集
>>> print(data.union({0,1},(2,3),[4,5,6],range(5,9)))
{0, 1, 2, 3, 4, 5, 6, 7, 8}
# 对称差集,参数不必须是集合,可以是任意可迭代对象
>>> print(data.symmetric_difference({3,4,5,6,7}))
{1, 2, 6, 7}
>>> print(data.symmetric_difference(range(3,8)))
{1, 2, 6, 7}
>>> print(data.symmetric_difference([3,4,5,6,7]))
{1, 2, 6, 7}
```

例 5-1 代码讲解

3. 集合包含关系测试

关系运算符>、>=、==、<、<=、!=可以用来测试集合之间的包含关系,返回 True 或 False。在测试集合包含或相等关系时,不要考虑元素顺序,例如{1,2,3}、{1,3,2}、{2,1,3}、{2,3,1}、{3,1,2}、{3,2,1}这些集合是完全一样的,在内存中都会转换为同一种形式进行保存。关系运算符的介绍请参考本书 2.2.2 节。

集合方法 issubset()、issuperset()、isdisjoint()分别用来测试当前集合是否为另一个集合的子集、是否为另一个集合的超集、是否与另一个集合不相邻(或交集是否为空)，这几个方法的参数可以是集合、列表、元组、字符串、range 对象、map 对象、zip 对象字典以及 dict_keys 对象、dict_values 对象、dict_items 对象等任意类型的可迭代对象。下面的代码演示了 issubset()方法的用法，另外几个方法请自行测试。

```
>>> print({1,2,3}.issubset({1,2,3,4,5}))
True
>>> print({1,2,3}.issubset(range(5)))
True
>>> print({1,2,3}.issubset(list(range(5))))
True
>>> print({1,2,3}.issubset(tuple(range(5))))
True
>>> print({1,2,3}.issubset(map(int,'1234')))
True
>>> print({1,2,3,4,5}.issubset(filter(None,range(6))))
True
>>> print({1,2,3,4,5}.issubset(filter(None,range(5))))
False
```

5.3 综合例题解析

例5-1 编写程序，输入任意字符串，统计并输出每个唯一字符及其出现的次数，要求按每个唯一字符的出现顺序输出。

解析：使用字典中每个元素的"键"表示每个字符，对应的"值"表示该字符出现的次数。也可以使用标准库 collections 中的 Counter 类直接获取每个字符的出现次数，然后再按要求的顺序输出。在代码中使用字符串对象的 index()方法来获取一个字符在字符串中首次出现的位置，该方法与列表的同名方法功能类似。关于字符串更详细的内容请参考第 6 章。

```
text = input('请输入任意内容：')
fre = dict()
for ch in text:
    fre[ch] = fre.get(ch, 0) + 1
fre = sorted(fre.items(),
             key=lambda item: text.index(item[0]))
for ch, number in fre:
    print(ch, number, sep=':')
```

运行结果为:

```
请输入任意内容: gabcddcbae
g:1
a:2
b:2
c:2
d:2
e:1
```

如果不考虑输出顺序的话,也有人喜欢先把字符串转换为集合以获取所有唯一字符,然后再统计每个字符在字符串中出现的次数,就像下面的代码。但是不建议这样做,因为使用字符串方法 count()统计每个字符的出现次数都需要扫描一遍字符串才能得到结果,这样的话有多少个唯一字符就需要扫描字符串多少遍,效率较低。在编写代码时,完成预定功能之后,建议多思考一下这几个问题:①算法和代码还可以再优化一下吗?有更好的方法或者更合适的数据类型吗?②程序对于同类问题的通用性如何?如果问题性质不变而规模变大时,是否能够不修改代码或者仅做少量修改就可以满足要求?

```
text = input('请输入任意内容: ')
for ch in set(text):
    print(ch, text.count(ch), sep=':')
```

运行结果为:

```
请输入任意内容: gabcddcbae
e:1
g:1
b:2
c:2
a:2
d:2
```

对于与频次统计相关的问题,更建议直接使用标准库 collections 提供的 Counter 类或者其他扩展库提供的函数(例如扩展库 pandas 中的函数 value_counts())来解决。Counter 类的详细用法请参考 5.1.1 节。下面的代码演示了扩展库 pandas 中value_counts()函数的用法,需要先安装扩展库 pandas,具体安装方法可以参考 1.5 节。

```
import pandas as pd

text = input('请输入任意内容: ')
print(pd.value_counts(list(text)))
```

运行结果为：

```
请输入任意内容: gabcddcbae
d    2
a    2
b    2
c    2
e    1
g    1
dtype: int64
```

例 5-2　编写程序，输入包含若干表示成绩的整数和实数的列表或元组，首先对输入的数据进行有效性检查，要求每个成绩都应介于[0,100]区间之内，如果不满足条件就进行必要的提示并结束程序。如果输入的所有数据都是有效的，统计并输出优(介于[90,100]区间)、良(介于[80,90)区间)、中(介于[70,80)区间)、及格(介于[60,70)区间)、不及格(介于[0,60)之间)每个分数段内成绩的数量。

解析：使用内置函数 isinstance() 和 type()检查数据类型，使用字典保存每个分数段成绩的数量。代码中用到了 lambda 表达式的语法，lambda score:0<=score<=100相当于一个函数，接收 score 作为参数，返回表达式 0<=score<=100 的值。

```
scores = eval(input('请输入包含若干成绩的列表或元组: '))
if isinstance(scores, (list,tuple)):
    if set(map(type,scores)) <= {int,float}:
        if all(map(lambda score:0<=score<=100, scores)):
            fre = dict()
            for score in scores:
                if score >= 90:
                    fre['优'] = fre.get('优',0) + 1
                elif score >= 80:
                    fre['良'] = fre.get('良',0) + 1
                elif score >= 70:
                    fre['中'] = fre.get('中',0) + 1
                elif score >= 60:
                    fre['及格'] = fre.get('及格',0) + 1
                else:
                    fre['不及格'] = fre.get('不及格',0) + 1
            for grade, number in fre.items():
                print(grade, number, sep=':')
        else:
            print('每个成绩都必须介于[0,100]之间')
```

例 5-2 代码讲解

```
    else:
        print('必须都是整数或实数')
else:
    print('必须输入列表或元组')
```

第一次运行结果为:

```
请输入包含若干成绩的列表或元组:{1,2,3}
必须输入列表或元组
```

第二次运行结果为:

```
请输入包含若干成绩的列表或元组:[60,80,'a']
必须都是整数或实数
```

第三次运行结果为:

```
请输入包含若干成绩的列表或元组:[89,78,10,-3]
每个成绩都必须介于[0,100]之间
```

第四次运行结果为:

```
请输入包含若干成绩的列表或元组:(89,90,87,70,66,65,30,50)
良:2
优:1
中:1
及格:2
不及格:2
```

例 5-3 已知字典对象 price 中存放了山东省部分城市不同档次小区住房的平均价格,首先按城市分类进行输出显示,然后重新组织这些数据,按不同档次小区分类进行输出显示,方便不同城市之间相同档次小区住房均价对比。

解析: 字典对象的"值"还可以是字典对象。在对具体的业务数据进行存储和表达时,经常会需要对基本数据类型进行组合和嵌套,组成复杂的数据结构。

```
price = {'济南':{'高档小区':35000, '中档小区':20000,
                '普通小区':10000},
        '烟台':{'高档小区':28000, '中档小区':18000,
                '普通小区':9000},
        '青岛':{'高档小区':40000, '中档小区':26000,
                '普通小区':14000},
        '德州':{'高档小区':28000, '中档小区':20000,
                '普通小区':10000},
```

```
            '淄博':{'高档小区':26000, '中档小区':17000,
                    '普通小区':8500}}
for city, info in price.items():
    print(city)
    for grade, money in info.items():
        print(f'\t{grade}:{money}')
print('='*10)
# 转换数据格式, 创建新字典
price_new = {'高档小区':{}, '中档小区':{},
              '普通小区':{}}
for city, info in price.items():
    for key in price_new:
        price_new[key][city] = info[key]
for grade, info in price_new.items():
    print(grade)
    for city, money in info.items():
        print(f'\t{city}:{money}')
```

```
济南
        高档小区:35000
        中档小区:20000
        普通小区:10000
烟台
        高档小区:28000
        中档小区:18000
        普通小区:9000
青岛
        高档小区:40000
        中档小区:26000
        普通小区:14000
德州
        高档小区:28000
        中档小区:20000
        普通小区:10000
淄博
        高档小区:26000
        中档小区:17000
        普通小区:8500
==========
高档小区
        济南:35000
        烟台:28000
        青岛:40000
        德州:28000
        淄博:26000
中档小区
        济南:20000
        烟台:18000
        青岛:26000
        德州:20000
        淄博:17000
普通小区
        济南:10000
        烟台:9000
        青岛:14000
        德州:10000
        淄博:8500
```

图 5-1　程序运行结果

运行结果如图 5-1 所示。

例 5-4　小明在步行街开了一家豆腐脑店, 在豆腐脑里面放了一种祖传秘方腌制的小咸菜, 吃过的顾客都赞不绝口, 每天早上都有很多顾客排队来买。为了进一步吸引顾客, 小明尝试着加了一点麻汁, 顾客品尝之后大呼这麻汁简直就是神来之笔。于是, 小明又陆续开发出加辣椒油、加蒜蓉、加香菜等不同口味的豆腐脑, 这几种辅料可以自由组合。部分顾客反馈说辣椒油和麻汁一起放了不好吃, 于是小明删除了同时包含辣椒油和麻汁的组合。这样的话, 祖传秘制小咸菜是必须放的, 麻汁、辣椒油、蒜蓉、香菜这四种材料可以再放 1 到 3 种, 但麻汁和辣椒油不能同时放。

编写程序, 输出小明的豆腐脑口味的所有组合, 输出格式为类似于{'小咸菜', '麻汁'}、{'小咸菜', '麻汁', '香菜'}这样形式的若干集合, 每个集合占一行。

解析: 使用标准库 itertools 提供的 combinations()函数获取指定数量的组合, 然后过滤这些组合中同时包含麻汁和辣椒油的组合, 输出剩余的组合。在下面的代码中, 注意体会函数式编程的风格和编程模式, 尽量减少使用循环结构, 可以适当提高运行速度。

```
from itertools import combinations

materials = {'麻汁', '辣椒油', '蒜蓉', '香菜'}
exclusion = {'麻汁', '辣椒油'}
rule = lambda item: item&exclusion != exclusion
for i in (1,2,3):
    # 把包含 i 种材料的每个组合都转换为集合
```

```
    combs = map(set, combinations(materials, i))
    # 只保留不同时包含麻汁和辣椒油的集合
    combs = filter(rule, combs)
    # 在每个组合中加入必放的小咸菜
    combs = map(lambda item: item|{'小咸菜'}, combs)
    # 输出每个组合，星号表示序列解包，取出 map 对象中的所有元素
    print(*combs, sep='\n')
```

运行结果为：

```
{'香菜', '小咸菜'}
{'蒜蓉', '小咸菜'}
{'小咸菜', '辣椒油'}
{'小咸菜', '麻汁'}
{'香菜', '蒜蓉', '小咸菜'}
{'香菜', '小咸菜', '辣椒油'}
{'香菜', '小咸菜', '麻汁'}
{'蒜蓉', '小咸菜', '辣椒油'}
{'蒜蓉', '小咸菜', '麻汁'}
{'香菜', '蒜蓉', '小咸菜', '辣椒油'}
{'香菜', '蒜蓉', '小咸菜', '麻汁'}
```

例 5-5　编写程序，输入包含任意数据的列表，检查列表中数据的重复情况。如果列表内所有元素都是一样的，输出"完全重复"；如果列表内所有元素都互相不一样，输出"完全不重复"；否则输出"部分重复"。

解析： 利用集合能够自动去除重复的特点，把列表转换为集合，然后比较列表和集合的长度。如果二者相等，表示原列表中的数据无重复；如果转换为集合后只有一个元素，表示原列表中的数据是完全重复的；如果转换为集合后数据数量减少但没有减少为 1，说明原列表中的数据有一部分是重复的。

```
data = eval(input('请输入一个包含任意内容的列表：'))
if isinstance(data, list):
    len_data = len(data)
    len_set = len(set(data))
    if len_set == 1:
        print('完全重复')
    elif len_set == len_data:
        print('完全不重复')
    else:
        print('部分重复')
```

```
else:
    print('输入的不是列表')
```

第一次运行结果为：

> 请输入一个包含任意内容的列表：(1,2,3)
> 输入的不是列表

第二次运行结果为：

> 请输入一个包含任意内容的列表：[1,2,3]
> 完全不重复

第三次运行结果为：

> 请输入一个包含任意内容的列表：[1,1,2]
> 部分重复

第四次运行结果为：

> 请输入一个包含任意内容的列表：[1,1,1]
> 完全重复

本章知识要点

（1）字典中元素的"键"可以是 Python 中任意不可变数据，例如整数、实数、复数、字符串、字节串、元组等类型，但不能使用列表、集合、字典或其他可变类型作为字典的"键"，包含列表或其他可变数据的元组也不能作为字典的"键"。这个要求同样适用于集合的元素。

（2）集合中的元素和字典中的"键"不允许重复，字典的"值"是可以重复的。

（3）使用字典和集合时一般不要依赖元素的顺序。

（4）字典和集合是可变的，可以动态地增加、删除元素，也可以随时修改字典中元素的"值"。

（5）除了把很多"键:值"元素放在一对大括号内创建字典之外，还可以使用内置类 dict 来创建字典，或者使用字典推导式创建字典，某些标准库函数和扩展库函数也会返回字典或类似的对象。

（6）使用下标访问字典元素的"值"时，一般建议配合选择结构或者异常处理结构，以免代码异常引发崩溃。

（7）推荐使用字典的 get() 方法获取指定"键"对应的"值"，如果指定的"键"不存在，get() 方法会返回空值或指定的默认值。

(8) 字典对象支持元素迭代，可以将其转换为列表或元组，也可以使用 for 循环遍历其中的元素。在这样的场合中，默认情况下是遍历字典的"键"，如果需要遍历字典的元素必须使用字典对象的 items() 方法明确说明，如果需要遍历字典的"值"则必须使用字典对象的 values() 方法明确说明。当使用 len()、max()、min()、sum()、sorted()、enumerate()、map()、filter() 等内置函数以及成员测试运算符 in 对字典对象进行操作时，也遵循同样的约定。

(9) 字典方法 keys() 和 items() 的返回值可以直接和集合进行并集、交集、差集等运算。

(10) 可以使用字典对象的 pop() 方法删除指定"键"对应的元素，同时返回对应的"值"。字典方法 popitem() 方法用于按 LIFO(后进先出)的顺序删除并返回一个包含两个元素的元组，其中的两个元素分别是字典元素的"键"和"值"。

(11) 除了把若干可哈希对象放在一对大括号内创建集合，也可以使用 set() 函数将列表、元组、字符串、range 对象等其他有限长度可迭代对象转换为集合，如果原来的数据中存在重复元素，在转换为集合的时候只保留一个，自动去除重复元素。

(12) 集合中的元素不存在"位置"或"索引"的概念，不支持使用下标直接访问指定位置上的元素，不支持使用切片访问其中的元素，也不支持使用 random 中的 choice() 和 choices() 函数从集合中随机选取元素，支持使用标准库 random 中的 sample() 函数随机选取不重复的部分元素并返回这些元素组成的列表，也支持使用标准库 itertools 中 的 组 合 函 数 combinations()、 允 许 重 复 的 组 合 函 数 combinations_with_replacement()、排列函数 permutations()、笛卡尔积函数 product() 等。

(13) 集合方法 add()、update() 可以用于向集合中添加新元素，difference_update()、intersection_update()、pop()、remove()、symmetric_difference_update()、clear() 可以用于删除集合中的元素,这些方法都是对集合对象原地进行修改。

(14) 集合方法 difference()、intersection()、union() 分别用来返回当前集合与另外一个或多个集合(或其他有限长度可迭代对象)的差集、交集、并集，方法 symmetric_difference() 用来返回当前集合与另外一个集合(或其他有限长度可迭代对象)的对称差集，功能比运算符 "-""|""&""^" 要强大一些。

(15) 集合方法 issubset()、issuperset()、isdisjoint() 分别用来测试当前集合是否为另一个集合或有限长度可迭代对象的子集、是否为超集、是否不相邻。

习　　题

1. 判断题：字典中元素的"键"和"值"都不能重复。
2. 判断题：列表可以作为字典中元素的"键"，但不能作为集合的元素。
3. 判断题：列表可以作为字典中元素的"值"。
4. 判断题：字典中元素的"值"可以是另一个字典，也可以是一个集合。
5. 判断题：字典对象的 index() 方法用于获取某个"值"对应的"键"。
6. 判断题：集合对象的 index() 方法可以返回某个元素的下标。

7．判断题：使用字典方法 update()进行更新时，会自动忽略已有的"键"。

8．判断题：已知 x = {'a':97, 'b':98}，那么语句 x['c'] = 99 无法执行，会抛出异常。

9．判断题：集合不支持下标，无法直接访问某个位置上的元素，但集合支持切片，可以访问集合中的一部分元素。

10．判断题：在把列表、元组或其他可迭代对象转换为集合时，会自动去除重复的元素。

11．判断题：一对空的大括号{}既可以表示空字典也可以表示空集合。

12．判断题：在使用 add()方法往集合中增加新元素时，如果元素已经存在于当前集合中，会自动忽略这个操作。

13．判断题：在使用 remove()方法从集合中删除元素时，如果要删除的元素不存在，remove()方法会抛出异常，而 discard()方法不会抛出异常。

14．判断题：表达式 {1,2,3} < [1,2,3,4,5] 的值为 True。

15．填空题：字典对象的_____方法可以获取指定"键"对应的"值"，并且可以在指定"键"不存在的时候返回指定值，如果不指定则返回 None。

16．填空题：已知 x = {1:2}，那么执行语句 x[2] = 3 之后，x 的值为_____。

17．填空题：已知 x = {'a':97, 'b':98}，那么表达式 x.get('a', 65)的值为_____。

18．填空题：已知 x = {'a':97, 'b':98}，那么表达式 x.get('c', 99)的值为_____。

19．填空题：已知 x = {'a':97, 'b':98}，那么表达式 max(x)的值为_____。

20．填空题：表达式 {1,2,3}.issubset([1,2,3,4,5]) 的值为_____。

21．填空题：表达式 {1, 2, 3, 4} - {3, 4, 5, 6}的值为_____。

22．填空题：表达式 {1, 2, 3} & {3, 4, 5} 的值为_____。

23．填空题：表达式 {1, 2, 3} < {1, 2, 4} 的值为_____。

24．填空题：表达式 {1, 2, 3} == {3, 1, 2}的值为_____。

25．填空题：表达式 min([{1}, {2}, {3}])的值为_____。

26．填空题：表达式 max([{1}, {2}, {3}])的值为_____。

27．填空题：已知字典 x = {i:str(i+3) for i in range(3)}，那么表达式 sum(x)的值为_____。

28．填空题：表达式 2 in {65: 97, 66: 98, 3: 2}的值为_____。

29．填空题：表达式 len(set([1,2,3,4,2,3,4,1]))的值为_____。

30．编程题：编写程序，设计一个嵌套的字典，形式为{姓名1:{课程名称1:分数1，课程名称2:分数2,...},...}，输入一些数据，然后计算每个同学的总分、各科平均分。

31．编程题：设计一个字典里嵌套集合的数据结构，形式为{用户名1:{电影名1,电影名2,...}, 用户名2:{电影名3,...},...}，表示若干用户分别喜欢看的电影名称。往设计好的数据结构中输入一些数据，然后计算并输出爱好最相似的两个人，也就是共同喜欢的电影数量最多的两个人以及这两人共同喜欢的电影名称。

32．编程题：编写程序，程序执行后用户输入任意内容，然后检查是否只包含大小写英文字母，是则输出 True，否则输出 False。

33．编程题：编写程序，输入两个列表，以第一个列表中的元素为"键"、以第二个列表中的元素为"值"创建字典，如果两个列表长度不相等就以短的为准而直接丢弃长列表中后面的元素，最后输出这个字典。要求对用户输入进行检查，如果第一个列表中包含不可哈希对象就提示"数据不符合要求"。

34．编程题：在 IDLE 中执行语句 import this 会输出下面的一段文本，是编写代码时应遵循的一些总体原则，

```
Beautiful is better than ugly.

Explicit is better than implicit.

Simple is better than complex.

Complex is better than complicated.

Flat is better than nested.

Sparse is better than dense.

Readability counts.

Special cases aren't special enough to break the rules.

Although practicality beats purity.

Errors should never pass silently.

Unless explicitly silenced.

In the face of ambiguity, refuse the temptation to guess.

There should be one-- and preferably only one --obvious way to do it.

Although that way may not be obvious at first unless you're Dutch.

Now is better than never.

Although never is often better than *right* now.

If the implementation is hard to explain, it's a bad idea.

If the implementation is easy to explain, it may be a good idea.

Namespaces are one honking great idea -- let's do more of those!
```

编写程序，处理这些文本，输出重复字符不超过一半的那些行。(提示：字符串方法 splitlines()可以用来把一段使用三引号的文本拆分成独立的行。)

第 6 章

字符串

6.1 字符串方法及应用

字符串、转义字符与原始字符串的基本概念在 2.1.3 节已经介绍过了，这里不再赘述。运算符、内置函数对字符串的操作请参考 2.3 节和 4.1.3 节，切片对字符串的操作请参考 4.3 节。本节重点介绍字符串自身提供的方法以及部分标准库函数和扩展库函数对字符串的处理和操作。

6.1.1 字符串常用方法清单

Python 内置类型 str 实现了字符串的表示与操作，常用方法如表 6-1 所示，可以使用任意字符串作参数调用内置函数 dir() 来查看完整清单。表格中的"当前字符串"指调用该方法的字符串对象，例如在表达式 s.strip() 中的 s 就是当前字符串或原字符串。

在表 6-1 中没有列出以双下划线开始并以双下划线结束的特殊方法，那些方法主要用来实现字符串对某些运算符或内置函数的支持，一般不直接调用。例如，__add__()方法使得字符串支持加法运算符，__contains__()方法使得字符串支持成员测试运算符 in，__len__()方法使得字符串支持内置函数 len()，__eq__()方法使得字符串支持关系运算

符 "=="，__ge__()方法使得字符串支持关系运算符 ">="，__gt__()方法使得字符串支持关系运算符">"，__getitem__()方法使得字符串支持使用下标访问指定位置上的字符，__mul__()方法使得字符串支持与整数相乘，这里不一一列举这些特殊方法了，请参考本书第 2 章关于内置函数和运算符的描述，也可以查阅 Python 官方文档或作者另一本书《Python 程序设计开发宝典》中关于面向对象程序设计的章节。

另外，表 6-1 中列出的大部分方法可以通过字符串类 str 和字符串对象来调用，后者用得更多一些。如果通过字符串对象调用则方法的功能直接作用于当前字符串，如果通过字符串类 str 调用的话必须通过参数指定要对哪个字符串进行处理，例如 'Python'.upper()和 str.upper('Python')是等价的，一般使用第一种形式，第二种形式了解一下即可。

本节给出字符串对象的全部方法及其功能简介，后面几节详细介绍其中比较常用的一部分。

表 6-1　Python 字符串类 str 的方法

方　　法	功　能　简　介
capitalize()	返回首字母大写(如果是字母的话)、其余字母全部小写的新字符串，不影响原字符串；如果原字符串首字符不是字母，功能与 lower()相似，返回所有字母转换为小写的新字符串
casefold()	返回原字符串所有字符都变为小写的字符串，比 lower()功能强大一些。例如，'ß'.casefold()的结果为'ss'，而'ß'.lower()的结果仍为'ß'
center(width, fillchar=' ', /) ljust(width, fillchar=' ', /) rjust(width, fillchar=' ', /)	返回指定长度的新字符串，当前字符串所有字符在新字符串中居中/居左/居右，如果参数 width 指定的新字符串长度大于当前字符串长度，就在两侧/右侧/左侧使用参数 fillchar 指定的字符进行填充；如果参数 width 指定的长度小于或等于当前字符串的长度，直接返回当前字符串，不会进行截断
count(sub[, start[, end]])	返回子串 sub 在当前字符串下标范围[start,end)内不重叠出现的次数，参数 start 如果不赋值则默认为 0，参数 end 如果不赋值则默认为字符串长度。例如，'abababab'.count('aba')的值为 2
encode(encoding='utf-8', errors='strict')	返回当前字符串使用参数 encoding 指定的编码格式编码后的字节串
endswith(suffix[, start[, end]]) startswith(prefix[, start[, end]])	如果当前字符串下标范围[start,end)的子串以某个字符串 suffix/prefix 或元组 suffix/prefix 指定的几个字符串之一结束/开始则返回True,否则返回False
expandtabs(tabsize=8)	返回当前字符串中所有 Tab 键都替换为指定数量(默认为 8)个空格之后的新字符串，不影响原字符串

方　法	功　能　简　介
find(sub[, start[, end]]) rfind(sub[, start[, end]])	返回子串 sub 在当前字符串下标范围[start,end)内出现的最小/最大下标位置，不存在时返回 -1
format(*args, **kwargs) format_map(mapping)	返回对当前字符串进行格式化(格式化是指把字符串中的占位符替换为实际值并以指定的格式呈现)后的新字符串，其中 args 表示位置参数，kwargs 表示关键参数；mapping 一般为字典形式的参数，例如 '{a},{b}'.format_map({'a':3,'b':5}) 的结果为 '3,5'，原字符串中的{a}和{b}是占位符，在格式化时会分别替换为 a 和 b 的值
index(sub[, start[, end]]) rindex(sub[, start[, end]])	返回子串 sub 在当前字符串下标范围[start,end)内出现的最小/最大下标位置，不存在时抛出 ValueError 异常
isalnum()、isalpha()、isascii()、 isprintable()、islower()、isupper()、 isspace()、isnumeric()、isdecimal()、 isdigit()	测试当前字符串(要求至少包含一个字符)是否所有字符都是字母或数字、字母、ASCII 字符、可打印字符、小写字母、大写字母、空白字符(包括空格、换行符、制表符)、数字字符，是则返回 True，否则返回 False
isidentifier()	如果当前字符串可以作为标识符(变量名、函数名、类名)则返回 True，否则返回 False
istitle()	如果当前字符串中每个单词(一段连续的英文字母)的第一个字母为大写而其他字母都为小写则返回 True，否则返回 False。例如，'3Ab1324Cd'和'3Ab Cd'都符合这样的要求
join(iterable, /)	使用当前字符串作为连接符把参数 iterable 中的所有字符串连接成为一个长字符串并返回连接之后的长字符串，要求参数 iterable 指定的可迭代对象中所有元素全部为字符串
lower() upper()	返回当前字符串中所有字母都变为小写/大写之后的新字符串，非字母字符保持不变
lstrip(chars=None, /) rstrip(chars=None, /) strip(chars=None, /)	返回当前字符串删除左侧/右侧/两侧的空白字符或参数 chars 中所有字符之后的新字符串
maketrans(...)	根据参数给定的字典或者两个等长字符串对应位置的字符，构造并返回字符映射表(形式上是字典，"键"和"值"都是字符的 Unicode 编码)，如果指定了第三个参数(必须为字符串)则该参数中所有字符都被映射为空值 None。该方法是字符串类 str 的静态方法(这个术语看不懂没关系，不影响使用)，可以通过任意字符串进行调用，也可以直接通过字符串类 str 进行调用

续表二

方　　法	功　能　简　介
partition(sep, /) rpartition(sep, /)	在当前字符串中从左向右/从右向左查找参数字符串 sep 的第一次出现，然后把当前字符串切分为 3 部分并返回包含这 3 部分的元组(原字符串中 sep 前的子串，sep，原字符串中 sep 后面的子串)。如果当前字符串中没有子串 sep，则返回包含当前字符串和两个空串的元组(原字符串, '', '')
removeprefix(prefix, /) removesuffix(suffix, /)	如果当前字符串以参数 prefix/suffix 指定的非空字符串开始/结束，就返回删除 prefix/suffix 之后的字符串，否则返回原字符串。该方法适用于 Python 3.9 以及更新版本
replace(old, new, count=-1, /)	返回当前字符串中所有子串 old 都被替换为子串 new 之后的新字符串，参数 count 用来指定最大替换次数，-1 表示全部替换
rsplit(sep=None, maxsplit=-1) split(sep=None, maxsplit=-1)	使用参数 sep 指定的字符串对当前字符串从后向前/从前向后进行切分，返回包含切分后所有子串的列表。参数 sep=None 时表示使用所有空白字符作为分隔符并丢弃切分结果中的所有空字符串，参数 maxsplit 表示最大切分次数，-1 表示没有限制
splitlines(keepends=False)	使用换行符作为分隔符把当前字符串切分为多行,返回包含每行字符串的列表，参数 keepends=True 时得到的每行字符串最后包含换行符,默认情况下不包含换行符
swapcase()	返回当前字符串大小写交换(也就是大写字母变为小写字母，小写字母变为大写字母)之后的新字符串，非字母字符保持不变
title()	返回当前字符串中每个单词(一串连续的英文字母,不一定是英语中存在的单词)都变为首字母大写而其他字母都小写的新字符串。例如，'1abc234de5f ghi'.title()的结果为'1Abc234De5F Ghi'
translate(table, /)	根据参数 table 指定的映射表对当前字符串中的字符进行替换并返回替换后的新字符串，不影响原字符串，参数 table 一般为字符串方法 maketrans()创建的映射表，其中映射为空值 None 的字符将会被删除而不出现在新字符串中
zfill(width, /)	功能相当于参数 fillchar 为字符'0'的 rjust()方法

6.1.2 字符串编码与字节串解码

在计算机内部，文本、图像、音视频等所有形式的数据最终都以二进制形式进行存储和表示，每种类型的数据与对应的二进制数据之间的互相转换都必须遵守严格的规范。字符串编码格式用来确定如何把字符串转换为二进制数据(字节串)进行存储，以及如何把二进制数据还原为字符串。

最早的字符串编码是美国标准信息交换码(ASCII)，它采用 1 个字节进行编码，表示能力非常有限，仅对 10 个数字、26 个大写英文字母、26 个小写英文字母、英文标点符号以及一些其他符号进行了编码。在 ASCII 码表中，数字字符是连续编码的，字符 0 的 ASCII 码是 48，字符 1 的 ASCII 是 49，以此类推。大写字母也是连续编码的，大写字母 A 的 ASCII 码是 65，大写字母 B 的 ASCII 码是 66，以此类推。小写字母也是连续编码的，小写字母 a 的 ASCII 码是 97，小写字母 b 的 ASCII 码是 98，以此类推。

GB2312 是我国制定的编码规范，使用 1 个字节兼容 ASCII 码，使用 2 个字节表示中文。GBK 是 GB2312 的扩充，CP936 是微软在 GBK 基础上开发的编码格式。GB2312、GBK 和 CP936 都使用 2 个字节表示中文。UTF-8 对全世界所有国家的文字进行了编码，使用 1 个字节兼容 ASCII 码，使用 3 个字节表示常见汉字。

GB2312、GBK、CP936、UTF-8 对 ASCII 字符的处理方式是一样的，同一串 ASCII 字符使用这几种不同编码方式编码得到的字节串是一样的。除了这几种常用的编码格式之外，还有 UTF-16、UTF-32、UTF-7、MBCS 等其他编码格式，但使用较少，可以参考 Python 标准库 codecs 了解更多信息。

对于中文字符，不同编码格式之间的实现细节相差很大，同一个中文字符串使用不同编码格式得到的字节串不一样是完全正常的。在理解字节串内容时必须清楚所使用的编码规则并进行正确的解码，如果解码方法不正确就无法还原信息，代码会抛出 UnicodeDecodeError 异常。同样的中文字符串存入使用不同编码格式的文本文件时，实际写入的字节串也很可能会不同，但这并不影响我们使用，绝大部分文本编辑器都能自动识别和处理。

字符串方法 encode(encoding='utf-8', errors='strict')使用指定的编码格式把字符串编码为字节串，默认使用 UTF-8 编码格式，参数 encoding 的值不区分大小写，'utf8'、'utf-8'、'UTF-8'和'UTF8'都表示使用 UTF-8 编码格式，'gbk'和'GBK'也是等价的。与之对应，字节串的方法 decode(encoding='utf-8', errors='strict')使用指定的编码格式把字节串解码为字符串，默认使用 UTF-8 编码格式。

由于不同编码格式的规则不一样，使用一种编码格式编码得到的字节串一般无法使用另一种编码格式进行正确解码。下面的代码演示了字符串方法 encode()和字节串方法 decode()的用法，可以看出，同一个中文字符串使用 GBK 编码得到的字节串比使用 UTF-8 编码得到的字节串短很多，这在网络传输时会节约带宽，存储为二进制文件时也会占用更少的存储空间。

```
>>> book_name = '《Pyhon 程序设计入门与实践教程》，董付国编著'
# 使用 UTF-8 编码格式编码为字节串
```

```
>>> print(book_name.encode())
b'\xe3\x80\x8aPython\xe7\xa8\x8b\xe5\xba\x8f\xe8\xae\xbe\xe8\xae\xa1\xe5\x8
5\xa5\xe9\x97\xa8\xe4\xb8\x8e\xe5\xae\x9e\xe8\xb7\xb5\xe6\x95\x99\xe7\xa8\x8b\
xe3\x80\x8b\xef\xbc\x8c\xe8\x91\xa3\xe4\xbb\x98\xe5\x9b\xbd\xe7\xbc\x96\xe8\x9
1\x97'
# 使用 GBK 编码格式编码为字节串
>>> print(book_name.encode('gbk'))
b'\xa1\xb6Python\xb3\xcc\xd0\xf2\xc9\xe8\xbc\xc6\xc8\xeb\xc3\xc5\xd3\xeb\xc
a\xb5\xbc\xf9\xbd\xcc\xb3\xcc\xa1\xb7\xa3\xac\xb6\xad\xb8\xb6\xb9\xfa\xb1\xe0\
xd6\xf8'
# 通过字符串类 str 调用 encode()方法，通过参数指定要编码的字符串
# 这种用法很少使用，知道即可
>>> print(str.encode(book_name, 'gbk'))
b'\xa1\xb6Python\xb3\xcc\xd0\xf2\xc9\xe8\xbc\xc6\xc8\xeb\xc3\xc5\xd3\xeb\xc
a\xb5\xbc\xf9\xbd\xcc\xb3\xcc\xa1\xb7\xa3\xac\xb6\xad\xb8\xb6\xb9\xfa\xb1\xe0\
xd6\xf8'
# 把字符串编码为字节串后使用 decode()方法解码为字符串
>>> print(book_name.encode('gbk').decode('gbk'))
《Pyhon 程序设计入门与实践教程》，董付国编著
# 使用 GBK 编码得到的字节串无法使用 UTF-8 正常解码，反之亦然
>>> print(book_name.encode('gbk').decode('utf8'))
Traceback (most recent call last):
  File "<pyshell#45>", line 1, in <module>
    print(book_name.encode('gbk').decode('utf8'))
UnicodeDecodeError: 'utf-8' codec can't decode byte 0xa1 in position 0: invalid
start byte
# 即使偶尔能解码成功，也得不到原来的字符串，例如下面的情况
>>> print('伟大'.encode().decode('gbk'))
浼熷ぇ
```

6.1.3 字符串格式化

在 Python 目前的主流版本中，主要支持三种字符串格式化的语法：运算符"%"、format()方法和格式化字符串字面值(俗称 f-字符串)，本节逐一进行介绍。

1. 运算符"%"

运算符"%"除了用于计算整数和实数的余数之外，还可以用于字符串格式化。该运算符用于字符串格式化时的语法如图 6-1 所示。如果需要同时对多个值进行格式化，应把这些值放到元组中，也就是图中最后的 x 应该是一个元组。使用这种方式对多个值进行格式化时，要求格式和数据的顺序严格一致，很不灵活，现在已经很少使用了。

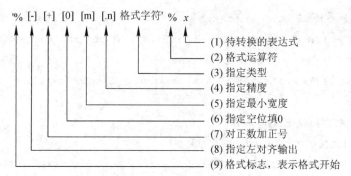

```
'% [-] [+] [0] [m] [.n] 格式字符' % x
```

(1) 待转换的表达式
(2) 格式运算符
(3) 指定类型
(4) 指定精度
(5) 指定最小宽度
(6) 指定空位填0
(7) 对正数加正号
(8) 指定左对齐输出
(9) 格式标志，表示格式开始

图 6-1　字符串格式化运算符 "**%**" 的语法

其中常用的格式字符如表 6-2 所示。

表 6-2　常用格式字符

格式字符	简 要 说 明
%s	字符串(等价于内置函数 str())
%r	字符串(等价于内置函数 repr())
%c	单个字符
%d	十进制整数
%i	十进制整数
%o	八进制整数
%x	十六进制整数
%e	指数（基底写为 e）
%E	指数（基底写为 E）
%f、%F	浮点数
%g	指数(e)或浮点数（根据显示长度）
%G	指数(E)或浮点数（根据显示长度）
%%	一个字符%

下面的代码演示了这个运算符的用法。

```
# 把 65 作为 Unicode 编码转换为对应的字符，等价于 chr(65)
>>> print('%c' % 65)
A
# 支持汉字 Unicode 编码到字符的转换
>>> print('%c%c%c' % (33891,20184,22269))
董付国
# %-3d 表示把整数格式化为长度为 3 的字符串，左对齐
# %.2f 表示把实数格式化为保留 2 位小数的字符串
# %7x 表示把整数格式化为长度为 7 的十六进制形式的字符串，右对齐，前面补空格
>>> print('a%-3db%.2fc%7x' % (6, 3.1415926, 666))
a6   b3.14c     29a
# 格式和数据的数量不一样，出错抛出异常
```

```
>>> print('%d,%c,%x,%o,%08d' % (33891,33891,33891,33891))
Traceback (most recent call last):
  File "<pyshell#59>", line 1, in <module>
    print('%d,%c,%x,%o,%08d' % (33891,33891,33891,33891))
TypeError: not enough arguments for format string
# %08d 表示把整数格式化为长度为 8 的字符串，右对齐，前面补 0
>>> print('%d,%c,%x,%o,%08d' % (33891,33891,33891,33891,33891))
33891,董,8463,102143,00033891
# %+d 表示把整数格式化为字符串，正数前面显示正号"+"
>>> print('%d,%+d' % (666,666))
666,+666
```

2. format()、format_map()方法

字符串方法 format(*args, **kwargs)用于把数据格式化为特定格式的字符串，可以接收位置参数和关键参数，但一般二者不同时使用。该方法通过格式字符串进行调用，在格式字符串中使用{index/name:fmt}作为占位符，其中 index 表示 format()方法的参数序号，或者使用 name 表示 format()方法的参数名称，fmt 表示格式以及相应的修饰。常用的格式主要有 b(二进制格式)、c(把整数转换成 Unicode 字符)、d(十进制格式)、o(八进制格式)、x(小写十六进制格式)、X(大写十六进制格式)、e/E(科学计数法格式)、f/F(固定长度的浮点数格式)、%(使用固定长度浮点数显示百分数)，还可以定义字符串长度、小数位数、分组方式、填充符以及对齐方式。可以使用 help('FORMATTING')查看完整说明。另外，字符串方法 format_map(mapping)支持使用字典作参数指定要格式化的数据。

```
# 0 表示 format()方法的参数下标，对应于第一个参数
# .4f 表示格式化为实数，并且恰好保留 4 位小数，如果原始值不够 4 位小数，右侧补 0
>>> print('{0:.4f}'.format(10/4))
2.5000
>>> print('{0:.4f}'.format(10/3))
3.3333
>>> print('{0:.4f}'.format(1000/3))
333.3333
# 保留 4 位有效数字
>>> print('{0:.4}'.format(10/3))
3.333
>>> print('{0:.4}'.format(1000/3))
333.3
>>> print('{0:.4}'.format(100000/3))
3.333e+04
# 格式化为百分数，保留 2 位小数
>>> print('{0:.2%}'.format(1/3))
```

33.33%

```
# 对同一个数据进行多次格式化
# 格式化为实数形式，总宽度为 10，保留 2 位小数
# <表示左对齐，^表示居中，>表示右对齐
>>> print('{0:<10.2f},{0:^10.2f},{0:>10.2f}'.format(1/3))
0.33      ,   0.33   ,      0.33
# 逗号表示在数字字符串中插入逗号作为千分符，#x 表示格式化为十六进制数
# #o 表示格式化为八进制数
>>> print('{0:,} in hex is:{0:#x}, in oct is:{0:#o}'.format(66666))
66,666 in hex is:0x1046a, in oct is:0o202152
# 可以先格式化下标为 1 的参数，再格式化下标为 0 的参数
# 格式 o 表示八进制数，但不带前面的引导符 0o
# 格式 x 表示格式化为十六进制，但不带前面的引导符 0x
>>> print('{1} in hex is:{1:x},{0} in oct is:{0:o}'.format(6666, 66666))
66666 in hex is:1046a,6666 in oct is:15012
# _表示在数字中插入下划线作为千分符，Python 3.6 开始支持
>>> print('{0:_},{0:#_x},{0:_o}'.format(10000000))
10_000_000,0x98_9680,4611_3200
# 使用逗号作为千分符，仅适用于十进制数
>>> print('{0:,d}'.format(10000000))
10,000,000
# 试图在八进制数中插入逗号千分符，抛出异常
>>> print('{0:,o}'.format(10000000))
Traceback (most recent call last):
  File "<pyshell#218>", line 1, in <module>
    print('{0:,o}'.format(10000000))
ValueError: Cannot specify ',' with 'o'.
# 在正数前面显示正号
>>> print('{0:+d},{0:+.3f}'.format(333))
+333,+333.000
# 使用变量名作占位符，使用关键参数指定要格式化的数据
>>> print('{name},{age}'.format(name='Zhang San', age=40))
Zhang San,40
# 使用变量名作占位符时，一样可以指定详细的格式
# 名字格式化为长度为 10 的字符串，左对齐，右侧补空格
# 年龄格式化为长度为 6 的字符串，右对齐，左侧补空格
>>> print('{name:<10},{age:>6}'.format(name='Zhang San', age=40))
Zhang San ,    40
# -和=表示当指定的宽度大于实际长度时使用的填充字符
```

```
>>> print('{name:-<10},{age:=>6}'.format(name='Zhang San', age=40))
Zhang San-,====40
# 可以同时使用位置参数和关键参数，但一般不建议这样使用
>>> print('{0},{1},{a},{b}'.format(34, 45, a=97, b=98))
34,45,97,98
# 试图以位置参数的方式访问关键参数的值，抛出异常
>>> print('{0},{1},{2},{b}'.format(34, 45, a=97, b=98))
Traceback (most recent call last):
  File "<pyshell#172>", line 1, in <module>
    print('{0},{1},{2},{b}'.format(34, 45, a=97, b=98))
IndexError: Replacement index 2 out of range for positional args tuple
# 使用 format_map()方法时可以使用字典作参数指定要格式化的数据
>>> print('{name},{age}'.format_map({'name':'Zhang San', 'age':40}))
Zhang San,40
# 字符串对象的方法也属于可调用对象，可以作为 map()函数的第一个参数
>>> print(list(map(r'subdir\{}.txt'.format, range(5))))
['subdir\\0.txt',  'subdir\\1.txt',  'subdir\\2.txt',  'subdir\\3.txt',
'subdir\\4.txt']
```

3. 格式化字符串字面值

从 Python 3.6.x 开始支持一种更加简洁的字符串格式化形式，官方叫做 Formatted String Literals，简称 f-字符串。其含义与字符串对象的 format()方法类似，但形式更加简洁。在字符串前面加字母 f 或 F，在字符串中使用大括号里面的变量名表示占位符，在进行格式化时，使用前面定义的同名变量的值对字符串中的占位符进行替换并以指定的格式呈现。如果当前作用域中没有该变量的定义，代码会抛出异常。另外，f-字符串可以和原始字符串一起使用，也就是说可以在字符串前面加字母 f 和 r，不区分大小写，且顺序可交换。

```
>>> width, height = 8, 6
>>> print(f'Rectangle of {width}*{height}\nArea:{width*height}')
Rectangle of 8*6
Area:48
# 下面大括号内以等号结束的语法只有 Python 3.8 以上版本才支持
>>> print(f'{width*height=}')
width*height=48
# 低版本需要改成下面的形式
>>> print(f'width*height={width*height}')
width*height=48
>>> print(f'{width=},{height=},Area={width*height}')
width=8,height=6,Area=48
```

```
# 冒号后面是格式描述，左对齐，长度为10，保留3位小数
# 最后的逗号是为了更清楚地观察左对齐的效果
>>> print(f'{width/height=:<10.3f},')
width/height=1.333     ,
# 冒号后面的0表示填充符
>>> print(f'{width/height=:0<10.3f}')
width/height=1.33300000
# 小于号后面的0表示填充符，与上一行代码功能等价
>>> print(f'{width/height=:<010.3f}')
width/height=1.33300000
# 幂运算结果格式化为八进制数
>>> print(f'{width**height=:#o}')
width**height=0o1000000
# 格式化为十六进制数
>>> print(f'{width**height=:#x}')
width**height=0x40000
>>> directory = 'subdir'
# 在字符串前面同时加f和r，位置可交换，也可以使用大写字母F和R
>>> files = [fr'{directory}\{i}.txt' for i in range(5)]
>>> print(files)
['subdir\\0.txt', 'subdir\\1.txt', 'subdir\\2.txt', 'subdir\\3.txt',
'subdir\\4.txt']
```

6.1.4 find()、rfind()、index()、rindex()

字符串方法 find(sub[, start[, end]])和 rfind(sub[, start[, end]])分别用来查找另一个字符串在当前字符串下标范围[start,end)中首次和最后一次出现的位置，如果不存在则返回-1。由于字符串支持双向索引，-1 表示最后一个字符的位置，所以在使用这一对方法时，应检查返回值是否为-1。

index(sub[, start[, end]])和 rindex(sub[, start[, end]])方法用来返回另一个字符串在当前字符串下标范围[start,end)中首次和最后一次出现的位置，如果不存在则抛出异常。为避免代码崩溃，使用这一对方法时建议结合选择结构或异常处理结构。

创建程序文件，输入并运行下面的代码。

```
text = '''
Beautiful is better than ugly.
Explicit is better than implicit.
Simple is better than complex.
Complex is better than complicated.
Flat is better than nested.
```

```
Sparse is better than dense.
Readability counts.'''
# 这种赋值运算符:=只有 Python 3.8 以上版本才支持
# 使用 find()和 rfind()方法时应检查返回值是否为-1
if (position:=text.find('ugly')) != -1:
    print(position)
else:
    print('不存在')
# 从下标 30 往后查找
if (position:=text.find('ugly',30)) != - 1:
    print(position)
else:
    print('不存在')
if (position:=text.find('better')) != -1:
    print(f'第一次出现位置：{position}')
else:
    print('不存在')
if (position:=text.rfind('better')) != -1:
    print(f'最后一次出现位置：{position}')
else:
    print('不存在')
sub = 'ugly'
# 使用 index()方法时，建议结合选择结构和异常处理结构
# 要么确保存在子串再使用
if sub in text:
    print(text.index(sub))
else:
    print('不存在')
# 要么就捕捉并处理子串不存在时抛出的异常
try:
    print(text.index(sub, 30))
except:
    print('不存在')
```

运行结果为：

```
26
不存在
第一次出现位置：14
最后一次出现位置：171
26
不存在
```

例 6-1 编写程序，查找并输出字符串中除中文逗号、句号和换行符之外每个唯一字符及其第一次出现的位置。

解析：使用内置函数 enumerate() 枚举字符串中每个字符及其位置，使用字符串方法 index() 获取当前位置上的字符在字符串中第一次出现的位置，如果二者相等则输出。

```python
text = '''
东边来个小朋友叫小松，手里拿着一捆葱。
西边来个小朋友叫小丛，手里拿着小闹钟。
小松手里葱捆得松，掉在地上一些葱。
小丛忙放闹钟去拾葱，帮助小松捆紧葱。
小松夸小丛像雷锋，小丛说小松爱劳动。
'''

for index, ch in enumerate(text):
    # 注意代码中是中文逗号和句号，逗号和句号后面没有空格
    if ch not in ('\n，。') and index == text.index(ch):
        print((index, ch), end= '')
```

运行结果：

```
(1, '东')(2, '边')(3, '来')(4, '个')(5, '小')(6, '朋')(7, '友')(8, '叫')(10, '松')(12, '手')(13, '里')(14, '拿')(15, '着')(16, '一')(17, '捆')(18, '葱')(21, '西')(30, '丛')(37, '闹')(38, '钟')(47, '得')(50, '掉')(51, '在')(52, '地')(53, '上')(55, '些')(61, '忙')(62, '放')(65, '去')(66, '拾')(69, '帮')(70, '助')(74, '紧')(80, '夸')(83, '像')(84, '雷')(85, '锋')(89, '说')(92, '爱')(93, '劳')(94, '动')
```

6.1.5 split()、rsplit()、splitlines()、join()

字符串对象的 split(sep=None, maxsplit=-1) 和 rsplit(sep=None, maxsplit=-1) 方法以参数 sep 指定的字符串为分隔符，分别从左往右或从右往左把字符串分隔成多个字符串，返回包含分隔结果的列表。如果不指定分隔符，那么字符串中的任何空白符号（包括空格、换行符、换页符、制表符等）的连续出现都将被认为是分隔符，返回包含最终分隔结果的列表，并自动丢弃列表中的空字符串。但是，明确传递参数 sep 指定 split() 使用的分隔符时，相邻分隔符之间会切分出一个空字符串，并且不会丢弃分隔结果列表中的空字符串。

字符串对象的 splitlines(keepends=False) 使用单个回车符 '\r'、单个换行符 '\n' 或回车换行符 '\r\n' 作为分隔符，把当前字符串切分为多行并返回包含每行字符串的列表，参数 keepends=True 时得到的每行字符串最后包含换行符，默认情况下不包含换行符。

字符串对象的 join(iterable, /) 方法以调用该方法的当前字符串作为连接符，将只包含字符串的可迭代对象中的所有字符串进行连接并返回连接后的新字符串。

创建程序文件，输入并运行下面的代码。

```
text = '''Beautiful is better than ugly.
   red \t\t green    blue
one,two,,three,,,four,,,,'''
# 切分为多行
lines = text.splitlines()
# 不指定分隔符，默认使用空白字符作分隔符进行分隔，丢弃切分结果中的空字符串
print(lines[0].split())
print(lines[1].split())
# 使用空格作分隔符，相邻空格之间会得到一个空字符串，并且不会被丢弃
print(lines[1].split(' '))
# 使用逗号作分隔符，相邻空格之间会得到一个空字符串，并且不会被丢弃
print(lines[2].split(','))
# 使用逗号连接多个字符串
print(','.join(lines[1].split()))
# 使用冒号连接多个字符串
print(':'.join(lines[1].split()))
# 先使用星号连接字符串得到'1*2*3*4*5*6*7'
# 然后使用内置函数eval()计算字符串的值，相当于计算7的阶乘
print(eval('*'.join(map(str, range(1,8)))))
# 回车符、换行符以及回车换行符都会作为分隔符
print('a\r\nb\nc\rd'.splitlines())
```

运行结果为：

```
['Beautiful', 'is', 'better', 'than', 'ugly.']
['red', 'green', 'blue']
['', '', '', 'red', '\t\t', 'green', '', '', '', 'blue']
['one', 'two', '', 'three', '', '', 'four', '', '', '', '']
red,green,blue
red:green:blue
5040
['a', 'b', 'c', 'd']
```

6.1.6 replace()、maketrans()、translate()

字符串对象的 replace(old, new, count=-1, /)方法用来把当前字符串中所有子串 old 都替换为另一个字符串 new 并返回替换后的新字符串，如果不指定替换次数 count 则全部替换，如果指定参数 count 的值则只把前 count 个子串 old 替换为 new。在替换时，replace()方法把参数 old 和 new 指定的字符串都作为整体进行替换。

字符串对象的 maketrans()方法根据参数给定的字典(其中每个元素的"键"和"值"都必须是字符或 range(0x110000)范围内的整数)或者两个等长字符串对应位置的字符构造并返回字符映射表(形式上是"键"和"值"都为正整数的字典),如果指定了第三个参数(必须为字符串)则该参数中所有字符都被映射为空值 None。

字符串对象的 translate(table, /)方法根据参数 table 指定的映射表对当前字符串中的字符进行替换并返回替换后的新字符串,不影响原字符串。参数 table 一般为字符串方法 maketrans()创建的映射表,其中映射为空值 None 的字符将会被删除而不出现在新字符串中。

创建程序文件,输入并运行下面的代码。

```python
text = '''Beautiful is better than ugly.
Explicit is better than implicit.
Simple is better than complex.
Complex is better than complicated.
Flat is better than nested.
Sparse is better than dense.
Readability counts.'''
# 把所有小写单词 better 都替换为大写单词 BETTER
print(text.replace('better', 'BETTER'), end='\n===\n')
# 只把前 3 个小写单词 better 替换为大写单词 BETTER
print(text.replace('better', 'BETTER', 3), end='\n===\n')
# 构造映射表,P 对应@, y 对应#, t 对应$, h 对应%, o 对应&, n 对应*
# 可以通过 str 来调用 maketrans()方法,也可以通过任意字符串来调用,结果一样
table = str.maketrans('Python', '@#$%&*')
# 查看创建的映射表,语法适用于 Python 3.8 以及更新版本
# 如果使用低版本,可以删除大括号内最后的等号
print(f'{table=}')
# 使用刚刚创建的映射表替换字符串中的字符
print(text.translate(table), end='\n===\n')
# 构造映射表,指定第三个参数,把a、b、c、d 都对应到 None
table = str.maketrans('Python', '@#$%&*', 'abcd')
print(f'{table=}')
# 映射表中对应 None 的字符会被删除,不在结果字符串中出现
print(text.translate(table), end='\n===\n')
# 构造阿拉伯数字和汉字数字之间的映射表
table = ''.maketrans('0123456789', '〇一二三四五六七八九')
# 把字符串中的阿拉伯数字替换为对应的汉字数字,返回新字符串
print('2020 年 8 月 15 日'.translate(table), end='\n===\n')
# 英文字母大小写,也可以导入标准库 string 使用预定义的常量,见 6.2.1 节
```

```
lower_case = 'abcdefghijklmnopqrstuvwxyz'
upper_case = 'ABCDEFGHIJKLMNOPQRSTUVWXYZ'
# 凯撒加密，把一段文本中每个英文字母替换为该字母在字母表中后面的第 k 个字母
# 英文字母大小写各自首尾相接，z 的下一个字母是 a，Z 的下一个字母是 A
# 变量 k 的值会影响置换结果，可以修改为 1～25 之间的其他值，重新运行并观察结果
k = 3
before = lower_case + upper_case
# 把前 k 个小写字母放到最后，大写字母也做同样处理
after = lower_case[k:] + lower_case[:k] + upper_case[k:] + upper_case[:k]
# 构造映射表，定义置换关系
table = ''.maketrans(before, after)
# 替换字符串中的字符
print(text.translate(table))
```

运行结果为：

```
Beautiful is BETTER than ugly.
Explicit is BETTER than implicit.
Simple is BETTER than complex.
Complex is BETTER than complicated.
Flat is BETTER than nested.
Sparse is BETTER than dense.
Readability counts.
===
Beautiful is BETTER than ugly.
Explicit is BETTER than implicit.
Simple is BETTER than complex.
Complex is better than complicated.
Flat is better than nested.
Sparse is better than dense.
Readability counts.
===
table={80: 64, 121: 35, 116: 36, 104: 37, 111: 38, 110: 42}
Beau$iful is be$$er $%a* ugl#.
Explici$ is be$$er $%a* implici$.
Simple is be$$er $%a* c&mplex.
C&mplex is be$$er $%a* c&mplica$ed.
Fla$ is be$$er $%a* *es$ed.
Sparse is be$$er $%a* de*se.
Readabili$# c&u*$s.
===
```

```
table={80: 64, 121: 35, 116: 36, 104: 37, 111: 38, 110: 42, 97: None, 98: None,
99: None, 100: None}
Beu$iful is e$$er $%* ugl#.
Explii$ is e$$er $%* implii$.
Simple is e$$er $%* &mplex.
C&mplex is e$$er $%* &mpli$e.
Fl$ is e$$er $%* *es$e.
Sprse is e$$er $%* e*se.
Reili$# &u*$s.
===
二〇二〇年八月一五日
===
Ehdxwlixo lv ehwwhu wkdq xjob.
Hasolflw lv ehwwhu wkdq lpsolflw.
Vlpsoh lv ehwwhu wkdq frpsoha.
Frpsoha lv ehwwhu wkdq frpsolfdwhg.
Iodw lv ehwwhu wkdq qhvwhg.
Vsduvh lv ehwwhu wkdq ghqvh.
Uhdgdelolwb frxqwv.
```

6.1.7 center()、ljust()、rjust()

这几个方法的语法分别为 center(width, fillchar=' ', /)、ljust(width, fillchar=' ', /)和 rjust(width, fillchar=' ', /)，用于对字符串进行排版，返回指定宽度的新字符串，原字符串分别居中、居左或居右出现在新字符串中，如果参数 width 指定的宽度大于原字符串长度，使用指定的字符(默认是空格)进行填充。如果参数 width 指定的值小于或等于原字符串长度，直接返回原来的字符串。

```
>>> text = 'Main Menu'
# 居中，3 小于原字符串长度，直接返回原字符串
# 15 大于原字符串长度，如果不指定参数 fillchar，默认使用空格填充
# 如果指定了参数 fillchar，就使用指定的字符填充两边的空白
>>> print((text.center(3), text.center(15), text.center(15,'=')))
('Main Menu', '   Main Menu   ', '===Main Menu===')
# 原字符串居左、居右
>>> print((text.ljust(15,'#'), text.rjust(15,'=')))
('Main Menu######', '======Main Menu')
```

6.1.8 字符串测试

字符串方法 startswith(prefix[, start[, end]]) 和 endswith(suffix[, start[，end]])用来测试字符串是否以指定的字符串开始或结束。如果当前字符串下标范围[start,end)的子串以某个字符串或几个字符串之一开始/结束则返回 True，否则返回 False。

字符串方法 isidentifier()用来测试一个字符串是否可以作为标识符，如果当前字符串可以作为标识符(变量名、函数名、类名)则返回 True，否则返回 False。

字符串方法 isalnum()、isalpha()、islower()、isupper()、isspace()、isdigit()用来测试字符串的类型，如果当前字符串(要求至少包含一个字符)中所有字符都是字母或数字、字母、小写字母、大写字母、空白字符(包括空格、换行符、制表符)、数字字符，则返回 True，否则返回 False。

下面的代码演示了这几个方法的用法，其中标准库 os 中的函数 listdir()返回包含指定文件夹(默认为当前文件夹)中所有文件和子文件夹名字的列表，标准库 keyword 中的函数 iskeyword()用来测试一个字符串是否为 Python 关键字。

创建程序文件，输入并运行下面的代码。

```python
from os import listdir
from keyword import iskeyword

# 变量名不能以数字开头
print(f"{'3name'.isidentifier()=}")
print(f"{'name3'.isidentifier()=}")
# 测试字符串是否为关键字
print(f"{iskeyword('def')=}")
# isidentifier()方法只根据形式进行判断，并不准确
print(f"{'def'.isidentifier()=}")
# 测试大小写时会忽略非字母字符
print(f"{'123abc'.islower()=}")
print(f"{'123ABC'.isupper()=}")
# islower()和 isupper()方法要求字符串中有字母，否则都返回 False
print(f"{''.islower()=}")
print(f"{''.isupper()=}")
print(f"{'666'.islower()=}")
print(f"{'666'.isupper()=}")
# 遍历 C:\Windows 文件夹中所有文件和子文件夹
for fn in listdir(r'C:\Windows'):
    # 检查是否以字母 n 开头并且以.txt 或.exe 二者之一结束
    if fn.startswith('n') and fn.endswith(('.txt','.exe')):
        print(fn)
```

运行结果为：

```
'3name'.isidentifier()=False
'name3'.isidentifier()=True
```

```
iskeyword('def')=True
'def'.isidentifier()=True
'123abc'.islower()=True
'123ABC'.isupper()=True
''.islower()=False
''.isupper()=False
'666'.islower()=False
'666'.isupper()=False
notepad.exe
```

6.1.9 strip()、rstrip()、lstrip()、removeprefix()、removesuffix()

字符串方法 strip(chars=None, /)、lstrip(chars=None, /)、rstrip(chars=None, /)分别用来删除当前字符串两侧、左侧或右侧的连续空白字符或参数 chars 指定的字符串中的所有字符，一层一层地从外往里扒。

字符串方法 removeprefix(prefix, /)和 removesuffix(suffix, /)是 Python 3.9 新增的，分别用来删除原字符串中指定的前缀子串或后缀子串，如果参数指定的前缀子串和后缀子串不存在就直接返回原字符串。

创建程序文件，输入并运行下面的代码。

```
text = ' Beautiful is BETTER than ugly.  \n\r\t'
print((text.strip(),      # 删除两侧所有空白字符
       text.rstrip(),     # 删除右侧所有空白字符
       text.lstrip(),     # 删除左侧所有空白字符
       # 删除两侧的指定字符，虽然指定的字符在原字符串中都有
       # 但不在最外边，所以没有被删除
       text.strip('B.guyl'),
       # 左侧删除空格之后，B 是最外层的字符，继续删除
       # 右侧最外层的\t 不在要删除的字符之中，保持不变
       text.strip(' B.guyl'),
       # 右侧最外层的\t 是要删除的字符之一，删除，\r 变为最外层字符
       # \r 也是要删除的字符，继续删除，\n 变为最外层字符
       # \n 也是要删除的字符，继续删除，以此类推
       text.rstrip(' B.\rgu\nyl\t'),
       ))
# 删除两侧的所有空白字符，返回新字符串
text = text.strip()
print((text.removeprefix('Bea'), # 删除指定的前缀
       text.removesuffix('ly.'), # 删除指定的后缀
       text.removesuffix('ly'))) # 指定的字符串不是后缀，返回原字符串
```

运行结果为：

```
   ('Beautiful is BETTER than ugly.', '  Beautiful is BETTER than ugly.',
'Beautiful is BETTER than ugly.  \n\r\t', '  Beautiful is BETTER than ugly.
\n\r\t', 'eautiful is BETTER than ugly.  \n\r\t', '  Beautiful is BETTER than')
   ('utiful is BETTER than ugly.', 'Beautiful is BETTER than ug', 'Beautiful is
BETTER than ugly.')
```

6.2　部分标准库对字符串的处理

大量标准库函数支持对字符串进行操作，例如标准库 random 中的 choice()、choices()、sample()函数，标准库 collections 中的 Counter 类，标准库 itertools 中的 chain()、combinations()、cycle()、permutations()、product()函数，标准库 re 中的 match()、search()、sub()、findall()。相关用法可以参考本书其他章节的介绍或者查阅官方文档，本节重点介绍标准库 string 中提供的字符串常量以及 zlib、json 中的常用函数。

6.2.1　标准库 string

标准库 string 中提供了常用的一些字符串常量，例如 ascii_lowercase(包含所有小写英文字母的字符串'abcdefghijklmnopqrstuvwxyz')、ascii_uppercase(包含所有大写英文字母的字符串'ABCDEFGHIJKLMNOPQRSTUVWXYZ')、ascii_letters(包含所有小写和大写英文字母的字符串)、digits(包含所有阿拉伯数字的字符串'0123456789')、hexdigits(字符串'0123456789abcdefABCDEF')、octdigits(字符串'01234567')、punctuation(包含标点符号的字符串'!"#$%&\'()*+, -./:;<=>?@[\\]^_`{|}~')、whitespace(包含所有空白字符的字符串' \t\n\r\x0b\x0c')、printable(包含字母、数字、标点符号、空白字符等所有可打印字符的字符串)。

例6-2　编写程序，生成10个随机电子邮箱地址，格式为username@domain.suffix，要求用户名 username 为长度介于 3 到 10 的字符串并且只包含英文字母、阿拉伯数字和下划线，域名 domain 为长度介于 3 到 8 的字符串并且只包含英文字母，域名后缀 suffix 为.net、.com、.cn 这三者之一。

解析：使用标准库 string 中的字符串常量 ascii_letters 和 digits 构造候选字符集，使用标准库 random 中的 randint()函数生成随机整数、choices()函数随机选择字符、choice()函数从元组中随机选择一个元素，使用字符串方法 join()连接字符串。

```
from string import ascii_letters, digits
from random import randint, choices, choice

for _ in range(10):
    username = ''.join(choices(ascii_letters+digits+'_',
```

例 6-2 代码讲解

```
                           k=randint(3,10)))
    domain = ''.join(choices(ascii_letters, k=randint(3,8)))
    suffix = choice(('.net', '.com', '.cn'))
    print(f'{username}@{domain}{suffix}')
```

运行结果：

```
vDq8@XluAwR.cn
eXV@RfmvF.com
GvEQRA@ZZWOVza.com
nulS@IRUewtf.com
ML_aPU@bIRo.com
SQ50nhl@pVRzsBJ.com
kv6tktgYD9@lfqPOB.cn
Pqa@OmUSCUFN.net
Nis5bDe@cIITwDig.net
eoi@JGTs.com
```

例 6-3 编写程序，输入一个正整数 n，然后输出所有可能的 n 位密码字符串，要求每个密码字符只能是英文字母、数字、下划线、英文逗号或英文句号。

解析：使用标准库 string 中提供的字符串常量构造候选字符集，然后使用标准库 itertools 中的 permutations() 函数得到所有 n 个字符的全排列，最后使用字符串方法 join() 把每种排列的所有字符连接起来成为一个字符串。由于输出内容较多，请自行运行和测试下面的代码。

```
from itertools import permutations
from string import ascii_letters, digits

n = int(input('请输入密码长度：'))
characters = ascii_letters+digits+'_,.'
for item in permutations(characters, n):
    print(''.join(item))
```

6.2.2　标准库 zlib 与数据压缩

Python 标准库 zlib 中的 compress(data, /, level=-1) 和 decompress(data, /, wbits=15, bufsize=16384) 函数可以实现数据压缩和解压缩，要求参数为字节串。字符串需要首先使用 encode() 方法进行编码，其他类型数据可以使用标准库 pickle 中的 dumps() 函数转换为字节串，与之对应的函数 loads() 用来把字节串还原为原来的 Python 对象，在这两个函数调用语句之间可以使用标准库 zlib 的 compress() 和 decompress() 函数进行压缩和解压缩。

创建程序文件，输入并运行下面的代码。

```python
from zlib import compress, decompress
from pickle import dumps, loads

# 数据中重复内容越多，可压缩的空间越大，压缩前后的字节串长度相差越大
texts = ['《Python 程序设计入门与实践教程》，董付国编著',
         '这句话里有重复重复重复重复重复重复的信息',
         '赞'*32,]
for encoding in ('utf8', 'gbk'):
    print(encoding, end='=====\n')
    for text in texts:
        # 对字符串使用指定的编码格式编码为字节串
        bytes_text = text.encode(encoding)
        # 对字节串进行压缩
        compressed_text = compress(bytes_text)
        # 第一个输出表示压缩后再解压缩是否能够得到原来的数据
        # 第二个输出表示压缩前的字节串长度，第三个输出表示压缩后的字节串长度
        print(decompress(compressed_text).decode(encoding)==text,
              len(bytes_text), len(compressed_text), sep=',')
# 数据中重复内容越多，可压缩的空间越大，压缩前后的字节串长度相差越大
data = [[1,2,3,4,5],
        [3,3,3,3,3,3,3,3],
        [666666]*50]
for item in data:
    print('='*5)
    # 把 Python 对象转换为字节串
    bytes_item = dumps(item)
    # 压缩字节串
    compressed_item = compress(bytes_item)
    # 第一个输出表示压缩后再解压缩是否能够得到原来的数据
    # 第二个输出表示压缩前的字节串长度，第三个输出表示压缩后的字节串长度
    print(loads(decompress(compressed_item))==item,
          len(bytes_item), len(compressed_item), sep=',')
```

运行结果为：

```
utf8=====
True,63,74
True,60,42
True,96,14
```

```
gbk=====
True,44,55
True,40,32
True,64,13
=====
True,26,29
=====
True,32,23
=====
True,266,27
```

6.2.3 标准库 json 与序列化

所谓序列化，是指把任意类型的 Python 对象转换为字符串或字节串从而可以保存和传输。上一节用到的标准库 pickle 把 Python 对象转换为字节串，这一节介绍的标准库 json 把 Python 对象转换为字符串。

JSON 是一种轻量级数据交换格式，Python 标准库 json 提供了相关的支持：dumps()函数可以把 Python 对象转换为 JSON 格式的字符串，loads()函数用来把字符串还原为原来的数据。其中，dumps()函数的完整语法如下：

```
dumps(obj, *, skipkeys=False, ensure_ascii=True, check_circular=True,
allow_nan=True, cls=None, indent=None, separators=None, default=None,
sort_keys=False, **kw)
```

常用的参数有：①skipkeys 值为 True 时如果字典的"键"不是字符串、整数、实数、布尔值、空值就自动忽略；②ensure_ascii 值为 False 时不会对非 ASCII 码字母进行转换，值为 True 时会把所有数据都转换为 JSON 字符串，一般是 Unicode 转义字符；③separators 用来指定转换结果字符串中使用的分隔符，默认为元组(', ', ': ')，分别指定元素之间的分隔符和字典"键"与"值"之间的分隔符；④sort_keys 值为 True 时转换结果按字典的"键"进行排序。

loads()函数的语法如下，其中第一个参数表示要还原或反序列化的字符串，其他参数大多数情况下使用默认值即可，暂时可不关心。

```
loads(s, *, cls=None, object_hook=None, parse_float=None, parse_int=None,
parse_constant=None, object_pairs_hook=None, **kw)
```

创建程序文件，输入并运行下面的代码。

```
from json import dumps, loads

# 对列表和元组进行编码
print((dumps([1, 2, 3, 4]), dumps((1, 2, 3, 4))))
# 不能直接对集合进行转换，可以先将其转换为字符串
# 以元组形式进行输出，是为了便于观察字符串
```

```
# 否则的话如果直接输出转换结果，字符串会不显示两侧的引号
print((dumps(str({1, 2, 3, 4})),))
print(eval(loads(dumps(str({1, 2, 3, 4})))))
# 对字典进行编码
print(dumps({'c':99, 'a':97, 'b':98, 'd':100}))
# 按照"键"进行排序
print(dumps({'c':99, 'a':97, 'b':98, 'd':100},
            sort_keys=True))
# 指定分隔符，逗号和冒号后面没有空格，可以压缩空间
print(dumps({'c':99, 'a':97, 'b':98, 'd':100},
            separators=(',',':')))
# 指定缩进的空格数量
print(dumps({'c':99, 'a':97, 'b':98, 'd':100},
            indent=4))
print(loads(dumps({'c':99, 'a':97, 'b':98, 'd':100},
                  indent=4)))
# 默认情况下会把汉字转换成 Unicode 转义字符
print(dumps({'红色': (1,0,0), '绿色': (0,1,0), '蓝色': (0,0,1)}))
# 加参数 ensure_ascii=False 后不对非 ASCII 码字符进行转换
print(dumps({'红色': (1,0,0), '绿色': (0,1,0), '蓝色': (0,0,1)},
    ensure_ascii=False))
```

运行结果为：

```
('[1, 2, 3, 4]', '[1, 2, 3, 4]')
('"{1, 2, 3, 4}"',)
{1, 2, 3, 4}
{"c": 99, "a": 97, "b": 98, "d": 100}
{"a": 97, "b": 98, "c": 99, "d": 100}
{"c":99,"a":97,"b":98,"d":100}
{
"c": 99,
"a": 97,
"b": 98,
"d": 100
}
{'c': 99, 'a': 97, 'b': 98, 'd': 100}
{"\u7ea2\u8272": [1, 0, 0], "\u7eff\u8272": [0, 1, 0], "\u84dd\u8272": [0, 0,
1]}
{"红色": [1, 0, 0], "绿色": [0, 1, 0], "蓝色": [0, 0, 1]}
```

6.3 部分扩展库对字符串的处理

6.3.1 中英文分词

分词是指把长文本切分成若干单词或词组的过程。在文本情感分析、文本分类、垃圾邮件判断等自然语言处理领域经常需要对文字进行分词，分词的准确度直接影响了后续文本处理和挖掘算法的最终效果。Python 扩展库 jieba 可以用于中英文分词，支持精确模式、全模式、搜索引擎模式等分词模式，支持繁体分词，支持自定义词典。除了用于分词，扩展库 jieba 还可以根据词频提取关键字，用于文本分类以及其他处理。

```
>>> import jieba
>>> text = 'Python 之禅中有句话非常重要，Readability counts.'
>>> jieba.lcut(text)              # lcut()函数返回分词后的列表
['Python', '之禅', '中', '有', '句', '话', '非常', '重要', '，', 'Readability',
' ', 'counts', '.']
>>> jieba.lcut('花纸杯')           # 还有个 cut()函数返回迭代器对象，请自行验证
['花', '纸杯']
>>> jieba.add_word('花纸杯')       # 增加一个词条
>>> jieba.lcut('花纸杯')
['花纸杯']
>>> text = '在文本情感分析、文本分类、垃圾邮件判断等自然语言处理领域经常需要对文字进行分词，分词的准确度直接影响了后续文本处理和挖掘算法的最终效果。'
>>> print(jieba.lcut(text))     # 分词
['在', '文本', '情感', '分析', '、', '文本', '分类', '、', '垃圾邮件', '判断', '
等', '自然语言', '处理', '领域', '经常', '需要', '对', '文字', '进行', '分词', '，
', '分词', '的', '准确度', '直接', '影响', '了', '后续', '文本处理', '和', '挖掘',
'算法', '的', '最终', '效果', '。']
>>> import jieba.analyse
# 使用 TF-IDF 算法提取关键词，默认返回 20 个
>>> jieba.analyse.extract_tags(text)
['分词', '文本', '文本处理', '垃圾邮件', '自然语言', '准确度', '算法', '情感', '
后续', '挖掘', '分类', '文字', '效果', '经常', '判断', '领域', '处理', '最终', '分
析', '直接']
# 提取前 10 个最重要的关键词及其重要程度，数值越大表示越重要
>>> jieba.analyse.extract_tags(text, topK=10, withWeight=True)
[('分词', 0.9362762459680001), ('文本', 0.7155880475495999), ('文本处理',
0.49164958958), ('垃圾邮件', 0.460111295168), ('自然语言', 0.417397669968), ('准
```

确度', 0.3964677442164), ('算法', 0.3476476599652), ('情感', 0.2980082891932), ('后续', 0.29197790133), ('挖掘', 0.2886426369724)]

```
    # 使用 TextRank 算法提取最重要的前 10 个关键词，同时显示其重要程度
    >>> jieba.analyse.textrank(text, topK=10, withWeight=True)
    [('分词', 1.0), ('文本', 0.8965387193718527), ('后续', 0.6156540426617422), ('算法', 0.5438724915841351), ('挖掘', 0.5398717803075287), ('需要', 0.5337964887358811), ('判断', 0.5315533212676871), ('分类', 0.5206961193726398), ('文字', 0.5194648203713825), ('文本处理', 0.514501382869386)]
    # 分词，并查看词性
    # 其中'n'表示普通名词，'nr'表示人名，'s'表示处所名词，'v'表示普通动词
    # 'uz'、'u'、'uj'表示助词，'m'表示数量词，详见 https://github.com/fxsjy/jieba
    # 结果仅供参考，并不是特别准确
    >>> import jieba.posseg
    >>> jieba.posseg.lcut('公交车上小明手里拿着一本董老师的书在看')
    [pair('公交车', 'n'), pair('上小明', 'nr'), pair('手里', 's'), pair('拿', 'v'), pair('着', 'uz'), pair('一本', 'm'), pair('董', 'nr'), pair('老师', 'n'), pair('的', 'uj'), pair('书', 'n'), pair('在看', 'u')]
```

6.3.2 中文拼音处理

Python 扩展库 pypinyin 支持汉字到拼音的转换，可以使用 pip 命令安装后使用。

```
    >>> from pypinyin import lazy_pinyin, pinyin
    >>>print(lazy_pinyin('董付国'))              # 返回拼音
    ['dong', 'fu', 'guo']
    >>>print(lazy_pinyin('董付国', 1))            # 带声调的拼音
    ['dǒng', 'fù', 'guó']
    >>>print(lazy_pinyin('董付国', 2))            # 另一种拼音形式
                                                  # 数字表示前面字母的声调
    ['do3ng', 'fu4', 'guo2']
    >>>print(lazy_pinyin('董付国', 3))            # 只返回拼音首字母
    ['d', 'f', 'g']
    >>>print(lazy_pinyin('重要', 1))             # 能够根据词组智能识别多音字
    ['zhòng', 'yào']
    >>>print(lazy_pinyin('重阳', 1))
    ['chóng', 'yáng']
    >>>print(pinyin('重阳'))                     # 返回拼音
    [['chóng'], ['yáng']]
    >>>print(pinyin('重阳节', heteronym=True))    # 返回多音字的所有读音
    [['chóng'], ['yáng'], ['jié', 'jiē']]
```

```
>>>sentence = '我们正在学习董付国老师的 Pyhon 教材'
>>>print(lazy_pinyin(sentence))
['wo', 'men', 'zheng', 'zai', 'xue', 'xi', 'dong', 'fu', 'guo', 'lao', 'shi',
'de', 'Pyhon', 'jiao', 'cai']
>>> lazy_pinyin(sentence, 1)
['wǒ', 'men', 'zhèng', 'zài', 'xué', 'xí', 'dǒng', 'fù', 'guó', 'lǎo', 'shī',
'de', 'Pyhon', 'jiào', 'cái']
>>>sentence = '山东烟台的大樱桃真好吃啊'
>>>print(sorted(sentence, key=lambda ch: lazy_pinyin(ch)))
                                    # 按拼音对汉字进行排序
['啊', '吃', '大', '的', '东', '好', '山', '台', '桃', '烟', '樱', '真']
```

6.3.3　繁体中文与简体中文的互相转换

搜索并下载(本书配套资源里也有这两个文件可以直接使用)扩展库文件 langconv.py 和 zh_wiki.py 并保存到自己的 Python 程序文件所在文件夹,然后就可以使用其中的功能了,这两个文件不需要使用 pip 进行安装。

```
from langconv import Converter

def convert(text, flag=0):
    '''text:要转换的文本,flag=0 表示简转繁, flag=1 表示繁转简'''
    rule = 'zh-hans' if flag else 'zh-hant'
    return Converter(rule).convert(text)

text = '繁体中文与简体中文的互相转换,Python 程序设计入门与实践教程,董付国'
print(convert(text))

text = '繁體中文與簡體中文的互相轉換,Python 程序設計入門與實踐教程,董付國'
print(convert(text, 1))
```

运行结果为:

```
繁體中文與簡體中文的互相轉換,Python 程序設計入門與實踐教程,董付國
繁体中文与简体中文的互相转换,Python 程序设计入门与实践教程,董付国
```

6.4　综合例题解析

例 6-4　编写程序,输入一个任意中文字符串,进行分词,然后把长度为 2 的词语中的两个字交换顺序,再把这些词语按原来的顺序连接起来,输出连接之后的字符串。

解析:在程序中定义了一个辅助函数 swap()用来交换长度为 2 的词语中的 2 个字,其他长度的词语不做任何处理直接返回,然后使用内置函数 map()把这个辅助函数 swap()映射到分词结果中的每一个词语,最后使用字符串方法 join()把处理后的所有词语连接

起来。关于函数的介绍请参考 **2.1.4** 节和第 **7** 章的内容。

```
from jieba import cut

def swap(word):
    '''交换长度为 2 的单词中的两个字顺序'''
    if len(word) == 2:
        word = word[1] + word[0]
    return word

text = input('请输入一段中文: ')
words = cut(text)
print(''.join(map(swap, words)))
```

例 6-4 代码讲解

运行结果如下，中间一段英语"Building prefix ... successfully."是扩展库 **jieba** 加载自带词库的提示，可以忽略，也可以调用 **jieba.setLogLevel(20)**关闭提示。

请输入一段中文: 由于人们阅读时一目十行的特点，有时候个别词语交换一下顺序并不影响，甚至无法察觉这种变化。更有意思的是，即使发现了顺序的调整，也不影响对内容的理解。

```
Building prefix dict from the default dictionary ...
Loading model from cache C:\Users\d\AppData\Local\Temp\jieba.cache
Loading model cost 0.864 seconds.
Prefix dict has been built successfully.
```

于由们人读阅时一目十行的点特，有时候别个语词换交下一序顺并不响影，至甚法无觉察种这化变。更有意思的是，使即现发了序顺的整调，也不响影对容内的解理。

例 6-5　编写程序，输入一段任意中文文本，进行分词，根据分词结果生成词云图，出现次数多的词语在词云图中的字号大，出现次数少的词语在词云图中的字号小。

解析：Python 扩展库 **wordcloud** 支持使用多种方式快速生成词云图，在下面的代码中先对用户输入进行分词，然后统计词频，再使用词云对象的 **generate_from_frequencies()**方法根据词频来生成图像。另外，在代码第 5 行中把函数返回值直接作为另一个函数的参数，以及最后两行代码中直接调用函数返回值的方法实现串式调用，这两种形式建议大家多体会、多理解，然后运用到自己的代码中。

```
from collections import Counter
from jieba import cut
from wordcloud import WordCloud

# 直接对输入的内容进行分词并统计词频
freq = Counter(cut(input('输入任意字符串: ')))
```

例 6-5 代码讲解

```
# 把多行代码放在一对圆括号中，表示是一个语句
# 使用串式调用方式，创建词云对象，生成词云图，显示图形，一气呵成
(WordCloud(r'C:\windows\fonts\simfang.ttf',
           # 图像宽度与高度
           width=500, height=400,
           # 背景色
           background_color='white',
           # 相邻两种出现次数的词语在图形中的字号之差
           font_step=3,
           # 不使用停用词，在词云图中显示所有词语
           stopwords={})
 .generate_from_frequencies(freq)
 .to_image().show())
```

运行界面如图 6-2 所示，生成的词云图如图 6-3 所示。由于词云对象很多参数的默认值是随机数，每次运行得到略有不同的图形是正常的，但总体特征是一致的。

```
输入任意字符串：编写程序，输入一段任意中文文本，进行分词，根据分词结果生成词云图，出
现次数多的词语在词云图中的字号大，出现次数少的词语在词云图中的字号小。
Building prefix dict from the default dictionary ...
Loading model from cache C:\Users\dfg\AppData\Local\Temp\jieba.cache
Loading model cost 0.864 seconds.
Prefix dict has been built successfully.
```

图 6-2　词云图程序运行界面

图 6-3　生成的词云图结果

例 6-6　编写程序，输入一个任意字符串，计算并输出该字符串作为密码的安全强度。要求该字符串中只包含英文大小写字母、数字、下划线、英文逗号、英文句号，如果输入的内容不符合要求则提示"不适合作密码"并结束程序。

解析：代码中通过把字符串转换为集合提高了处理速度，通过集合运算快速判断输入的字符串中是否包含规定之外的字符。另外，Python 内部把 True 当作 1 对待、把 False 当作 0 对待，所以可以对包含若干 True/False 的 map 对象进行求和。

```
from string import ascii_lowercase, ascii_uppercase, digits

possible = [set(ascii_lowercase), set(ascii_uppercase),
            set(digits), set('.,_')]
# 如果密码字符串包含小写字母、大写字母、数字、标点符号中的4种，表示强密码
# 包含3种表示中高强度，2种表示中低强度，1种为弱密码
security = {1:'weak', 2:'below middle',
            3:'above middle', 4:'strong'}
password = set(input('请输入一个字符串：'))
# 空字符串不能作密码
# 有字母、数字、规定标点符号之外的符号也不能作密码
# 非重复字符少于6个也不能作密码
if (not password) or (password-set().union(*possible)) or\
   (len(password)<6):
    print('不适合作密码')
else:
    # 检查密码字符串集合与小写字母、大写字母、数字字符、标点符号集合的交集
    # 交集为空得到False，交集非空时得到True
    num = sum(map(lambda x: bool(password&x), possible))
    print(security.get(num))
```

例 6-7　编写程序，输入一个任意字符串，删除两侧的空白字符，把字符串内部的所有连续多个空白字符都变为一个空格，输出处理后得到的字符串。

解析： 字符串方法 split() 如果不指定分隔符，会把所有空白字符都作为分隔符处理，并删除切分结果中的所有空字符串。由于 input() 函数接收的是原始字符串形式，如果输入的内容中包含反斜线，会转换为两个反斜线，为了处理可能会显式输入的转义字符，需要把 input() 返回结果中的连续两个反斜线转换为单个反斜线，请参考 2.3.1 节。

```
text = input('输入任意字符串：')
text = eval(repr(text).replace('\\\\', '\\'))
print(' '.join(text.split()))
```

运行结果：

```
输入任意字符串：\t\n\rThe Zen of       Python   \t\n\t
The Zen of Python
```

例 6-8　编写程序，输入一个任意字符串 text，再输入一个字符串 key。然后使用字符串 key 作为密钥对字符串 text 进行加密，加密算法为：把 key 中的字符进行重复直至与 text 长度相等，然后 key 和 text 对应位置上字符的 Unicode 编码乘积对 65535 的余数再转换成对应的 Unicode 字符作为结果字符串中该位置的字符。

解析：使用标准库 itertools 中的 cycle()函数把有限长度的字符串转换为无限重复的 cycle 对象，利用内置函数 map()自动对齐和截断的特点对字符串和 cycle 对象对应位置上的字符进行运算和加密，cycle 对象可以自适应字符串 text 的长度，text 中有多少个字符，cycle 对象就能够相应地提供多少个字符。

```python
from itertools import cycle

text = input('请输入一个要加密的字符串：')
key = input('请输入用于加密的密钥：')
key = cycle(key)
func = lambda cht, chk: chr((ord(cht)*ord(chk))%65535)
result = ''.join(map(func, text, key))
print(result)
```

例 6-8 代码讲解

运行结果如图 6-4 所示。

请输入一个要加密的字符串：Readability count.
请输入用于加密的密钥：Python
∽ᖾ◻ :∫ʃ⅂言士能ᗒƢ能剩ⲱ㕌ꟼ

图 6-4　加密结果

例 6-9　编写程序，接收若干表示成绩的整数或实数，每次输入完成一个成绩之后都询问用户是否还要继续输入，如果用户不再输入则计算输入的所有成绩的平均值，最多保留 2 位小数。

解析：使用 while 循环结合异常处理结构对输入内容进行检查，使用字符串方法 lower()结合成员测试运算符 in 适当放宽对用户输入的要求(例如输入 YES 和 yes 是等价的)。

```python
numbers = []                        # 使用列表存放输入的每个成绩
while True:
    x = input('请输入一个成绩：')
    try:
        x = float(x)
        assert x>0
        numbers.append(x)
    except:
        print('不是合法成绩')
    while True:
        flag = input('继续输入吗？(yes/no)').lower()
        # 限定用户输入内容必须为 yes 或 no
        if flag not in ('yes', 'no'):
```

Python 程序设计入门与实践

```
        print('只能输入 yes 或 no')
    else:
        break
    if flag=='no':
        break

print(round(sum(numbers)/len(numbers), 2))
```

运行结果为：

```
请输入一个成绩：89
继续输入吗？(yes/no)y
只能输入 yes 或 no
继续输入吗？(yes/no)yes
请输入一个成绩：-3
不是合法成绩
继续输入吗？(yes/no)yes
请输入一个成绩：80
继续输入吗？(yes/no)yes
请输入一个成绩：90
继续输入吗？(yes/no)no
86.33
```

本章知识要点

（1）GB2312 是我国制定的中文编码规范，使用 1 个字节兼容 ASCII 码，使用 2 个字节表示中文。GBK 是 GB2312 的扩充，CP936 是微软在 GBK 基础上开发的编码方式。GB2312、GBK 和 CP936 都是使用 2 个字节表示中文，一般不对这三种编码格式进行区分。

（2）UTF-8 对全世界所有国家的文字符进行了编码，使用 1 个字节兼容 ASCII 码，使用 3 个字节表示常见汉字。

（3）GB2312、GBK、CP936、UTF-8 对 ASCII 字符的处理方式是一样的，同一串 ASCII 字符使用这几种编码方式编码得到的字节串是一样的。对于中文字符，不同编码格式之间的实现细节相差很大，同一个中文字符串使用不同编码格式得到的字节串是完全不一样的。

（4）字符串方法 encode()使用指定的编码格式把字符串编码为字节串，默认使用 UTF-8 编码格式。与之对应，字节串方法 decode()使用指定的编码格式把字节串解码为字符串，默认使用 UTF-8 编码格式。

（5）字符串方法 format()用于把数据格式化为特定格式的字符串，该方法通过格式字符串进行调用，在格式字符串中使用{index/name:fmt}作为占位符，其中 index 表示 format()方法的参数序号，或者使用 name 表示 format()方法的参数名称，fmt 表示格式以及相应的修饰。

(6) 字符串方法 find() 和 rfind() 分别用来查找另一个字符串在当前字符串指定的范围内首次和最后一次出现的位置, 如果不存在该字符串则返回 -1。index() 和 rindex() 方法用来返回另一个字符串在当前字符串指定的范围内首次和最后一次出现的位置, 如果不存在该字符串则抛出异常。

(7) 字符串对象的 split() 和 rsplit() 方法以指定的字符串为分隔符, 分别从左往右或从右往左把字符串分隔成多个字符串, 返回包含分隔结果的列表。如果不指定分隔符参数, 会自动丢弃切分得到的所有空字符串; 如果明确指定了分隔符参数, 则不会丢弃空字符串。

(8) 字符串对象的 join() 方法以调用该方法的当前字符串作为连接符, 将可迭代对象中所有字符串进行连接并返回连接后的新字符串。

(9) 字符串对象的 replace() 方法用来把当前字符串中子串 old 替换为另一个字符串 new 并返回替换后的新字符串。

(10) 字符串对象的 maketrans() 方法根据参数给定的字典或者两个等长字符串对应位置的字符构造并返回字符映射表(形式上是"键"和"值"都为 Unicode 编码整数的字典), 如果指定了第三个参数则表示把第三个参数字符串中的每个字符都映射为空值 None。

(11) 字符串对象的 translate() 方法根据参数 table 指定的映射表对当前字符串中的字符进行替换并返回替换后的新字符串, table 中映射为空值 None 的字符会被删除, 不出现在最终字符串中。

(12) 字符串方法 startswith() 和 endswith() 用来测试字符串是否以指定的字符串开始或结束。如果当前字符串下标范围[start,end)的子串以某个字符串或几个字符串之一开始/结束, 则返回 True, 否则返回 False。

(13) 标准库 string 中提供了常用的一些字符串常量, 例如 ascii_lowercase、ascii_uppercase、ascii_letters、digits、hexdigits、octdigits、punctuation、whitespace、printable。

(14) Python 标准库 zlib 中的 compress() 和 decompress() 函数可以实现数据压缩和解压缩, 要求参数为字节串, 字符串需要首先使用 encode() 方法进行编码, 其他类型的 Python 对象可以使用标准库 pickle 转换为字节串。

(15) JSON 是一种轻量级数据交换格式, Python 标准库 json 提供了相关的支持, 可以把 Python 对象转换为 JSON 格式的字符串。

(16) Python 扩展库 jieba 支持中英文分词。

(17) Python 扩展库 pypinyin 支持汉字到拼音的转换。

习　　题

1. 判断题: 以双下划线开始并以双下划线结束的特殊方法主要用来实现字符串对某些运算符或内置函数的支持, 并不直接调用。例如, __add__() 方法使得字符串支持加法运算符, __contains__() 方法使得字符串支持成员测试运算符 in。

2. 判断题: Python 字符串方法 replace() 对字符串进行原地修改, 没有返回值。

3．判断题：Python 3.x 中字符串对象的 encode() 方法只能使用默认的 UTF-8 编码方式把当前字符串转换为字节串，不支持其他编码格式。

4．判断题：':'.join('1,2,3,4,5'.split(',')) 和 '1,2,3,4,5'.replace(',', ':') 这两个表达式的值是一样的。

5．填空题：表达式 'abc' in ('abcdefg') 的值为_____。

6．填空题：表达式 'abc' in ['abcdefg'] 的值为_____。

7．填空题：表达式 list(str([1,2,3])) == [1,2,3] 的值为_____。

8．填空题：已知列表对象 x = ['11', '2', '3']，则表达式 max(x) 的值为_____。

9．填空题：表达式 'Hello world. I like Python.'.rfind('python') 的值为_____。

10．填空题：表达式 r'c:\windows\notepad.exe'.endswith(('.jpg', '.exe')) 的值为_____。

11．填空题：当在字符串前加上小写字母_____或大写字母_____表示原始字符串时，不对其中的任何字符进行转义。

12．填空题：表达式 eval('3+5') 的值为_____。

13．填空题：表达式 'aaasdf'.lstrip('af') 的值为_____。

14．填空题：表达式 len('abc 你好') 的值为_____。

15．填空题：假设已成功导入 Python 标准库 string，那么表达式 len(string.digits) 的值为_____。

16．填空题：表达式 'b123'.islower() 的值为_____。

17．填空题：表达式 len('Hello world!'.ljust(20)) 的值为_____。

18．填空题：表达式 chr(ord('A')+2) 的值为_____。

19．填空题：已知 x = 4167，那么表达式 eval(''.join(sorted(str(x), reverse=True))) 的值为_____。

20．填空题：表达式 ':'.join('a b c d'.split(maxsplit=2)) 的值为_____。

21．编程题：编写程序，输入一个任意字符串，输出每个唯一英文字母及其最后一次出现的位置。

22．编程题：编写程序，输入一个任意字符串，输出其中只出现了一次的字符及其出现的位置。

23．编程题：编写程序，输入一个任意字符串，输出所有唯一字符组成的新字符串，要求所有唯一字符保持在原字符串中的先后顺序。

24．编程题：重做例 6-4，改写程序，不交换全部长度为 2 的词语，而是随机交换其中的一半左右。在函数 swap() 中生成一个介于 [1,100] 之间的随机数，如果词语长度为 2 且随机数大于 50 就交换两个汉字的顺序，否则不做处理直接返回。

25．编程题：编写程序，输入两个字符串 s1 和 s2，把这两个字符串先后拼接起来成为一个长字符串，要求在拼接时 s1 尾部与 s2 头部最长的公共子串重叠部分只保留一份。例如，参数分别为 'abcdefg' 和 'fghik' 时返回 'abcdefghik'。

26．编程题：编写程序，输入任意正整数，输出其二进制形式中尾部最多有多少个连续的 0。

第 7 章

函数定义与使用

本章 学习目标

➤ 理解函数与代码复用的关系
➤ 熟练掌握函数定义与调用的语法
➤ 理解递归函数执行过程
➤ 理解嵌套定义函数的语法和执行过程
➤ 理解位置参数、默认值参数、关键参数和可变长度参数的原理并能够熟练使用
➤ 理解实参序列解包的语法
➤ 熟练掌握变量作用域的概念
➤ 理解访问变量时不同作用域的搜索顺序
➤ 熟练掌握 lambda 表达式语法与应用
➤ 理解生成器函数的工作原理
➤ 理解修饰器函数的工作原理

7.1 函数定义与调用

　　函数是代码复用的重要实现方式之一。函数只是一种封装代码的方式，在函数内部用到的仍然是前面章节学习的内置函数、运算符、内置类型、选择结构、循环结构、异常处理结构以及后面章节将会学习的内容，只是把这些功能代码封装起来然后提供一个接收输入和返回结果的接口。把用来解决某一类问题的功能代码封装成函数，例如求和、最大值、排序等，可以在不同的程序中重复利用这些功能，使得代码更加精炼，更加容易维护。除了内置函数、标准库函数和扩展库函数，Python 也允许用户自定义函数，实际上标准库函数、扩展库函数也是自定义函数的一种，只不过是别人写好的我们直接使用就可以了。内置函数的介绍请参考 2.3 节，在全书不同章节中根据内容组织的需要穿插介绍了一些标准库函数，本章重点介绍自定义函数的语法和生成器函数、修饰器等高级应用。

7.1.1 基本语法

在 Python 中，使用关键字 def 定义函数，语法形式如下：

```
def 函数名([形参列表]):
    '''注释'''
    函数体
```

定义函数时需要注意的问题主要有：

(1) 函数名和形参名建议使用"见名知义"的英文单词或单词组合，详见 1.7 节关于标识符命名的要求和建议；

(2) 不需要说明形参类型，调用函数时 Python 解释器会根据实参的值自动推断和确定形参类型；

(3) 不需要指定函数返回值类型，这由函数中 return 语句返回的值来确定；

(4) 上面的语法中方括号表示其中的参数列表可有可无，即使该函数不需要接收任何参数，也必须保留一对空的圆括号，如果需要接收多个形式参数应使用逗号分隔相邻的参数；

(5) 函数头部括号后面的冒号必不可少；

(6) 函数体相对于 def 关键字必须保持一定的空格缩进，函数体内部的代码缩进与前面章节学过的选择结构、循环结构、异常处理结构以及第 8 章要学的 with 语句具有相同的要求；

(7) 函数体前面三引号和里面的注释可以不写，但最好写上，用简短语言描述函数功能和参数，使得接口更加友好；

(8) 在函数体中使用 return 语句指定返回值，如果函数没有 return 语句、有 return 语句但是没有执行到或者有 return 也执行到了但是没有返回任何值，Python 都认为返回的是空值 None。

例 7-1 编写函数，接收一个大于 0 的整数或实数 r 表示圆的半径，返回一个包含圆的周长与面积的元组，小数位数最多保留 3 位。然后编写程序，调用刚刚定义的函数。

解析：一般来说，在函数中应该首先对接收的参数进行有效性检查，保证参数完全符合条件之后再执行正常的功能代码，不能假设参数的值总是合理的、有效的。那样的程序在自己测试时总是表现很好，一旦部署到生成环境中就会出现各种问题，因为在实际运行时很难保证用户的输入都是正确有效的。在下面的代码中，调用函数之前通过异常处理结构保证了输入的有效性，这样的话在函数中就可以不再检查了。

```
from math import pi

def get_area(r):
    '''接收圆的半径为参数，返回包含周长和面积的元组'''
    return (round(2*pi*r,3), round(pi*r*r,3))

r = input('请输入圆的半径: ')
try:
```

```
    r = float(r)
    assert r>0
except:
    print('必须输入大于 0 的整数或实数')
else:
    print(get_area(r))
```

运行结果为：

```
请输入圆的半径：6
(37.699, 113.097)
```

本例程序中各部分代码的说明如图 7-1 所示。

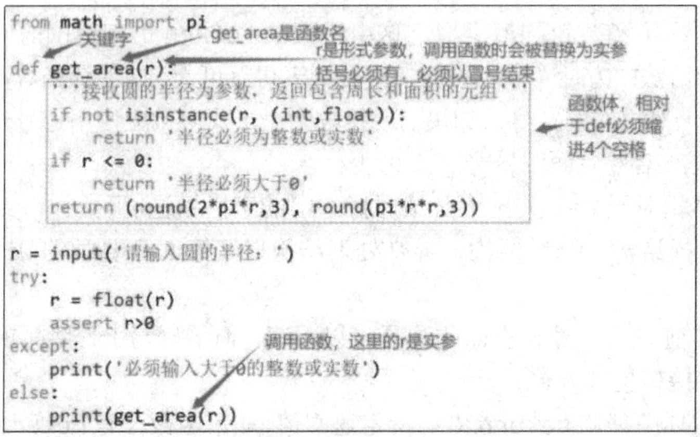

图 7-1　函数各部分说明

7.1.2　递归函数定义与调用

如果一个函数在执行过程中特定条件下又调用了这个函数自己，叫作递归调用。函数递归是递归算法的实现，也可以理解为一种特殊的循环，用来把一个大型的复杂问题层层转化为一个与原来问题本质相同但规模更小、更容易解决或描述的问题，只需要很少的代码就可以描述解决问题过程中需要的大量重复计算。在编写递归函数时，应注意以下几点：

- 每次递归应保持问题性质不变；
- 每次递归应使得问题规模变小或使用更简单的输入；
- 必须有一个能够直接处理而不需要再次进行递归的特殊情况来保证递归过程可以结束；
- 函数递归深度不能太大，否则会引起内存崩溃。

例 7-2　已知正整数的阶乘计算公式为 $n!=n\times(n-1)!=n\times(n-1)\times(n-2)\times\cdots\times3\times2\times1$，并且已知 1 的阶乘为 1，也就是 $1!=1$。编写递归函数，接收一个正整数 n，计算并返回 n 的阶乘。

解析：计算正整数的阶乘有很多种方法，最简单的方法是使用标准库 math 中的函数

factorial()，在 1.5.1 节、2.1.1 节、2.3.2 节都介绍过这个函数。在本例中，主要演示递归函数的定义和调用的语法。

```
def fac(n):
    # 1 的阶乘为 1，这是保证递归可以结束的条件
    if n == 1:
        # 如果执行到这个 return 语句，函数直接结束，不会再执行后面的代码
        return 1
    # 递归调用函数自己，但使用更小的输入，使得递归过程可以结束
    return n * fac(n-1)

# 调用函数，计算并输出 5 的阶乘
print(fac(5))
```

运行结果为：

```
120
```

7.1.3　函数嵌套定义与使用

在 Python 中，允许函数的嵌套定义，也就是说在一个函数的定义中再定义另一个函数。在内层定义的函数中，除了可以使用内层函数内定义的变量，还可以访问外层函数的参数和外层函数定义的变量以及全局变量和内置对象。除非特别必要，一般不建议过多使用嵌套定义函数，因为每次调用外部函数时，都会重新定义内层函数，运行效率较低。

嵌套定义函数时，外层函数使用内层函数的形式有两种：一种是调用内层函数并使用或返回内层函数的返回值，另一种是返回内层函数对象。在第二种形式中，外层函数返回的是内层函数对象，是一个可调用对象，也就是说外层函数的返回值又可以像函数一样进行调用并传入参数。下面的代码演示了这两种用法，更多内容请参考 7.6 节修饰器函数的有关介绍。

```
def outer1(a, b):
    # 定义内层函数
    def inner(x):
        return x*(a+b)
    # 在外层函数中调用内层函数，返回内层函数的返回值
    return inner(3)

print(outer1(3, 5))
print(outer1(3, 6))

def outer2(a, b):
    def inner(x):
```

函数嵌套定义

```
        return x*(a+b)
    # 在外层函数中没有调用内层函数，而是返回内层函数对象
    return inner

# 外层函数的返回值可以像函数一样被调用
print(outer2(3,5)(3))
print(outer2(5,8)(0.5))
```

运行结果为:

```
24
27
24
6.5
```

7.2 函 数 参 数

函数定义时圆括号内是使用逗号分隔开的形参列表，函数可以有多个参数，也可以没有参数，但定义和调用时必须要有一对圆括号，表示这是一个函数。调用函数时向其传递实参，将实参的引用传递给形参，在完成函数调用进入函数内部的瞬间，形参和实参引用的是同一个对象。在函数内部，形参相当于局部变量。由于 Python 中变量存储的是值的引用，直接修改形参的值实际上是修改了形参变量的引用，不会对实参造成影响。但如果传递过来的实参是列表、字典、集合或其他类型的可变对象，在函数内通过形参是有可能会影响实参的，这取决于函数内使用形参的方式。例如，下面的代码中，在函数内部直接修改了形参的引用，不会对实参造成任何影响。

```
def demo(num):
    # 刚刚进入函数时，形参与实参引用相同的对象
    result = num
    # 内置函数 id()用来查看对象的内存地址，不用过多关心
    # 这里重点关心的是变量 result、num 的内存地址与函数外的变量 num 相同
    print(id(num), id(result))
    while num > 1:
        # 每次执行都会修改变量 num 和 result 的引用
        num = num - 1
        result = result * num
    return result

num = 5
print(num, id(num))
```

```
# 调用函数，传递实参
print(demo(num))
# 原来的实参变量没有受任何影响，内存地址不变
print(num, id(num))
```

运行结果为：

```
5 140726607419168
140726607419168 140726607419168
120
5 140726607419168
```

从运行结果可以看出，在调用函数传递完参数的瞬间，形参与实参具有相同的内存地址，也就是二者引用了同一个对象。然后函数中的语句 `num = num - 1` 表面上是修改了变量的值，但由于 Python 的内存管理特点，这条语句实际上是修改了变量的引用，执行前后的 `num` 不是同一个对象的引用了，或者说不是同一个变量了。这样的操作不会对实参造成任何影响，所以函数执行完成之后，实参变量的地址没有发生改变，仍是原来的变量和值。

如果调用函数时传递的是列表、字典、集合这样的可变对象，函数内部的代码是否会影响实参的值要分两种情况：①如果在函数内部像上面的代码一样直接修改形参的引用，仍不会影响实参；②如果在函数内部使用下标的形式或者调用对象自身提供的原地操作方法，例如列表的 `append()`、`insert()`、`pop()`等方法，或者集合的 `add()`、`discard()`等方法，代码执行结果会影响实参。下面的代码演示了第②种情况，感兴趣的读者可以参考上面一段代码的写法，在下面代码中的适当位置插入语句，调用内置函数 `id()`查看几个对象的内存地址，来加深理解。

```
def demo(test_list, test_dict, test_set):
    # 在列表尾部追加元素
    test_list.append(666)
    # 在列表开始位置插入元素
    test_list.insert(0, 666)
    # 如果字典中有"键"为'name'的元素就修改对应的"值"，否则插入新元素
    test_dict['name'] = 'xiaoming'
    # 如果集合中没有元素 666 就放进去，如果已经存在就忽略
    test_set.add(666)

data_list = [1, 2, 3]
data_dict = {'name': 'xiaohong', 'age': 23}
data_set = {1, 2, 3}
demo(data_list, data_dict, data_set)
print(data_list, data_dict, data_set, sep='\n')
```

运行结果为：

```
[666, 1, 2, 3, 666]
{'name': 'xiaoming', 'age': 23}
{1, 2, 3, 666}
```

7.2.1 位置参数

位置参数是比较常用的形式。调用函数时不需要对实参进行任何说明，直接放在括号内即可，第一个实参传递给第一个形参，第二个实参传递给第二个形参，以此类推。实参和形参的顺序必须严格一致，并且实参和形参的数量必须相同，否则会导致逻辑错误而得到不正确的结果或者抛出 `TypeError` 异常并提示参数数量不对。下面的代码演示了位置参数的用法。

```
def func(a, b, c):
    return sum((a,b,c))

print(func(1,2,3))
print(func(4,5,6))
```

运行结果为：

```
6
15
```

很多内置函数、标准库函数和扩展库函数的底层实现都要求部分参数或者全部参数必须是位置参数，例如内置函数 sum(iterable, /, start=0)和 sorted(iterable, /, *, key=None, reverse=False)的参数 iterable，内置函数 len(obj, /)的参数 obj，内置函数 chr(i, /)的参数 i，内置函数 ord(c, /)的参数 c，内置函数 input(prompt=None, /)的参数 prompt，标准库函数 math.factorial(x, /)的参数 x，标准库函数 math.gcd(x, y, /)的参数 x 和 y(该函数在 Python 3.9 之后的版本中定义为 gcd(*integers)，可以计算任意多个整数的最大公约数)，标准库函数 itertools.cycle(iterable, /)的参数 iterable，在调用函数时这些参数都必须按位置进行传递。

在 Python 3.8 之前的版本中，不允许在自定义函数中声明参数必须使用位置参数的形式进行传递。在 Python 3.8 以及更新的版本中，允许在定义函数时设置一个斜线"/"作为参数，斜线"/"本身并不是真正的参数，仅用来说明该位置之前的所有参数必须以位置参数的形式进行传递。下面的代码在 IDLE 中演示了这个用法。

```
>>> def func(a, b, c, /):
    return sum((a,b,c))

>>> func(3, 5, 7)
15
>>> func(3, 5, c=7)
```

```
Traceback (most recent call last):
  File "<pyshell#249>", line 1, in <module>
    func(3,5,c=7)
TypeError: func() got some positional-only arguments passed as keyword
arguments: 'c'
```

7.2.2 默认值参数

Python 支持默认值参数，在定义函数时可以为形参设置默认值。调用带有默认值参数的函数时，可以不用为设置了默认值的形参传递实参，此时函数将会直接使用函数定义时设置的默认值，当然也可以通过显式传递实参来替换其默认值。

很多内置函数、标准库函数和扩展库函数也支持默认值参数，例如内置函数 print(value, ..., sep=' ', end='\n', file=sys.stdout, flush=False)的 sep、end、file、flush 参数，内置函数 sorted(iterable, /, *, key=None, reverse=False) 的 key 和 reverse 参数，内置函数 sum(iterable, /, start=0)和 enumerate(iterable, start=0)的 start 参数，内置函数 open(file, mode='r', buffering=-1, encoding =None, errors=None, newline=None, closefd=True, opener=None)除 file 之外的其他参数，标准库函数 math.isclose(a, b, *, rel_tol=1e-09, abs_tol=0.0) 的参数 rel_tol 和 abs_tol，调用类似定义的函数时可以根据实际需要来决定是否给默认值参数传递实参。

在定义带有默认值参数的函数时，任何一个默认值参数右边都不能再出现没有默认值的普通位置参数，否则会抛出 SyntaxError 异常并提示 "non-default argument follows default argument"。带有默认值参数的函数定义语法如下：

```
def 函数名(…, 形参名=默认值):
    函数体
```

下面的代码演示了带默认值参数的函数用法。

```
def func(message, times=3):
    return message*times

print(func('重要的事情说三遍！'))
print(func('不重要的事情只说一遍！', 1))
print(func('特别重要的事情说五遍！', 5))
```

运行结果为：

```
重要的事情说三遍！重要的事情说三遍！重要的事情说三遍！
不重要的事情只说一遍！
特别重要的事情说五遍！特别重要的事情说五遍！特别重要的事情说五遍！特别重要的事情说
五遍！特别重要的事情说五遍！
```

如果定义函数时需要为部分变量设置默认值，一定要注意尽量使用整数、实数、复数、元组、字符串、空值 None 或 True/False 这样的不可变对象，要避免使用列表、字典、集合这样的可变对象作为参数的默认值。因为函数参数默认值是在定义函数时创建的对象，并且把默认值的引用保存在函数的特殊成员"__defaults__"中，这是一个元组，里面保存了函数每个参数默认值的引用，每次调用函数且不为带默认值的参数传递实参时，都会使用特殊成员"__defaults__"里保存的引用。如果参数默认值是可变对象并且在函数内部有使用下标或对象自身的原地操作方法对参数进行操作的语句,会影响后续调用。

下面的代码演示了特殊成员"__defaults__"以及使用列表作为参数默认值可能会带来的隐患，如果暂时看不懂也没关系，可以先有个大概印象，等哪天编写代码时遇到类似的问题时再来查阅和理解。

```python
from random import randrange

def func(x, y=3, z=[]):
    # y 的默认值是整数，不可变对象
    # 下面的语句不会影响原来的默认值
    y = 5
    # z 的默认值是列表，可变对象
    # 下面的语句会影响参数的默认值
    z.append(randrange(1000))
    print(x, y, z)

# 不给默认值参数传递实参，会影响参数 z 的默认值
print(func.__defaults__, end='\n======\n')
func(3)
print(func.__defaults__, end='\n======\n')
func(8)
print(func.__defaults__, end='\n======\n')
# 显式为 z 传递实参，不影响默认值
func(33, 55, [1,2])
print(func.__defaults__, end='\n======\n')
func(66, 88, [3,4])
print(func.__defaults__, end='\n======\n')
func(666)
print(func.__defaults__, end='\n======\n')
```

运行结果为：

```
(3, [])
======
3 5 [652]
(3, [652])
```

```
======
8 5 [652, 393]
(3, [652, 393])
======
33 5 [1, 2, 178]
(3, [652, 393])
======
66 5 [3, 4, 19]
(3, [652, 393])
======
666 5 [652, 393, 321]
(3, [652, 393, 321])
======
```

7.2.3　关键参数

　　关键参数是指调用函数时按参数名字进行传递的形式，明确指定哪个实参传递给哪个形参。通过这样的调用方式，实参顺序可以和形参顺序不一致，但不影响参数的传递结果，避免了用户需要牢记参数位置和顺序的麻烦，使得函数的调用和参数传递更加灵活方便。

　　下面的代码演示了关键参数的用法，代码适用于 Python 3.8 之后的版本，如果使用较低版本的话需要把 f-字符串中大括号内的等号删除。

```
def func(a, b, c):
    return f'{a=},{b=},{c=}'

print(func(a=3, c=5, b=8))
print(func(c=5, a=3, b=8))
```

运行结果为：

```
a=3,b=8,c=5
a=3,b=8,c=5
```

　　有些内置函数和标准库函数的底层实现要求部分参数必须以关键参数的形式进行传递，查看函数帮助信息时会发现函数定义中有个参数是星号。例如内置函数 sorted(iterable, /, *, key=None, reverse=False)的参数 key 和 reverse，列表方法 sort(*, key=None, reverse=False)的参数 key 和 reverse，标准库函数 random.choices(population, weights=None, *, cum_weights=None, k=1)的参数 cum_weights 和 k，标准库函数 math.isclose(a, b, *, rel_tol=1e-09, abs_tol=0.0)的参数 rel_tol 和 abs_tol，调用类似函数时必须通过关键参数的形式为星号后面的形参传递实参。

　　在 Python 3.8 之前的版本中，不允许自定义函数声明某个或某些参数必须以关键参数的形式进行传递。在 Python 3.8 以及更新的版本中，允许在自定义函数中使用单个星

号 "*" 作为参数，但单个星号并不是真正的参数，仅用来说明该位置后面的所有参数必须以关键参数的形式进行传递。下面的代码在 IDLE 中演示了这个用法。

```
>>> def func(a, *, b, c):
    return f'{a=},{b=},{c=}'

>>> print(func(3, 5, 8))
Traceback (most recent call last):
  File "<pyshell#271>", line 1, in <module>
    print(func(3, 5, 8))
TypeError: func() takes 1 positional argument but 3 were given
>>> print(func(3, b=5, c=8))
a=3,b=5,c=8
>>> print(func(3, c=5, b=8))
a=3,b=8,c=5
# 关键参数的参数名必须是在函数定义中存在的
>>> print(func(3, b=4, c=5, d=6))
Traceback (most recent call last):
  File "<pyshell#41>", line 1, in <module>
    print(func(3, b=4, c=5, d=6))
TypeError: func() got an unexpected keyword argument 'd'
```

在 Python 3.8 以上的版本中，可以同时使用单个斜线和星号作参数来明确要求其他参数的传递形式。下面的代码在 IDLE 中演示了这个用法，参数 a 必须使用位置参数进行传递，参数 b 和 c 必须以关键参数的形式进行传递，否则会抛出异常 TypeError。

```
>>> def func(a, /, *, b, c):
    return f'{a=},{b=},{c=}'

>>> print(func(3, b=5, c=8))
a=3,b=5,c=8
>>> print(func(a=3, b=5, c=8))
Traceback (most recent call last):
  File "<pyshell#282>", line 1, in <module>
    print(func(a=3, b=5, c=8))
TypeError: func() got some positional-only arguments passed as keyword
arguments: 'a'
>>> print(func(3, 5, 8))
Traceback (most recent call last):
  File "<pyshell#283>", line 1, in <module>
    print(func(3, 5, 8))
TypeError: func() takes 1 positional argument but 3 were given
```

7.2.4 可变长度参数

可变长度参数是指形参对应的实参数量不确定，一个形参可以接收多个实参。在定义函数时主要有两种形式：*parameter 和**parameter，前者用来接收任意多个位置实参并将其放在一个元组中，后者接收任意多个关键参数并将其放入字典中。

下面的代码演示了第一种形式的可变长度参数的用法，无论调用该函数时传递了多少个位置实参，都是把前 3 个按位置顺序分别传递给形参变量 a、b、c，剩余的所有位置实参按先后顺序存入元组 p 中。如果实参数量小于 3，则调用失败并抛出异常；如果实参数量等于 3，则形参 p 的值为空元组。

```python
def demo(a, b, c, *p):
    print(a, b, c)
    print(p)

demo(1, 2, 3, 4, 5, 6)
print('='*10)
demo(1, 2, 3, 4, 5, 6, 7, 8)
```

运行结果为：

```
1 2 3
(4, 5, 6)
==========
1 2 3
(4, 5, 6, 7, 8)
```

下面的代码演示了第二种形式可变长度参数的用法，在调用该函数时自动将接收的多个关键参数转换为字典中的元素，每个元素的“键”是实参的名字(可以是任意有效变量名)，“值”是实参的值。

```python
def demo(**p):
    for item in p.items():
        print(item)
demo(x=1, y=2, z=3)
print('='*10)
demo(a=4, b=5, c=6, d=7)
```

运行结果为：

```
('x', 1)
('y', 2)
('z', 3)
```

```
==========
('a', 4)
('b', 5)
('c', 6)
('d', 7)
```

两种形式的可变长度参数可以同时使用，不过一般并不建议这样做，这种情况下应考虑把这样的函数拆分成几个更简单的函数。下面的代码演示了同时使用位置参数和两种可变长度参数的语法。

```
def demo(a, b, c, *args, **kwargs):
    print(a, b, c)
    print(args)
    print(kwargs)

demo(1, 2, 3, 4, 5, 6, x=7, y=8)
print('='*10)
demo(*range(12), x1=4, x2=5, x3=6, x4=7)
```

运行结果为：

```
1 2 3
(4, 5, 6)
{'x': 7, 'y': 8}
==========
0 1 2
(3, 4, 5, 6, 7, 8, 9, 10, 11)
{'x1': 4, 'x2': 5, 'x3': 6, 'x4': 7}
```

与可变长度参数相反，在调用函数并且使用可迭代对象作为实参时，在列表、元组、字符串、集合以及 map 对象、zip 对象、filter 对象或类似的实参前面加一个星号表示把可迭代对象中的元素转换为普通的位置参数；在字典前面加一个星号表示把字典中的"键"转换为普通的位置参数；在字典前加两个星号表示把其中的所有元素都转换为关键参数，元素的"键"作为实参的名字，元素的"值"作为实参的值。这样的形式也属于序列解包的语法，可以参考 4.5 节和 7.4 节的介绍。

7.3 变量作用域

7.3.1 变量作用域的分类

变量起作用的代码范围称为变量的作用域，不同作用域内变量名字可以相同，互不影响。从变量作用域或者搜索顺序的角度来看，Python 有局部变量、nonlocal 变量、全局变量和内置对象。

如果在函数内只有引用某个变量值的操作而没有为其赋值的操作，该变量默认为全局变量、外层函数的变量或者内置命名空间中的成员，如果都不是则会抛出异常并提示没有定义。如果在函数内有为变量赋值的操作，该变量就被认为是局部变量，除非在函数内赋值操作之前用关键字 global 或 nonlocal 进行了声明。

在 Python 中有两种创建全局变量的方式：① 在函数外部使用赋值语句创建的变量默认为全局变量，其作用域为从定义的位置开始一直到文件结束；② 在函数内部使用关键字 global 声明变量为全局变量，其作用域从该函数被调用的位置开始一直到文件结束。

Python 关键字 global 有两个作用：① 对于在函数外创建的全局变量，如果需要在函数内修改这个变量的值，并要将这个结果反映到函数外，可以在函数内使用关键字 global 声明要使用这个全局变量；② 如果一个变量在函数外没有定义，在函数内部也可以直接将一个变量声明为全局变量，该函数执行后，将增加一个新的全局变量。下面的代码演示了这两种用法，实际开发中不建议使用第二种。

```python
def demo():
    global x       # 声明或创建全局变量，必须在使用变量 x 之前执行该语句
    x = 3          # 修改全局变量的值
    y = 4          # 局部变量
    print(x, y)    # 使用变量 x 和 y 的值

x = 5              # 在函数外部定义了全局变量 x
demo()             # 本次调用修改了全局变量 x 的值
print(x)
try:
    print(y)
except:
    print('不存在变量 y')
del x              # 删除全局变量 x
try:
    print(x)
except:
    print('不存在变量 x')
demo()             # 本次调用创建了全局变量
print(x)
```

运行结果为：

```
3 4
3
不存在变量 y
```

```
不存在变量 x
3 4
3
```

除了局部变量和全局变量，Python 还支持使用 nonlocal 关键字定义了一种介于二者之间的变量。关键字 nonlocal 声明的变量一般用于嵌套函数定义的场合，会引用距离最近的非全局作用域的变量(例如，在嵌套函数定义的场合中，内层函数可以把外层函数中的变量定义为 nonlocal 变量)，要求声明的变量已经存在，关键字 nonlocal 不会创建新变量。

下面的代码演示了局部变量、nonlocal 变量和全局变量的用法。

```python
def scope_test():
    def do_local():
        spam = "我是局部变量"

    def do_nonlocal():
        nonlocal spam          # 这时要求 spam 必须是已存在的变量
        spam = "我不是局部变量，也不是全局变量"

    def do_global():
        global spam            # 如果全局作用域内没有 spam，自动新建
        spam = "我是全局变量"

    spam = "原来的值"
    do_local()
    print("局部变量赋值后：", spam)
    do_nonlocal()
    print("nonlocal 变量赋值后：", spam)
    do_global()
    print("全局变量赋值后：", spam)

scope_test()
print("全局变量：", spam)
```

运行结果为：

```
局部变量赋值后： 原来的值
nonlocal 变量赋值后： 我不是局部变量，也不是全局变量
全局变量赋值后： 我不是局部变量，也不是全局变量
全局变量： 我是全局变量
```

7.3.2 作用域的搜索顺序

在 Python 程序中试图访问一个变量时，搜索顺序遵循 LEGB 原则，也就是优先在当

前局部作用域(Local)中查找变量，如果能找到就使用；在局部作用域中找不到就继续到闭包作用域(嵌套函数定义中的外层函数，Enclosing)查找，如果能找到就使用；如果不存在外层函数或在外层作用域中仍不存在该变量就尝试到全局作用域(Global)中查找，如果找到就使用；如果全局作用域中仍不存在该变量就尝试到内置命名空间或内置作用域(Builtin)中查找，如果找到就使用，如果仍不存在就抛出 NameError 异常提示标识符没有定义。

这样的搜索顺序意味着，局部作用域内的变量会隐藏后面三个作用域的同名变量，闭包作用域的变量会隐藏后面两个作用域的同名变量，全局作用域的变量会隐藏内置作用域的同名变量。下面的代码演示了这个搜索顺序。

```python
x = 3
def outer():
    y = 5

    # 这个自定义函数和内置函数名字相同
    # 会在当前作用域和更内层作用域中影响内置函数 map()的正常使用
    def map():
        return '我是假的 map()函数'

    def inner():
        x = 7
        y = 9
        # 最内层的作用域内，局部变量(Local)x,y 优先被访问
        # 在局部作用域、闭包作用域、全局作用域内都不存在函数 max
        # 最后在内置作用域(Builtin)中搜索到函数 max
        # 当前作用域中不存在 map，但在外层的闭包作用域中搜索到了
        # 所以并没有调用内置函数 map，被拦截了
        print('inner:', x, y, max(x,y), map())

    inner()
    # 在当前作用域(闭包，Enclosing)中，y 可以直接访问
    # 在当前作用域中不存在 x，继续到全局作用域(Global)中去搜索
    # 当前作用域中不存在函数 max，外层全局作用域中也不存在
    # 最后在内置作用域(Builtin)中搜索到函数 max
    # 当前作用域中有个 map，直接调用了，没有调用内置函数 map()
    print('outer:', x, y, max(x,y), map())

outer()
# 在当前作用域中没有 map()函数的定义，在内置作用域中搜索到函数并调用
print(list(map(str, range(5))))
# 当前作用域中有 x，可以直接访问，但不存在 y
```

```
# 由于当前处于全局作用域，按 Python 变量搜索顺序，继续在内置作用域中搜索
# 不会去搜索 Enclosing 和 Local 的作用域，但在内置作用域中也不存在 y
# 所以代码引发异常
print('outside:', x, y, max(x,y))
```

运行结果为(上面的代码保存为程序文件"测试.py")：

```
inner: 7 9 9 我是假的 map()函数
outer: 3 5 5 我是假的 map()函数
['0', '1', '2', '3', '4']
Traceback (most recent call last):
  File "C:\Python38\测试.py", line 35, in <module>
    print('outside:', x, y, max(x,y))
NameError: name 'y' is not defined
```

在 1.7 节介绍标识符命名规则时曾经提到，不建议使用内置函数作为自定义变量的名字，是因为当前作用域中的变量名会暂时隐藏同名的闭包变量、全局变量和内置对象，就是由于本节介绍的作用域搜索顺序的影响，真正的内置函数被拦截了没有访问到。如果是在程序中不小心使用了内置函数的名字作为自定义变量的名字，只需要修改程序并重新运行即可。如果是在交互模式中这样用，后面的代码无法正常使用内置函数时会引发异常，这时可以使用 del 语句删除自定义变量，之后就可以再次使用内置函数了。下面的代码在 IDLE 中演示了这种情况。

```
>>> values = [3, 5, 7, 11, 9, 11]
>>> max(values)
11
>>> max = 11
>>> min(values)
3
>>> max(values) - min(values)
Traceback (most recent call last):
  File "<pyshell#23>", line 1, in <module>
    max(values) - min(values)
TypeError: 'int' object is not callable
>>> max
11
>>> type(max)
<class 'int'>
>>> del max
>>> max(values) - min(values)
8
```

7.3.3　变量的可见性

　　和作用域比较接近的还有个概念是变量的可见性，是指变量可以被使用的代码范围。正常来讲，一个变量自定义开始一直到所在函数结束或所在程序文件结束之前都是可以使用的，是可见的，除非在更内层的作用域内被同名变量暂时隐藏，也就是说作用域的范围大于等于可见性的范围。在 3.3.1 节中有过介绍，for 循环中定义的循环变量在循环结构结束之后仍然可以使用，也就是仍然可见，就属于这里描述的情况。再例如，本章多段代码演示了函数内定义的局部变量在函数结束之后不再存在，也就是不可见，也属于这里描述的情况。函数内定义的局部变量在函数内暂时隐藏外部的全局变量和闭包变量也属于这里描述的情况。由于篇幅所限，本节不再给出新的演示代码，读者可以结合其他章节的相关代码进行理解。

7.4　lambda 表达式语法与应用

　　lambda 表达式常用来声明匿名函数，也就是没有名字的、临时使用的小函数，虽然也可以使用 lambda 表达式定义具名函数，但很少这样使用。lambda 表达式只能包含一个表达式，表达式的计算结果相当于函数的返回值。lambda 表达式的语法如下：

> lambda [形参列表]: 表达式

　　lambda 表达式属于 Python 可调用对象类型之一，下面代码中的函数 func 和 lambda 表达式 func 在功能上是完全等价的。

```
def func(a, b, c):
    return sum((a,b,c))

func = lambda a, b, c: sum((a,b,c))
```

　　lambda 表达式常用在临时需要一个函数的功能但又不想定义函数的场合，例如内置函数 sorted(iterable, /, *, key=None, reverse=False)、max(iterable, *[, default=obj, key=func])、min(iterable, *[, default=obj, key=func])和列表方法 sort(*, key=None, reverse=False) 的 key 参数，内置函数 map(func, *iterables)、filter(function or None, iterable)以及标准库函数 functools.reduce(function, sequence[, initial])的第一个参数。lambda 表达式是 Python 函数式编程的重要体现。

　　下面的代码演示了 lambda 表达式的常见应用场景，由于使用了随机数，所以每次运行结果几乎不会相同。在代码中，调用 print()函数时在实参前面加一个星号属于序列解包的一种用法，用来把可迭代对象中的所有元素取出来作为普通位置参数传递给函数，如果单个星号作用于字典的话，表示把字典中所有的"键"取出来作为普通位置参数。如果使用字典作为实参并且在字典前面加两个星号的话，表示把字典转换为关键参数，其中字典的"键"作为参数名，"值"作为参数的值。这个用法在 2.1.2 节、2.3 节、4.4.1 节、

4.6 节、6.4 节、7.2 节已经多次出现，相信大家已经不再陌生。

```python
from random import sample
from functools import reduce

# 生成随机数据，包含 5 个子列表，每个子列表中包含 10 个整数
# 每个整数介于[0,20)区间，同一个子列表中的整数不重复
data = [sample(range(20), 10) for i in range(5)]
# 按子列表的原始顺序输出，每个子列表占一行
print(*data, sep='\n', end='\n===\n')
# 按子列表从小到大的顺序输出，每个子列表占一行
# 列表比较大小的规则见 2.2.2 节
print(*sorted(data), sep='\n', end='\n===\n')
# 按每个子列表中第 2 个元素升序输出
print(*sorted(data, key=lambda row:row[1]), sep='\n',
      end='\n===\n')
# 按每个子列表第 2 个元素升序输出，如果第 2 个元素相等再按第 4 个升序输出
print(*sorted(data, key=lambda row:(row[1],row[3])), sep='\n',
      end='\n===\n')
# 第一个子列表中所有元素连乘的结果
print(reduce(lambda x,y:x*y, data[0]), end='\n===\n')
# 第二个子列表中所有元素连乘的结果
print(reduce(lambda x,y:x*y, data[1]), end='\n===\n')
# 每个子列表的第一个元素组成的新列表
print(list(map(lambda row:row[0], data)), end='\n===\n')
# 对角线元素组成的列表
# 注意，如果行数大于列数，代码会出错并提示下标越界
print(list(map(lambda row:row[data.index(row)], data)),
      end='\n===\n')
# 最后一个元素最大的子列表
print(max(data, key=lambda row:row[-1]), end='\n===\n')
# 所有元素之和为偶数的子列表
print(*filter(lambda row:sum(row)%2==0, data), sep='\n',
      end='\n===\n')
# 所有元素之和小于等于 80 的子列表
print(*filter(lambda row:sum(row)<=80, data), sep='\n',
      end='\n===\n')
# 每列元素之和组成的新列表
print(reduce(lambda x,y:[xx+yy for xx,yy in zip(x,y)], data))
```

运行结果为：

```
[16, 2, 6, 3, 1, 15, 14, 9, 8, 11]
[16, 18, 14, 10, 13, 12, 8, 7, 6, 11]
[1, 2, 7, 6, 11, 19, 4, 17, 10, 5]
[1, 14, 0, 17, 10, 9, 3, 7, 12, 4]
[11, 14, 7, 19, 10, 12, 5, 0, 9, 16]
===
[1, 2, 7, 6, 11, 19, 4, 17, 10, 5]
[1, 14, 0, 17, 10, 9, 3, 7, 12, 4]
[11, 14, 7, 19, 10, 12, 5, 0, 9, 16]
[16, 2, 6, 3, 1, 15, 14, 9, 8, 11]
[16, 18, 14, 10, 13, 12, 8, 7, 6, 11]
===
[16, 2, 6, 3, 1, 15, 14, 9, 8, 11]
[1, 2, 7, 6, 11, 19, 4, 17, 10, 5]
[1, 14, 0, 17, 10, 9, 3, 7, 12, 4]
[11, 14, 7, 19, 10, 12, 5, 0, 9, 16]
[16, 18, 14, 10, 13, 12, 8, 7, 6, 11]
===
[16, 2, 6, 3, 1, 15, 14, 9, 8, 11]
[1, 2, 7, 6, 11, 19, 4, 17, 10, 5]
[1, 14, 0, 17, 10, 9, 3, 7, 12, 4]
[11, 14, 7, 19, 10, 12, 5, 0, 9, 16]
[16, 18, 14, 10, 13, 12, 8, 7, 6, 11]
===
95800320
===
23247544320
===
[16, 16, 1, 1, 11]
===
[16, 18, 7, 17, 10]
===
[11, 14, 7, 19, 10, 12, 5, 0, 9, 16]
===
[1, 2, 7, 6, 11, 19, 4, 17, 10, 5]
===
[1, 14, 0, 17, 10, 9, 3, 7, 12, 4]
===
[45, 50, 34, 55, 45, 67, 34, 40, 45, 47]
```

7.5 生成器函数定义与使用

通过前面的学习已经知道，在函数体中不管什么位置，只要执行到 return 语句就会立刻结束函数并返回一个值(有可能是空值 None)，不论后面还有多少代码都不会执行了。如果函数中没有 return 语句，就一直执行到函数结束并返回空值 None。

如果函数中包含 yield 语句，那么调用这个函数得到的返回值不是单个值，而是一个"包含"若干值的生成器对象，这样的函数称为生成器函数。

生成器对象属于迭代器对象之一，具有惰性求值特点，大部分时间处于暂停状态，具有"我有很多，但是不会主动给你，你不要我就不给，想要必须明确和我说，我只要有就会给"的属性。当通过内置函数 next()、for 循环遍历生成器对象元素或以其他方式(例如使用 list()转换成列表、使用 tuple()转换为元组)显式"索要"数据时，生成器函数中的代码开始执行，执行到 yield 语句时，返回一个值，然后暂停执行，下次再"索要"数据时恢复执行，不停地暂停与恢复，直到用完所有数据为止。生成器函数得到的生成器对象和 4.4.4 节生成器表达式得到的生成器对象一样，只能从前向后逐个访问其中的元素，并且每个元素只能使用一次。生成器对象不支持下标、切片，也不支持 len()、reversed()这样的函数。

下面的代码演示了生成器函数定义和使用的几种形式。

```python
def fib():
    a, b = 1, 1                    # 序列解包，同时为多个元素赋值
    while True:
        yield a                    # 产生一个元素，然后暂停执行
        a, b = b, a+b              # 序列解包，继续生成新元素

gen = fib()                        # 创建生成器对象
for i in range(10):                # 斐波那契数列中前 10 个元素
    print(next(gen), end=' ')      # 使用内置函数 next()获取下一个元素
print()

for i in fib():                    # 创建生成器对象并使用 for 循环遍历所有元素
    if i > 100:                    # 元素大于 100 时结束循环
        print(i, end=' ')
        break
print()

def func():
    yield from 'abcdefg'           # 使用 yield 表达式创建生成器

gen = func()
print(next(gen))                   # 使用内置函数 next()获取下一个元素
```

```
    print(next(gen))
    for item in gen:              # 遍历剩余的所有元素
        print(item)

    def gen():
        yield 1
        yield 2
        yield 3

    x, y, z = gen()               # 生成器对象支持序列解包
    print(x, y, z)
    print(*gen())                 # 这也是序列解包的用法
```

运行结果为：

```
1 1 2 3 5 8 13 21 34 55
144
a
b
c
d
e
f
g
1 2 3
1 2 3
```

例7-3 编写生成器函数，模拟标准库 itertools 中 count()函数的工作原理。

解析：标准库 itertools 中的 count(start=0, step=1)函数可以实现从指定的数字开始以指定的步长进行无限计数的功能。该函数的返回值为 count 对象，也属于迭代器对象。在程序中，使用 while 循环实现无限次重复，每次循环使用 yield 语句产生一个值。

```
    def myCount(start=0, step=1):
        while True:
            yield start
            start = start + step

    c = myCount(48, 7)
    for _ in range(10):
        print(next(c), end=',')
    print(next(c))
```

运行结果为：

```
48,55,62,69,76,83,90,97,104,111,118
```

7.6 修饰器函数定义与使用

修饰器是函数嵌套定义的一个重要应用。修饰器本质上也是一个函数,只不过这个函数接收其他函数作为参数并对其进行一定改造之后返回新函数,可以用来对其他函数进行统一的补充或者功能的修改,也可以用来改变一个函数的表现形式。修饰器函数返回的是内部定义的函数,外层函数中的代码并没有调用内层函数。

在 Python 中定义类时,可以使用内置类 property 把一个成员方法修饰为属性从而改变其使用方式,使用内置类 staticmethod 声明一个函数为静态方法,使用内置类 classmethod 声明一个函数为类方法,这都属于修饰器的用法(这几个概念属于面向对象的内容,本书没有介绍,看不懂可以忽略)。

Python 标准库函数 functools.partial()也可以看作一个修饰器函数,可以用来根据一个已有函数来固定其部分功能而得到一个新的可调用对象(往往称作偏函数)。另外,标准库函数 functools.lru_cache()也是一个很常用的修饰器函数,可以用来为函数增加缓冲区从而避免一些重复计算。下面的代码演示了标准库函数 functools.partial()的用法。标准库函数 functools.lru_cache()的用法请读者自行查阅并运用到本章关于组合数计算的习题 21 中,还可以查阅微信公众号"Python 小屋"历史文章了解更多修饰器函数的案例。

```python
from functools import partial

def func(a, b, c):
    return a+b+c
# 创建偏函数,固定其中部分参数
func_ab = partial(func, c=0)
func_ac = partial(func, b=0)
func_bc = partial(func, a=0)

# 调用前面创建的偏函数
print(func(1, 2, 3))
print(func_ab(4, 5))
print(func_ac(6, c=7))
print(func_bc(b=8, c=9))
```

运行结果:

```
6
9
13
17
```

例7-4 编写函数模拟登录不同系统的原理与过程，然后创建修饰器函数，根据原始的登录函数进行改造，快速创建不同服务器的快速登录入口，使得登录时不需要指定登录哪个服务器。

解析： 正常来讲，用户名、密码、角色等信息都保存在数据库中，下面的代码使用字典模拟了每个用户名和对应的账号密码。在登录时，如果用户名和密码是对应的，就认为可以登录，否则，就拒绝登录。

```python
users = {'zhangsan':'111',
         'lisi':'222',
         'wangwu':'333',
         'zhaoliu':'444'}
servers = ('server1', 'server2', 'server3')

# 完整的登录函数，可以检查任意用户对任意服务器的登录
def login(username, password, server):
    if password==users.get(username) and server in servers:
        print(f'{username} 您好，欢迎来到{server}! ')
    else:
        print('用户名或密码错误')

# 创建修饰器函数
def partial(func, *args1, **kwargs1):
    # 内层函数 wrapped()的参数 args 是被修饰的函数 func()接收的位置参数
    # 内层函数 wrapped()的参数 kwargs 是被修饰的函数 func()接收的关键参数
    def wrapped(*args, **kwargs):
        return func(*args1, *args, **{**kwargs,**kwargs1})
    return wrapped

# 使用修饰器函数，根据完整的登录函数，创建适用于不同服务器的函数
# 相当于创建不同服务器的快速登录入口
login_server1 = partial(login, server='server1')
login_server2 = partial(login, server='server2')
login_server3 = partial(login, server='server3')
login_server1('zhangsan', '111')
login_server2('zhangsan', '111')
login_server2('zhangsan', '111')
login_server3('wangwu', '333')
login_server3('wangwu', '345')
```

运行结果为：

```
zhangsan 您好，欢迎来到 server1!
```

zhangsan 您好，欢迎来到 server2！

zhangsan 您好，欢迎来到 server2！

wangwu 您好，欢迎来到 server3！

用户名或密码错误

例 7-5　定义两个修饰器函数 before()和 after()，分别在被修饰的函数功能代码前后多输出一句话，然后使用这两个修饰器函数去修饰其他的函数，验证修饰器函数的功能。

解析：使用修饰器函数有两种形式：一种是把已定义好的函数作为参数传递给修饰器函数得到新函数；另一种是在定义函数时直接在前面使用"@修饰器函数名"的形式对接下来要定义的函数进行补充或约束。例 7-4 使用了第一种形式，本例代码演示了这两种形式的语法。

```python
def before(func):                       #定义修饰器
    # args 和 kwargs 分别表示函数 func()的位置参数和关键字参数
    def wrapper(*args, **kwargs):
        print('Before function called.')
        # 调用被修饰的函数并返回其返回值
        return func(*args, **kwargs)
    return wrapper

def after(func):                        #定义修饰器
    def wrapper(*args, **kwargs):
        # 调用原来的函数，记录其返回值，输出一句话后再返回原函数的返回值
        result = func(*args, **kwargs)
        print('After function called.')
        return result
    return wrapper

# 定义普通函数
def test():
    print(6)
# 先使用修饰器 after 对函数 test 进行修饰
# 然后使用 before 对 after 的修饰结果再修饰一次，与被修饰函数距离近的先起作用
test1 = before(after(test))
test1()
print('='*10)

# 使用修饰器函数的另一种形式，在函数定义前使用"@修饰器函数名"来修饰函数
# 可以同时使用两个或更多修饰器改造函数，与被修饰函数距离近的先起作用
@before
@after
```

```
def test():
    print(3)
# 调用被修饰的函数
test()
print('='*10)

# 修饰内置函数，得到新函数
my_sum = before(sum)
print(my_sum([1, 2, 3]))
```

运行结果:

```
Before function called.
6
After function called.
==========
Before function called.
3
After function called.
==========
Before function called.
6
```

7.7　综合例题解析

例 7-6　编写递归函数，判断给定的字符串 text 是否为回文，也就是从前向后读和从后向前读都是一样的字符串。

解析: 判断回文有很多种方法，在 Python 中最简单的应该是检查表达式 text == text[::-1]的值是否为 True。如果使用递归的话，思路是这样的: 先检查字符串首尾字符是否一样，如果不一样就直接判断不是回文；如果首尾字符一样，那么原字符串是否为回文等价于去除首尾字符后得到的新字符串是否为回文。

```
def check(text):
    # 递归结束条件，长度为 0 或 1 的字符串是回文
    if len(text) in (0,1):
        return True
    # 递归结束条件，首尾字符不相等的字符串不是回文
    if text[0] != text[-1]:
        return False
```

例 7-6 代码讲解

```
        return check(text[1:-1])

texts = ('eye', 'rotator', 'madam', 'level',
         'indeed', 'sky', 'python',
         '画中画', '天外天', '拜拜', '您吃了吗',
         '上海自来水来自海上', '雾锁山头山锁雾')
for text in texts:
    print(f'{text}:{check(text)}')
```

运行结果为：

```
eye:True
rotator:True
madam:True
level:True
indeed:False
sky:False
python:False
画中画:True
天外天:True
拜拜:True
您吃了吗:False
上海自来水来自海上:True
雾锁山头山锁雾:True
```

例 7-7 编写函数，模拟猜数游戏。系统随机在参数指定的范围内产生一个数，玩家最大猜测次数也由参数指定，每次猜测之后系统会根据玩家的猜测进行提示，玩家则可以根据系统的提示对下一次的猜测进行适当调整，直到猜对或者次数用完。

解析：在程序中用到了 "value1 if condition else values" 这样形式的表达式，相当于简易形式的双分支选择结构，即当 condition 的值等价于 True 时表达式的值为 value1，否则为 value2。另外，这个程序还演示了 else 在选择结构、循环结构、异常处理结构这三种不同结构中的用法，读者应注意体会。

```
from random import randint

def guess(start, stop, maxTimes):
    # 随机生成一个整数
    value = randint(start, stop)
    for i in range(maxTimes):
        prompt = '开始猜吧：' if i==0 else '再猜一次：'
        try:                    # 防止输入不是数字的情况
            x = int(input(prompt))
```

例 7-7 代码讲解

```
        except:
            print('必须输入数字')
        else:
            if x == value:
                print('恭喜，猜对了！')
                break
            elif x > value:
                print('太大了。')
            else:
                print('太小了。')
    else:
        print('次数用完了，游戏结束。')
        print('正确的数字是： ', value)

guess(100, 110, 3)
```

运行结果为：

```
开始猜吧：105
太大了。
再猜一次：103
太小了。
再猜一次：104
恭喜，猜对了！
```

例 7-8　编写函数，计算形式如 *a* + *aa* + *aaa* + *aaaa* + ... + *aaa...aaa* 的表达式前 *n* 项的值，其中 *a* 为小于 10 的自然数。

解析：表达式中，相邻两项的后一项为前一项乘以 10 再加 *a* 的值。在程序中，充分利用这个关系来提高运算效率，减少不必要的计算。

```
def demo(a, n):
    assert type(a)==int and 0<a<10, '参数 a 必须介于[1,9]区间'
    assert isinstance(n,int) and n>0, '参数 n 必须为正整数'
    result, t = 0, 0
    for i in range(n):
        t = t*10 + a
        result = result + t
    return result


print(demo(1, 9))
print(demo(6, 8))
```

运行结果为:

```
123456789
74074068
```

例 7-9　编写函数, 接收一个正偶数为参数, 输出两个素数, 并且这两个素数之和等于原来的正偶数。如果存在多组符合条件的素数, 则全部输出。

解析: 在程序中, 首先对参数进行有效性检查, 然后定义内部嵌套的函数 **isPrime()** 用来判断一个正整数是否为素数, 最后调用这个内部函数来判断相加等于数字 **n** 的两个正整数是否都为素数。在内部定义的函数 **isPrime()** 中, 使用了一种高效判断素数的算法, 可以参考代码中的注释进行理解。

```python
def demo(n):
    if not (isinstance(n,int) and n>0 and n%2==0):
        return '数据不合适'
    def isPrime(p):
        if p in (2,3,5):
            return True
        # 对于大于 6 的素数, 对 6 的余数必然是 1 或 5
        if p%6 not in (1,5):
            return False
        # 但对 6 的余数为 1 或 5 的正整数不一定都是素数, 需要进一步判断
        m = int(p**0.5) + 1
        for i in range(3, m, 2):
            if p%i==0:
                return False
        return True

    for i in range(3, n//2+1):
        if isPrime(i) and isPrime(n-i):
            print(f'{i}+{n-i}={n}')

demo(60)
demo(120)
```

运行结果为:

```
7+53=60
13+47=60
17+43=60
19+41=60
```

```
23+37=60

29+31=60

7+113=120

11+109=120

13+107=120

17+103=120

19+101=120

23+97=120

31+89=120

37+83=120

41+79=120

47+73=120

53+67=120

59+61=120
```

例 7-10 编写函数，实现十进制整数到其他任意进制的转换，然后调用这个函数。

解析： 十进制整数到其他进制数的转换口诀为：除基取余，逆序排列。例如，十进制数 668 转换为八进制数字的过程如图 7-2 所示，其中横着向右的箭头表示左边的数字除以 8 得到的商，向下的箭头表示上面的数字除以 8 得到的余数。当商为 0 时，算法结束，最后把得到的余数 4321 逆序得到 1234。

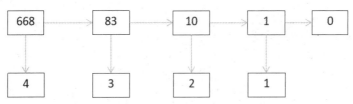

图 7-2 十进制整数到八进制的转换

```python
from string import ascii_uppercase, digits

characters = digits+ascii_uppercase
def int2base(n, base):
    m = n
    result = []
    # 除基取余，逆序排列
    while n != 0:
        n, mod = divmod(n, base)
        result.append(characters[mod])
    result = ''.join(reversed(result))
    return '{}的{}进制形式：{}'.format(m, base, result)
```

```
print(int2base(651, 16))
print(int2base(1234, 16))
print(int2base(1234, 8))
```

运行结果为:

```
651 的 16 进制形式: 28B
1234 的 16 进制形式: 4D2
1234 的 8 进制形式: 2322
```

例 7-11　使用秦九韶算法求解多项式的值。

解析: 秦九韶算法是一种高效计算多项式值的算法。该算法的核心思想是通过改写多项式来减少计算量。例如,对于多项式 $f(x)=3x^5+8x^4+5x^3+9x^2+7x+1$,如果直接计算的话,需要 15 次乘法和 5 次加法。改写成 $f(x)=(((((3x+8)x+5)x+9)x+7)x+1$ 这样的形式之后,只需要 5 次乘法和 5 次加法就可以了,大幅度提高了计算速度。下面代码中的函数 func() 接收一个元组,其中的元素分别表示从高阶到低阶各项的系数,缺少的项用系数 0 表示,然后函数使用秦九韶算法计算多项式的值并返回。

```
from functools import reduce

def func(factors, x):
    result = reduce(lambda a, b: a*x+b, factors)
    return result

factors = [(3, 8, 5, 9, 7, 1),
           (5, 0, 0, 0, 0, 1), (5,), (5, 1)]
for factor in factors:
    print(func(factor, 2))
```

运行结果为:

```
315
161
5
11
```

例 7-12　假设你正参加一个有奖游戏节目,并且有 3 道门可选:其中一个门后面是汽车,另外两个门后面是山羊。你选择一个门,比如说 1 号门,主持人事先知道每个门后面是什么并且故意打开了另外两个门中的一个(后面是山羊),比如说 3 号门。然后主持人问你"你想改选 2 号门吗?",你可以选择改选还是坚持原来的选择,确定之后如果门后面是汽车你就赢了,如果是山羊你就输了。这就是著名的蒙蒂·霍尔悖论游戏。编写程序,模拟这个过程。

解析：本例重点演示字典和集合的用法，函数只是提供一个外层的壳和接口。代码功能与含义请参考注释，请读者自行运行程序观察结果。

```python
from random import randrange

def init():
    '''返回一个字典，键为 3 个门号，值为门后面的物品'''
    doors = {i: 'goat' for i in range(3)}
    r = randrange(3)
    doors[r] = 'car'
    return doors


def startGame():
    # 获取本次游戏中每个门的情况
    doors = init()
    # 获取玩家选择的门号
    while True:
        try:
            firstDoorNum = int(input('Choose a door to open:'))
            assert 0 <= firstDoorNum <= 2
            break
        except:
            print('Door number must be between 0 and 2')
    # 主持人查看另外两个门后的物品情况
    for door in doors.keys()-{firstDoorNum}:
        # 打开其中一个后面为山羊的门
        if doors[door] == 'goat':
            print('"goat" behind the door', door)
            # 获取第三个门号，让玩家纠结
            thirdDoor = (doors.keys()-{door, firstDoorNum}).pop()
            msg = 'Do you want to switch to {}?(y/n)'.format(thirdDoor)
            change = input(msg)
            finalDoorNum = thirdDoor if change=='y' else firstDoorNum
            if doors[finalDoorNum] == 'goat':
                return 'I Win!'
            else:
                return 'You Win.'

print(startGame())
```

例 7-13　编写函数，使用蒙特·卡罗方法计算圆周率近似值。

解析： 蒙特·卡罗方法是一种通过概率来得到问题近似解的方法，在很多领域都有重要的应用，其中包括圆周率近似值的计算问题。假设有一块边长为 2 的正方形木板，在上面画一个单位圆，然后随意往木板上扔飞镖，如果扔的次数足够多，那么落在单位圆内的次数除以总次数再乘以 4，这个数字会无限逼近圆周率的值，因为 $\dfrac{\text{圆的面积}}{\text{木板的面积}} = \dfrac{\pi r^2}{(2r)^2} = \dfrac{\pi}{4}$。

这就是蒙特·卡罗发明的用于计算圆周率近似值的方法，如图 7-3 所示。

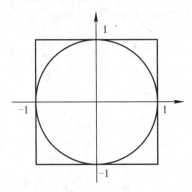

图 7-3　蒙特·卡罗方法计算圆周率近似值的原理

```python
from random import random

def estimatePI(times):
    hits = 0
    for i in range(times):
        # random()生成介于 0 和 1 之间的小数
        # 该数字乘以 2 再减 1，则介于-1 和 1 之间
        x = random()*2 - 1
        y = random()*2 - 1
        # 落在圆内或圆周上
        if x*x + y*y <= 1:
            hits += 1
    return 4.0 * hits/times

print(estimatePI(10000))
print(estimatePI(1000000))
print(estimatePI(100000000))
print(estimatePI(1000000000))
```

例 7-13 代码讲解

运行结果：

```
3.1468
3.141252
3.14152528
3.141496524
```

本章知识要点

(1) 函数只是一种封装代码的方式，在函数内部用到的仍然是内置函数、运算符、内置类型、选择结构、循环结构、异常处理结构等内容，只是把这些功能代码封装起来然后提供一个接收输入和返回结果的接口。

(2) 在 Python 中可以使用关键字 def 和 lambda 表达式来定义函数。

(3) 函数是 Python 可调用对象类型之一。

(4) 一般来说，在函数中应该首先对接收的参数进行有效性检查，保证参数完全符合条件之后再执行正常的功能代码，不能假设参数的值总是合理的、有效的。

(5) 如果在函数内部又调用了函数自己，这叫作递归调用。在编写递归函数时，应注意：①每次递归应保持问题性质不变；②每次递归应使得问题规模变小或使用更简单的输入；③必须有一个能够直接处理而不需要再次进行递归的特殊情况来保证递归过程可以结束；④函数递归深度不能太大，否则会引起内存崩溃。

(6) 在 Python 中，允许嵌套定义函数，也就是在一个函数的定义中再定义另一个函数。在内部定义的函数中，可以直接访问外部函数的参数和外部函数定义的变量以及全局变量和内置对象。

(7) 在函数内部，形参相当于局部变量。调用函数时向其传递实参，将实参的引用传递给形参。

(8) 在函数调用完成的瞬间，形参和对应的实参引用的是同一个对象。

(9) 位置参数是比较常用的形式。调用函数时不需要对实参进行任何说明，直接放在括号内即可，第一个实参传递给第一个形参，第二个实参传递给第二个形参，以此类推。实参和形参的顺序必须严格一致，并且实参和形参的数量必须相同，否则会导致逻辑错误而得到不正确的结果或者抛出 TypeError 异常并提示参数数量不对。

(10) 在 Python 3.8 以上的版本中，允许在定义函数时使用一个斜线 "/" 作为参数，斜线 "/" 本身并不是真正的参数，仅用来说明该位置之前的所有参数必须以位置参数的形式进行传递。

(11) 在 Python 3.8 以上的版本中，允许在定义函数时使用一个星号 "*" 作为参数，星号 "*" 本身并不是真正的参数，仅用来说明该位置之后的所有参数都必须以关键参数的形式进行传递。

(12) 调用函数时，可以在实参可迭代对象前面加一个星号 "*" 表示解包，用来把可迭代对象中所有元素取出来作为函数的位置参数。如果实参是字典对象，单个星号表示把字典中所有元素的 "键" 取出来作为位置参数传递给函数。

(13) 调用函数时，如果实参是字典对象，可以在前面加两个星号 "**" 表示解包，把字典中所有元素的 "键" 和 "值" 作为关键参数传递给函数。

(14) 在调用带有默认值参数的函数时，可以不用为设置了默认值的形参进行传值，此时函数将会直接使用函数定义时设置的默认值，当然也可以通过显式赋值来替换其默认值。

（15）关键参数指调用函数时按参数名字传递值，明确指定哪个实参传递给哪个形参。通过这样的调用方式，实参顺序可以和形参顺序不一致，但不影响参数值的传递结果。

（16）可变长度参数是指形参对应的实参数量不确定，一个形参可以接收多个实参。在定义函数时主要有两种形式：*parameter 和**parameter，前者用来接收任意多个位置实参并将其放在一个元组中，后者接收任意多个关键参数并将其放入字典中。

（17）变量起作用的代码范围称为变量的作用域，不同作用域内变量名字可以相同，互不影响。从变量作用域或者搜索顺序的角度来看，Python 有局部变量、nonlocal 变量、全局变量和内置对象。

（18）有两种定义全局变量的方法：①在所有函数外定义的变量默认为全局变量；②在函数内部可以使用关键字 global 声明全局变量。

（19）Python 关键字 global 有两个作用：①一个变量已在函数外定义，如果在函数内需要这个变量赋值，并要将这个赋值结果反映到函数外，可以在函数内使用 global 声明要使用这个全局变量；②如果一个变量在函数外没有定义，在函数内部也可以直接将一个变量声明为全局变量，该函数执行后，将增加一个新的全局变量。

（20）关键字 nonlocal 声明的变量一般用于嵌套函数定义的场合，会引用距离最近的非全局作用域的变量，要求声明的变量已经存在。关键字 nonlocal 不会创建新变量。

（21）在 Python 程序中试图访问一个变量时，搜索顺序遵循 LEGB 原则。

（22）lambda 表达式常用来声明匿名函数，也就是没有名字的、临时使用的小函数，也可以使用 lambda 表达式定义具名函数。lambda 表达式只能包含一个表达式，表达式的值等价于函数的返回值。

（23）在函数中如果执行了 return 语句，不管当前是什么位置都会直接结束函数，后面的代码不会再执行。

（24）如果函数中包含 yield 语句，那么这个函数的返回值不是单个值，而是一个生成器对象，这样的函数称为生成器函数。代码每次执行到 yield 语句时，返回一个值，然后暂停执行，当通过内置函数 next()、for 循环遍历生成器对象元素或以其他方式显式"索要"数据时再恢复执行。

（25）生成器函数和生成器表达式创建的生成器对象，内部实现是一样的。

（26）标准库 itertools 中的 cycle()函数用来把有限长度可迭代对象中的元素首尾相接构成并返回一个无限循环的环，类似于原可迭代对象中的元素进行无限次的重复。

（27）标准库 itertools 中的 count(start=0, step=1)函数用来实现从指定数字开始以指定步长进行无限计数，参数 start 和 step 可以为整数、实数或复数。

（28）修饰器是嵌套函数定义的一种应用。修饰器本质上也是一个函数，只不过这个函数接收其他函数作为参数并对其进行一定改造之后返回新函数。

习　题

1. 判断题：已知函数定义 def func(*p): return sum(p)，那么调用时使用 func(1,2,3)和 func(1,2,3,4,5)都是合法的。

2．判断题：在调用函数时，把实参的引用传递给形参，也就是说，在函数体语句执行之前的瞬间，形参和实参引用的是同一个对象。

3．判断题：函数中必须包含 return 语句，否则会报语法错误。

4．判断题：在函数内部没有办法定义全局变量。

5．判断题：调用带有默认值参数的函数时，不能为默认值参数传递任何值，必须使用函数定义时设置的默认值。

6．判断题：在调用函数时，必须牢记函数形参顺序才能正确传值。

7．判断题：假设已导入 random 标准库，那么表达式 max([random.randint(1, 10) for i in range(10)]) 的值一定是 10。

8．判断题：在函数中，如果有为变量赋值的语句并且没有使用 global 或 nonlocal 对该变量进行声明，那么该变量一定是局部变量。

9．判断题：在函数中 yield 语句的作用和 return 完全一样，都是返回一个值。

10．判断题：已知不同的三个函数 A、B、C，在函数 A 中调用了 B，函数 B 中又调用了 C，这种调用方式称作递归调用。

11．填空题：如果函数中没有 return 语句或者 return 语句不带任何返回值，那么该函数的返回值为_____。

12．填空题：在函数内部可以通过关键字_____来定义全局变量，也可以用来声明使用已有的全局变量。

13．填空题：表达式 list(filter(lambda x: len(x)>3, ['a', 'b', 'abcd'])) 的值为_____。

14．填空题：表达式 list(map(lambda x: len(x), ['a', 'bb', 'ccc'])) 的值为_____。

15．填空题：假设已从标准库 functools 导入 reduce() 函数，那么表达式 reduce(lambda x, y: x-y, [1, 2, 3]) 的值为_____。

16．填空题：已知函数定义 def func(**p):return ''.join(sorted(p))，那么表达式 func(x=1, y=2, z=3)的值为_____。

17．填空题：依次执行语句 x = 666, def modify(): x=888 和 modify()之后，x 的值为_____。

18．填空题：已知 f = lambda x: 555，那么表达式 f(3)的值为_____。

19．填空题：已知 x = 153，那么表达式 x == sum(map(lambda num:int(num)**3, str(x))) 的值为_____。

20．思考题：阅读以下冒泡法排序代码，尝试写出优化代码，提高代码运行效率。

```
from random import randint

def bubbleSort(lst):
    length = len(lst)
    for i in range(0, length):
        for j in range(0, length-i-1):
            #比较相邻两个元素大小，并根据需要进行交换
```

```
        if lst[j] > lst[j+1]:
            lst[j], lst[j+1] = lst[j+1], lst[j]

lst = [randint(1, 100) for i in range(20)]
print('Before sort:\n', lst)
bubbleSort(lst)
print('After sort:\n', lst)
```

21．编程题：编写函数，根据帕斯卡公式 $C_n^i = C_{n-1}^i + C_{n-1}^{i-1}$ 计算组合数，然后编写程序调用刚刚定义的函数。

22．编程题：标准库 itertools 中的 cycle()函数用来把有限长度可迭代对象中的元素首尾相接构成并返回一个无限循环的环，类似于原可迭代对象中的元素进行无限次的重复。编写生成器函数，模拟标准库 itertools 中 cycle()函数的工作原理。

23．编程题：编写生成器函数，模拟内置函数 filter()的工作原理。

24．编程题：编写函数，接收两个整数，返回这两个整数的最大公约数。然后使用这个函数计算任意多个正整数的最大公约数。要求：不能使用标准库 math 中的函数 gcd()。

25．编程题：假设有一段很长的楼梯，小明一步最多能上 3 个台阶，编写程序使用递归法计算小明到达第 n 个台阶有多少种上楼梯的方法。

26．编程题：假设有一段很长的楼梯，小明一步最多能上 3 个台阶，编写程序使用递推法计算小明到达第 n 个台阶有多少种上楼梯的方法。

27．编程题：编写函数，把一个自然数分解成最多 4 个平方数的和，要求越短越好，然后调用这个函数。例如 $7604=2704+4900=52^2+70^2$。

28．编程题：编写程序，实现分段函数计算，如表 7-1 所示。

表 7-1　分段函数值

x	y
x<0	0
0≤x<5	x
5≤x<10	3x-5
10≤x<20	0.5x-2
20≤x	0

第 8 章

文件与文件夹操作

- ➢ 了解文件的概念
- ➢ 了解常见的文件扩展名
- ➢ 理解文本文件与二进制文件的区别
- ➢ 熟练掌握内置函数 open()的用法
- ➢ 理解内置函数 open()的 mode 参数与 encoding 参数的作用
- ➢ 熟练使用文件对象的方法读写文件内容
- ➢ 熟练掌握上下文管理语句 with 的用法
- ➢ 熟练掌握 os、os.path、shutil 模块的使用

8.1　文本文件与二进制文件内容操作

　　文件是长久保存信息并支持重复使用和反复修改的重要方式，同时也是信息交换的重要途径。记事本文件、日志文件、各种配置文件、数据库文件、图像文件、音频视频文件、可执行文件、office 文档、动态链接库文件等，都以不同的文件形式存储在各种存储设备(如磁盘、U 盘、光盘、云盘、网盘等等)上。

　　按数据组织形式的不同，可以把文件分为文本文件和二进制文件两大类。

　　(1) 文本文件。

　　文本文件可以使用记事本、Notepad++、vim、gedit、ultraedit、Emacs、Sublime Text3、IDLE 或类似软件直接进行显示和编辑，并且人们能够直接阅读和理解。文本文件由若干文本行组成，每行以换行符结束，文件中包含英文字母、汉字、数字字符、标点符号等。扩展名为.txt、.log、.ini、.c、.cpp、.h、.py、.pyw、.html、.js、.css、.csv、.json 的文件都属于文本文件。

　　(2) 二进制文件。

　　数据库文件、图像文件、可执行文件、动态链接库文件、音频文件、视频文件、Office 文档等均属于二进制文件。二进制文件无法用记事本或其他普通字处理软件正常进行显示

和编辑，人们也无法直接阅读和理解，需要使用正确的软件进行解码或反序列化之后才能正确地读取、显示、修改或执行。二进制文件的扩展名非常多，很多软件都会定义自己的扩展名，例如.docx、.xlsx、.pptx、.dat、.exe、.dll、.pyd、.so、.mp4、.bmp、.png、.jpg、.rm、.rmvb、.avi、.db、.sqlite、.mp3、.wav、.ogg 等都属于二进制文件。

除了常见的扩展名之外，自己编写的软件也可以定义自己的扩展名，例如.123、.abc、.xyz 都是可以的，只需要定义好相应的内容读写规则即可。另外，二进制文件也可以使用记事本之类的软件打开，但是通常会显示乱码，无法正常显示和阅读。

最后需要说明的是，所谓文本文件和二进制文件是人为划分的，实际上所有数据在内存中和硬盘上都是以二进制补码形式存储的，只不过文本编辑器能够自动识别编码格式进行转换，而 Word、Excel、图像处理软件、音视频播放软件、数据库管理系统等软件能够识别数据的组织规范并能转换为人类能够阅读、编辑、观看或收听的数据形式。

8.1.1 内置函数 open()

操作文件内容一般需要三步：首先打开文件并创建文件对象，然后通过该文件对象对文件内容进行读取、写入、删除、修改等操作，最后关闭并保存文件内容。

Python 内置函数 open()使用指定的模式和编码格式打开指定文件，完整语法为：

```
open(file, mode='r', buffering=-1, encoding=None, errors=None,
     newline=None, closefd=True, opener=None)
```

该函数的主要参数含义如下：

• 参数 file 指定要操作的文件名称，如果该文件不在当前文件夹或子文件夹中，建议使用绝对路径，确保从当前工作文件夹出发可以访问到该文件。为了减少路径中分隔符"\"符号的输入，可以使用原始字符串。在书写文件路径时要注意，Windows 平台上大部分软件使用反斜线"\"作为路径分隔符，但在其他有些平台上使用的是斜线"/"，Windows 平台上也有个别软件使用斜线作为路径分隔符。

• 参数 mode(取值范围见表 8-1)指定打开文件后的处理方式，或者说打开文件以后要做什么。例如，可以是'r'(文本文件只读模式)、'w'(文本文件只写模式)、'a'(文本文件追加模式)、'rb'(二进制文件只读模式)、'wb'(二进制文件只写模式)、'ab'(二进制文件追加模式)等，默认为'rt'(文本只读模式)。使用'r'、'w'、'x'以及这几个模式衍生的模式打开文件时文件指针位于文件头；而使用'a'、'ab'、'a+'这样的模式打开文件时文件指针位于文件尾。另外，'w'和'x'都是写模式，在目标文件不存在时是一样的，但如果目标文件已存在的话，'w'模式会清空原有内容而'x'模式会抛出异常。最后，使用读模式'r'或'rb'打开的文件不能修改或写入新内容，使用写模式'w'、'wb'或追加模式'a'、'ab'打开的文件不能读取其中的内容。如果需要同时进行读写，不是使用'rw'模式，而是使用'r+'、'w+'或'a+'的组合方式(或对应的'rb+'、'wb+'、'ab+')打开文件。

• 参数 encoding 指定对文本进行编码和解码的方式，只适用于文本模式(例如'r'、'r+'、'w'、'w+'、'a')，可以使用 Python 支持的任何编码格式，如 GBK、UTF8、CP936等。在 Windows 系统中 Python 3.x 的 open()函数默认使用 GBK 编码格式。为了保证代码具有较好的可读性或可移植性，一般建议在代码中明确指定编码格式。

· 参数 buffering 指定读写文件时的缓存模式。0 表示不缓存，1 表示缓存，大于 1 的数字表示缓冲区的大小，默认值-1 表示由操作系统自动管理缓存。操作文件时使用缓存可以提高处理速度，并且减少对磁盘的读写次数，从而延长磁盘寿命。这个参数一般不设置，使用默认值由操作系统管理缓存即可。

如果执行成功，open()函数返回 1 个文件对象，然后通过这个文件对象的方法(见8.1.2 节表 8-2)可以对文件进行读写操作，最后调用文件对象的 close()方法关闭文件。如果指定的文件路径不存在、访问权限不够、磁盘空间不够或其他原因导致创建文件对象失败则抛出 IOError 异常。

对文件内容操作完以后，一定要关闭文件。然而，即使我们写了关闭文件的代码，也无法保证文件一定能够正常关闭。例如，如果在打开文件之后和关闭文件之前的代码发生了错误导致程序崩溃，这时文件就无法正常关闭。在管理文件对象时推荐使用 with 关键字，可以避免这个问题(见 8.1.3 节)。

表 8-1　文件打开模式

模式	说　　明
r	只读模式(默认模式，可省略)，文件不存在或没有访问权限时抛出异常，成功打开时文件指针位于文件头部开始处
w	只写模式，如果文件已存在就先清空原有内容，文件不存在时创建新文件，成功打开时文件指针位于文件头部开始处
x	只写模式，创建新文件，如果文件已存在则抛出异常，成功打开时文件指针位于文件头部开始处
a	追加模式，文件已存在时不覆盖文件中原有内容，成功打开时文件指针位于文件尾部；文件不存在时创建新文件
b	二进制模式(可与 r、w、x 或 a 模式组合使用)，使用二进制模式打开文件时不允许同时指定 encoding 参数
t	文本模式(默认模式，可省略)
+	读、写模式(可与其他模式组合使用)

8.1.2　文件对象常用方法

如果执行成功，open()函数返回 1 个文件对象，通过该文件对象的方法可以进行内容读写操作。文件对象常用方法如表 8-2 所示。除了表中列出的方法，文件对象还支持__iter__()、__next__()等特殊方法，支持 for 循环和内置函数 next()读取文件中的内容，每次读取从当前位置到下一个换行符(包含)之间的内容，在读取文本文件时非常方便，尤其是大文件。

使用时应注意，使用 read()、readline()和 write()方法读写文件内容时，都是从当前位置开始读写，并且读写完成之后表示当前位置的文件指针会自动向后移动。例如，使用'r'模式打开文件之后文件指针位于文件头，调用方法 read(5)读取 5 个字符后，文件指针指向第 6 个字符，再次使用 read()方法读取内容时，从第 6 个字符开始。如果需要从指定的位置开始读写，可以调用 seek()方法来移动文件指针。

表 8-2　文件对象的常用方法

方　法	功　能　说　明
close()	把写缓冲区的内容写入文件，同时关闭文件，释放文件对象
flush()	把写缓冲区里的内容写入文件，不关闭文件
read(size=-1, /)	从以'r'、'r+'模式打开的文本文件中读取并返回最多 size 个字符，或从以'rb'、'rb+'模式打开的二进制文件中读取并返回最多 size 个字节，参数 size 的默认值-1 表示读取文件中的全部内容。每次读取时从文件指针当前位置开始读，读取完成后自动修改文件指针到读取结束的下一个位置
readable()	当前文件可读时返回 True，否则返回 False
readline(size=-1, /)	参数 size=-1 时从以'r'、'r+'模式打开的文本文件中读取从指针当前位置开始到下一个换行符(包含)之间的所有内容，如果指针当前已经到达文件尾就返回空字符串。如果参数 size 为正整数则读取从指针当前位置开始到下一个换行符(包含)之间的最多 size 个字符；size 指定为负整数时与-1 等价。每次读取时从文件指针当前位置开始读，读取完成后自动修改文件指针到读取结束的下一个位置
readlines(hint=-1, /)	参数 hint=-1 时从以'r'、'r+'模式打开的文本文件中读取所有内容，返回包含每行字符串的列表，读取完成之后把文件指针移动到文件尾部；参数 hint 为正整数时从当前位置开始读取若干连续完整的行，如果已读取的字符数量超过 hint 的值就停止读取
seek(cookie,whence=0, /)	定位文件指针,把文件指针移动到相对于 whence 的偏移量为 cookie 个字节的位置。其中 whence 为 0 表示文件头，为 1 表示当前位置，为 2 表示文件尾。对于文本文件，whence=2 时 cookie 必须为 0；对于二进制文件，whence=2 时 cookie 可以为负数。不论以文本模式还是以二进制模式打开文件，都是以字节为单位进行定位
seekable()	当前文件支持随机访问时返回 True，否则返回 False
tell()	返回文件指针的当前位置，单位为字节
truncate(pos=None, /)	截断文件内容，只保留参数 pos 指定数量的前面部分字节，如果没有指定参数只保留当前位置前面的内容，返回新的大小
write(text, /)	把 text 的内容写入文件，如果写入文本文件则 text 应该是字符串，如果写入二进制文件则 text 应该是字节串。返回写入字符串或字节串的长度
writable()	当前文件可写时返回 True，否则返回 False
writelines(lines, /)	把列表 lines 中的所有字符串写入文本文件，并不在 lines 中每个字符串后面自动增加换行符。也就是说，如果确实想让 lines 中的每个字符串写入文本文件之后各占一行，应由程序员保证每个字符串都以换行符结束

8.1.3 上下文管理语句 with

在实际开发中，读写文件应优先考虑使用上下文管理语句 with，这会减少很多麻烦，代码也更加简洁。关键字 with 可以自动管理资源，不论因为什么原因跳出 with 块，总能保证文件被正确关闭。除了用于文件操作，with 关键字还可以用于数据库连接、网络连接或类似场合。用于文件内容读写时，with 语句的语法形式如下：

```
with open(filename, mode, encoding) as fp:
    # 这里写通过文件对象 fp 读写文件内容的语句
```

也可以使用一个 with 关键字同时管理多个文件对象，例如：

```
with open('python.exe', 'rb') as fp1, open('data.txt', 'r') as fp2:
    # 通过文件对象 fp1 和 fp2 的方法读写文件内容
```

8.1.4 文件操作例题解析

例 8-1 已知文本文件 data.txt 中有若干行正整数，每行有 20 个正整数且相邻正整数之间使用英文半角逗号分隔。编写程序，读取这些正整数，按升序排序后再写入文本文件 data_asc.txt 中，要求结果文件中每行也是 20 个正整数。

解析：在本例代码中，digits.sort(key=int)对列表中的字符串按照转换为整数之后的大小进行升序排序。内置函数 sorted()、max()、min()以及列表方法 sort()的 key 参数很重要，也很灵活，要熟练掌握。

```
with open('data.txt') as fp:
    # 读取全部内容，使用换行符分隔成多行，不保留换行符
    lines = fp.read().splitlines()

# 把所有行连接起来，再使用逗号分隔，得到包含所有数字字符串的列表
digits = ','.join(lines).split(',')
# 按转换成数字之后的大小升序排序
digits.sort(key=int)

with open('data_asc.txt', 'w') as fp:
    # 每行 20 个数字，写入新文件
    for i in range(0, len(digits), 20):
        line = ','.join(digits[i:i+20])+'\n'
        fp.write(line)
```

例 8-2 编写程序，读取并输出 Python 安装目录中文本文件 news.txt 的所有行内容。

解析：以'r'、'r+'模式打开的文本文件对象属于可迭代对象，可以直接使用 for 循环遍历其中的元素，每次遍历一行。对于大文件，一般不使用 readlines()方法一次把所有内容读入内存，而是使用下面代码的方式逐行读取和处理，也可以使用文件对象的 readline()方法逐行读取。

```
with open('news.txt', encoding='utf8') as fp:
    for line in fp:
        print(line)
```

例 8-3 在作者的微信公众号"Python 小屋"中维护了一个历史文章清单，可以通过手机关注微信公众号"Python 小屋"之后进入菜单"最新资源"→"历史文章"获得地址 https://mp.weixin.qq.com/s/u9FeqoBaA3Mr0fPCUMbpqA，使用 PC 端浏览器打开这个地址，查看网页源代码，分析结构，然后编写程序读取网页源代码，读取已推送的文章名称清单，写入本地文本文件"Python 小屋历史文章.txt"。

解析：本例中用到了前面没有涉及的两个标准库，分别是用来编写网络爬虫的 urllib 和支持正则表达式处理文本的 re，这两个标准库都不是本书的重点，这里仅仅通过一个案例来演示其基本用法，更多内容可以参考官方文档或其他参考书。标准库 urllib.request 中提供了函数 urlopen() 可以打开指定 URL，成功打开之后返回的对象可以像文件对象一样使用 read() 读取其中的内容(二进制形式)，使用 decode() 方法将其解码为字符串即为网页源代码，然后使用正则表达式提取符合特定模式的内容，用到的函数功能和含义请参考注释。在理解代码时，建议使用浏览器打开上面的网址之后，查看网页源代码，了解网页源代码的结构，这一点在编写网络爬虫程序时非常重要。

例 8-3 代码讲解

```
from re import findall, sub
from urllib.request import urlopen

# 要采集数据的网址
url = r'https://mp.weixin.qq.com/s/u9FeqoBaA3Mr0fPCUMbpqA'
with urlopen(url) as fp:
    # 读取全部网页源代码，使用 UTF-8 编码格式进行解码
    content = fp.read().decode()
# 正则表达式，提取所有包含在段落中的超链接文本
# 圆括号内是要提取的内容
pattern = r'<p><a.*?href=".+?>(.+?)</a>'
with open('Python 小屋历史文章.txt', 'w', encoding='utf8') as fp:
    # 提取所有符合正则表达式模式的文本
    for item in findall(pattern, content):
        # 把文本中的 HTML 标记替换为空字符串
        item = sub(r'<.*?>', '', item)
        # 写入本地文本文件，每个文章标题占一行
        fp.write(item+'\n')
```

例 8-4 在例 8-3 中提到的公众号链接中有若干图片，编写程序，读取其中所有图片并下载到本地，所有图片按序号分别保存为 0.png、1.png、2.png 等。

解析：在标准库 urllib.request 中提供了函数 urlopen() 用来打开网络资源，使用该函数打开网上图片的地址，成功之后返回的对象可以像文件对象一样使用 read() 方

法读取其中的内容(二进制形式),把这些内容写入以 **'wb'** 模式打开的本地二进制图片文件,即可实现网络图片的下载。请自行运行和测试代码并观察运行结果。

```python
from re import findall, sub
from urllib.request import urlopen

# 要采集图片的网址
url = r'https://mp.weixin.qq.com/s/u9FeqoBaA3Mr0fPCUMbpqA'
with urlopen(url) as fp:
    # 读取全部网页源代码,使用 UTF-8 编码格式进行解码
    content = fp.read().decode()
# 正则表达式,提取所有图片链接地址
# 圆括号内是要提取的内容
pattern = r'<img.*?data-src="(.+?)"'
for index, picUrl in enumerate(findall(pattern, content)):
    # 使用关键字 with 同时管理两个文件对象
    with open(f'{index}.png', 'wb') as fpLocal, urlopen(picUrl) as fpUrl:
        # 读取网上的图片数据,直接写入本地图片文件
        fpLocal.write(fpUrl.read())
```

8.2　文件级与文件夹级操作

本节主要介绍 os、os.path、shutil 这三个标准库对文件和文件夹(也称目录,两个概念不做区分)的操作,例如查看文件清单、删除文件、获取文件属性、路径连接、创建/删除文件夹、重命名文件、压缩与解压缩文件等。

8.2.1　标准库 os、os.path、shutil 中的常用成员

1. 标准库 os 中与文件操作有关的成员

Python 标准库 os 提供了大量用于文件与文件夹操作以及系统管理与运维的函数和常量,表 8-3 中列出了与文件、文件夹操作有关的一部分成员,可以导入 os 模块之后使用 dir(os)查看所有成员清单。

表 8-3　os 模块常用成员

成　员	功 能 说 明
chdir(path)	把 path 设为当前工作文件夹
chmod(path, mode, *, dir_fd=None, 　　follow_symlinks=True)	修改文件的访问权限
curdir	表示当前文件夹的字符串,在 Windows 平台上总是'.'

成 员	功 能 说 明
getcwd()	返回表示当前工作文件夹的字符串
getcwdb()	返回表示当前工作文件夹的字节串
getenv(key, default=None)	返回系统变量的值,例如 os.getenv('temp')、os.getenv('path')
get_exec_path(env=None)	启动进程时搜索可执行文件的路径顺序
listdir(path=None)	返回 path 文件夹中的文件和子文件夹名字组成的列表,path 默认值 None 表示返回当前文件夹中的文件和子文件夹名字组成的列表
mkdir(path, mode=511, *, dir_fd=None)	创建文件夹,在 Windows 平台上 mode 参数无效
pardir	表示上一级文件夹的字符串,在 Windows 平台上总是 '..'
rmdir(path, *, dir_fd=None)	删除 path 指定的文件夹,要求其中不能有文件或子文件夹
remove(path, *, dir_fd=None)	删除指定的文件,要求用户拥有删除文件的权限,并且文件没有只读或其他特殊属性
rename(src, dst, *, src_dir_fd=None, dst_dir_fd=None)	重命名文件或文件夹
scandir(path=None)	返回包含给定路径 path 中每个对象的迭代器对象,每个对象对应于一个 DirEntry 对象,该对象具有 is_file()、is_dir() 等方法
sep	文件路径中的分隔符,在 Windows 平台上是反斜线 '\\'
startfile(filepath [, operation])	使用关联的应用程序打开指定文件或启动指定应用程序,如果参数 filepath 指定的是 URL,会自动使用默认浏览器打开这个地址
stat(path, *, dir_fd=None, follow_symlinks=True)	查看文件的属性,包括创建时间、最后访问时间、最后修改时间、大小等
walk(top,topdown=True, onerror=None, followlinks=False)	目录树生成器,对于以参数 top 为根的整个目录树上每个目录 dirpath,生成一个元组(dirpath, dirnames, filenames),其中 dirnames 为 dirpath 中的所有子目录名称列表,filenames 为 dirpath 中的所有文件名列表

2. 标准库 os.path 中与文件操作有关的成员

os.path 其实是一个别名,在 Windows 系统中实际对应的是 ntpath 模块,在 Posix 系统中实际对应的是 posixpath 模块,这两个模块提供的接口基本上是一致的。使用 os.path 这样的方式可以自适应不同的平台,一般不直接使用 ntpath 或者 posixpath。

该模块提供了大量用于路径判断、切分、连接以及文件夹遍历的函数和其他成员，表 8-4 列出了常用的一部分。

表 8-4　os.path 模块常用成员

成　员	功　能　说　明
abspath(path)	返回给定路径的绝对路径
basename(p)	返回指定路径的最后一个路径分隔符后面的部分，例如 basename(r'C:\Python38\python.exe')的值为'python.exe'
commonpath(paths)	返回多个路径的最长共同路径，例如 commonpath([r'\vc\abcd', r'\vc\abed'])的结果为'\\vc'
commonprefix(m)	返回多个路径的共同前缀部分，例如 commonprefix([r'\vc\abcd', r'\vc\abed'])的结果为'\\vc\\ab'
dirname(p)	返回给定路径的最后一个路径分隔符前面的部分，例如 dirname(r'C:\Python38\python.exe')的值为'C:\\Python38'
exists(path)	判断指定的路径是否存在，返回 True 或 False
getatime(filename)	返回表示文件最后访问时间的纪元秒数(从 1970 年 1 月 1 日 8 时 0 分 0 秒开始计算，经过的秒数)
getctime(filename)	返回表示文件创建时间(Windows)或元数据最后修改时间(Unix)的纪元秒数
getmtime(filename)	返回表示文件最后修改时间的纪元秒数
getsize(filename)	返回文件的大小，单位为字节
isdir(s)	判断指定的路径是否为文件夹，返回 True 或 False
isfile(path)	判断指定的路径是否为文件，返回 True 或 False
join(path, *paths)	连接两个或多个 path，相邻路径之间插入路径分隔符，返回连接后的字符串
normcase(s)	把路径中所有字母改为小写，把所有斜线改为反斜线
split(path)	以路径中的最后一个斜线为分隔符把路径分隔成两部分，返回列表
splitext(path)	从路径中分离文件的扩展名，返回列表
splitdrive(path)	从路径中分隔驱动器的名称，返回列表

模块中大部分函数的用法比较容易理解，后面将通过综合例题演示相关的用法。有点难度的是 getatime()、getctime()、getmtime()这几个函数返回的是纪元秒数，不太直观，需要转换为常规的年月日时分秒，下面的代码演示了这个用法。

```
from time import localtime, strftime
import os.path as path

fn = r'C:\Python38\Python.exe'
ctime = path.getctime(fn)
atime = path.getatime(fn)
```

```
mtime = path.getmtime(fn)
print(ctime, atime, mtime, sep=',')
# %Y 表示 4 位年份，%m 表示月份，%d 表示天数
# %H 表示 24 小时制的小时数，%M 表示分钟，%S 表示秒数
# 更多格式可以查阅 Python 标准库 time 的官方帮助文档
func = lambda t: strftime('%Y-%m-%d %H:%M:%S', localtime(t))
print(*map(func, [ctime,atime,mtime]), sep=',')
```

运行结果为：

```
1589380978.0,1591578669.9588578,1589380978.0
2020-05-13 22:42:58,2020-06-08 09:11:09,2020-05-13 22:42:58
```

在标准库 stat 中还定义了很多与文件属性有关的常量，例如表示只读属性的 FILE_ATTRIBUTE_READONLY、表示压缩属性的 FILE_ATTRIBUTE_COMPRESSED、表示加密属性的 FILE_ATTRIBUTE_ENCRYPTED、表示文件夹属性的 FILE_ATTRIBUTE_ DIRECTORY、表示普通属性的 FILE_ATTRIBUTE_NORMAL，可以在使用 from os.path import stat 或 import stat 之后，执行 dir(stat)查看所有成员。

3. 标准库 shutil 中与文件操作有关的成员

shutil 模块也提供了大量的函数支持文件和文件夹操作，表 8-5 列出了其中一部分。

表 8-5　shutil 模块常用成员

函　　数	功　能　说　明
copy(src, dst, *, follow_symlinks=True)	复制文件，新文件具有同样的文件属性，如果目标文件已存在则抛出异常
copy2(src, dst, *, follow_symlinks=True)	复制文件数据和元数据(包括访问控制权限、最后访问时间、最后修改时间等属性)
copyfile(src, dst, *, follow_symlinks=True)	复制文件，不复制文件属性，如果目标文件已存在则直接覆盖
copytree(src, dst,symlinks=False, 　　　ignore=None, copy_function= 　　　<function copy2 at 　　　0x000001F5B8B0BA60>, 　　　ignore_dangling_symlinks=False, 　　　dirs_exist_ok=False)	递归复制目录树，返回目标文件夹
disk_usage(path)	查看磁盘使用情况，返回形如 usage (total=910534111232, used=140844224512, free=769689886720)的具名元组，单位为字节
move(src, dst, copy_function=<function 　　copy2 at 0x000001F5B8B0BA60>)	移动文件或递归移动文件夹，也可以用来给文件和文件夹重命名

续表

函　　数	功 能 说 明
rmtree(path)	删除整个文件夹以及其中的所有文件和子文件夹
make_archive(base_name, format, 　　　　root_dir=None, base_dir=None)	创建 tar 或 zip 格式的压缩文件
unpack_archive(filename, 　　　　extract_dir=None,format=None)	解压缩

下面通过几个示例在 IDLE 中演示 shutil 模块的基本用法。

(1) 把 C:\dir1.txt 文件复制到 D:\dir2.txt：

```
import shutil
shutil.copyfile('C:\\dir1.txt','D:\\dir2.txt')
```

(2) 把 C:\Python38\Dlls 文件夹以及该文件夹中所有文件压缩至 D:\a.zip 文件：

```
shutil.make_archive('D:\\a','zip', 'C:\\Python38', 'Dlls')
```

(3) 把刚压缩得到的文件 D:\a.zip 解压缩至 D:\a_unpack 文件夹：

```
shutil.unpack_archive('D:\\a.zip', 'D:\\a_unpack')
```

(4) 删除刚刚解压缩得到的文件夹：

```
shutil.rmtree('D:\\a_unpack')
```

(5) 递归复制文件夹，忽略扩展名为 .pyc 的文件和以"新"开头的文件和子文件夹：

```
from shutil import copytree, ignore_patterns
copytree('C:\\python38\\test',
         'D:\\des_test',
         ignore=ignore_patterns('*.pyc', '新*'))
```

8.2.2　综合例题解析

例 8-5　编写程序，按照深度优先的顺序递归遍历并输出指定文件夹的目录树结构，包括所有文件及其所有子文件夹中的文件名。

解析：如果把文件夹结构看作一棵目录树，深度优先的意思是"一条路走到头"，从树根沿着一个方向一直向下走，遇到文件夹就进入，直到遇到文件(或者说叶子节点)。例如，假设有个文件夹结构如图 8-1 所示，如果按深度优先遍历的话，输出结果如图 8-2 所示。

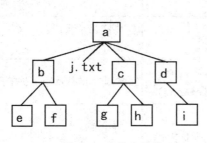

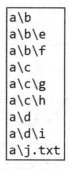

图 8-1　文件夹结构　　　　　图 8-2　深度优先遍历结果

编写一个递归函数，遍历指定文件夹中所有项目，如果是文件就输出，如果是子文件夹就递归调用函数。标准库 os 的函数 listdir(path)返回包含指定路径中所有文件名和子文件夹名的字符串列表，这些文件名和子文件夹名是相对 path 的路径并且是按字符串顺序排序的，所以在图 8-2 的结果中文件 j.txt 的路径是最后输出的。要注意，为了保证递归能够顺利进行，必须把相对路径转换为完整路径，因为标准库 os.path 的函数 isfile()和 isdir()默认参数指定的路径在当前文件夹中。在程序中，使用标准库 os.path 的函数 join()把每个项目 sub 和父目录 path 连接成为完整的路径，这个步骤非常重要。

```python
from os import listdir
from os.path import join, isfile, isdir

def listDirDepthFirst(directory):
    # 遍历文件夹，如果是文件就直接输出
    # 如果是文件夹，就输出显示，然后递归遍历该文件夹
    for subPath in listdir(directory):
        path = join(directory, subPath)
        # 这里的双分支选择结构可以简化为单分支选择结构，请读者自己试试看
        if isfile(path):
            print(path)
        elif isdir(path):
            print(path)
            listDirDepthFirst(path)
listDirDepthFirst(r'D:\\')
```

例 8-6　编写程序，按照广度优先的顺序遍历并输出指定文件夹的目录树结构，包括所有文件及其所有子文件夹中的文件名。

解析：如果把文件夹结构看作一棵目录树，广度优先的意思是"一层一层地处理"，从树根开始先输出第一层的文件名和子文件夹名，然后再处理这一层的所有子文件夹中的文件名和子文件夹名，如果不再包含子文件夹就结束遍历过程。仍以图 8-1 所示的文件夹

结构为例，按广度优先的顺序输出，结果如图 8-3 所示。

```
from os import listdir, getcwd
from os.path import join, isdir

def listDirWidthFirst(directory):
    dirs = [directory]
    # 如果还有没遍历过的文件夹，继续循环
    while dirs:
        # 遍历需要遍历但还没遍历过的第一项
        current = dirs.pop(0)
        # 遍历该文件夹，如果是文件就直接输出显示
        # 如果是文件夹，输出显示后，追加到列表尾部表示需要遍历的文件夹
        for subPath in listdir(current):
            path = join(current, subPath)
            print(path)
            if isdir(path):
                # 记下这个文件夹，后面再处理其中的内容
                dirs.append(path)

listDirWidthFirst(getcwd())
```

图 8-3 广度优先遍历结果

例 8-6 代码讲解

例 8-7 编写程序，递归遍历并删除指定文件夹及其所有子文件夹中扩展名为 .tmp 或 .obj 的文件，如果某个文件无法删除就直接忽略。

解析：前面的例 8-5 和例 8-6 可以作为通用框架，根据不同的需要在框架中增加相应的代码即可实现特定的任务。更多相关案例可以关注作者微信公众号"Python 小屋"，进入公众号菜单"最新资源"→"历史文章"，然后搜索"文件操作"找到专栏文章进行阅读学习。

```
from os.path import isdir, join, splitext
from os import remove, listdir

# 指定要删除的文件类型
filetypes = ('.tmp', '.obj')
def delCertainFiles(directory):
    for filename in listdir(directory):
        # 一定要理解和记住这里 join()函数的作用
        temp = join(directory, filename)
        if isdir(temp):
            delCertainFiles(temp)
        elif splitext(temp)[1] in filetypes:
```

例 8-7 代码讲解

```
        try:
            remove(temp)
            print(f'"{temp}" deleted....')
        except:
            print(f'"{temp}" ignored....')

delCertainFiles(r'D:\test')
```

本章知识要点

(1) 扩展名为 .txt、.log、.ini、.c、.cpp、.h、.py、.pyw、.html、.js、.css、.csv、.json 的文件都属于文本文件。

(2) 扩展名为 .docx、.xlsx、.pptx、.dat、.exe、.dll、.pyd、.so、.mp4、.bmp、.png、.jpg、.rm、.rmvb、.avi、.db、.sqlite、.mp3、.wav、.ogg 的文件都属于二进制文件。

(3) 二进制文件也可以使用记事本之类的软件打开，但是通常会显示乱码，无法正常显示和阅读。二进制文件需要使用正确的软件进行解码或反序列化之后才能正确地读取、显示、修改或执行。

(4) 内置函数 open() 的参数 file 指定要操作的文件名称，如果该文件不在当前文件夹或子文件夹中，建议使用绝对路径，确保从当前工作文件夹出发可以访问到该文件。为了减少路径中分隔符 "\" 的输入，可以使用原始字符串。

(5) 操作文件内容一般需要三步：首先打开文件并创建文件对象，然后通过该文件对象对文件内容进行读取、写入、删除、修改等操作，最后关闭并保存文件内容。

(6) 所谓文本文件和二进制文件是人为划分的，实际上所有数据在内存中和硬盘上都是以二进制补码形式存储的，只不过文本编辑器能够自动识别编码格式进行转换，而 Word、Excel、图像处理软件、音视频播放软件、数据库管理系统等软件能够识别数据的组织规范并能转换为人类能够阅读、编辑、观看或收听的数据形式。

(7) 参数 encoding 指定对文本进行编码和解码的方式，只适用于文本模式(例如 'r'、'r+'、'w'、'w+'、'a')，可以使用 Python 支持的任何格式，如 GBK、UTF-8、CP936 等。在读写文本文件内容时必须指定正确的编码格式。

(8) 使用 read()、readline() 和 write() 方法读写文件内容时，表示当前读写位置的文件指针会自动向后移动，并且每次都是从当前位置开始读写。

(9) 除了用于文件操作，with 关键字还可以用于数据库连接、网络连接或类似场合。

(10) os.path 其实是一个别名，在 Windows 系统中实际对应的是 ntpath 模块，在 Posix 系统中实际对应的是 posixpath 模块，这两个模块提供的接口基本上是一致的，这样的导入方式是为了方便代码跨平台移植。

(11) 在模块 stat.py 中还定义了很多与文件属性有关的常量，例如表示只读属性的 FILE_ATTRIBUTE_READONLY、表示压缩属性的 FILE_ATTRIBUTE_COMPRESSED、表示加密属性的 FILE_ATTRIBUTE_ENCRYPTED、表示文件夹属性的 FILE_ATTRIBUTE_

DIRECTORY、表示普通属性的 FILE_ATTRIBUTE_NORMAL，可以在使用 from os.path import stat 或 import stat 之后，执行 dir(stat)查看所有成员。

(12) shutil 模块也提供了大量的函数支持文件和文件夹操作，例如文件复制、移动、压缩、解压缩以及复制目录树和删除目录树。

习　题

1．填空题：按数据组织形式的不同，可以把文件分为_____和_____两大类。其中前者可以使用记事本直接打开阅读或编辑，后者一般需要使用专门的软件打开。

2．填空题：内置函数 open()的参数_____用来指定打开模式。

3．填空题：内置函数 open()的参数_____用来指定编码格式，只能用于文本文件。

4．填空题：对文件进行写入操作之后，_____方法用来在不关闭文件对象的情况下将缓冲区内容写入文件。

5．填空题：使用上下文管理关键字_____可以自动管理文件对象，不论何种原因结束该关键字中的语句块，都能保证文件被正确关闭。

6．填空题：对于文本文件，使用 Python 内置函数 open()成功打开后返回的文件对象_____(可以、不可以？)使用 for 循环直接迭代。

7．填空题：已知当前文件夹中有纯英文文本文件 readme.txt，请填空完成功，能把 readme.txt 文件中的所有内容复制到 dst.txt 中，with open('readme.txt') as src, open('dst.txt', _____) as dst:dst.write(src.read())。

8．填空题：Python 标准库 os 中用来列出指定文件夹中的文件和子文件夹列表的函数是_____。

9．填空题：标准库 os.path 中的_____函数可以用来获取给定文件的大小(单位为字节)。

10．填空题：标准库 os 中的函数_____可以用来获取当前工作文件夹的路径。

11．填空题：Python 标准库 os.path 中用来判断指定文件是否存在的函数是_____。

12．填空题：Python 标准库 os.path 中用来判断指定路径是否为文件的函数是_____。

13．填空题：Python 标准库 os.path 中用来判断指定路径是否为文件夹的函数是_____。

14．填空题：Python 标准库 os.path 中用来分割指定路径中的文件扩展名的函数是_____。

15．填空题：标准库 os 中的函数_____用来删除指定的文件，如果文件具有只读属性或当前用户不具有删除权限则无法删除并引发异常。

16．填空题：标准库 os 中的函数_____用来启动相应的外部程序并打开参数路径指定的文件，如果参数为网址 URL 则打开默认的浏览器程序。

17．填空题：标准库 os.path 中的函数_____用来获取参数指定的路径中最后一个路径分隔符前面的部分(通常为文件夹)。

18．填空题：标准库 os.path 中的函数_____用来获取参数指定的文件的最后修改时间。

19．填空题：标准库 os.path 中的函数_____用来把多个路径连接成为一个完整的路径，并插入适当的路径分隔符(在 Windows 操作系统中为反斜线)。

20．填空题：标准库 os.path 中的函数_____用来获取参数指定的路径中最后一个组成部分(通常为文件名)，如果把路径 r'C:\Windows\notepad.exe' 作为参数传递给该函数则返回字符串 'notepad.exe'。

21．填空题：标准库 shutil 中的函数_____可以用来创建 tar 或 zip 格式的压缩文件。

22．判断题：内置函数 open() 使用 'w' 模式打开的文件，不仅可以往文件中写入内容，也可以从文件中读取内容。

23．判断题：使用内置函数 open() 打开文件时，只要文件路径正确就总是可以正确打开的。

24．判断题：二进制文件不能使用记事本程序打开。

25．判断题：内置函数 open() 以 'r' 模式打开的文本文件对象是可遍历的，可以使用 for 循环遍历文件中的每行文本。

26．判断题：Python 的主程序文件 python.exe 属于二进制文件。

27．判断题：扩展名为 .py 和 .pyw 的 Python 源程序文件属于文本文件，可以使用记事本直接打开。

28．判断题：读写文件时，只要程序中调用了文件对象的 close() 方法，就一定可以保证文件被正确关闭。

29．判断题：文件对象的 seek() 方法定位的单位是字节，即使是使用 'r' 或 'w' 模式打开的文本文件也是一样的。

30．编程题：查阅资料，编写程序，读取 Python 安装目录中的文本文件 news.txt，统计并输出出现次数最多的前 10 个单词及其出现的次数。

31．编程题：编写程序，统计并输出自己计算机中 C 盘根目录及其所有子目录中扩展名为 .txt 的文件的数量。

32．编程题：编写程序，统计并输出自己计算机中 Python 安装目录及其所有子目录中文件大小之和。

33．编程题：编写程序，查找自己计算机 C 盘的所有文件中创建日期最早的文件名及其创建日期，日期格式为"年-月-日 时:分:秒"。

34．编程题：编写程序，运行之后输入两个文本文件的路径，然后把两个文件中的内容合并为一个新文件 result.txt，第一个输入的文件中的内容在前，第二个输入的文件中的内容在后。要求原始文件和结果目标都采用 UTF-8 编码格式。

35．编程题：查阅资料，编写程序，输入任意一个文本文件路径，不论其中的文本编码格式如何，都将其中的内容转换为 UTF-8 编码并保存至新文件 result.txt。

第9章

综合应用案例实践

本章 学习目标 ▶▶

➤ 了解标准库 `tkinter` 在 GUI 应用程序开发方面的应用
➤ 了解 SQLite 数据库基本操作并能编写简单数据库应用程序
➤ 了解使用 Python 读取 Word、Excel、PowerPoint 文件内容的方法
➤ 了解网络爬虫程序的基本原理并能编写简单的爬虫程序
➤ 了解扩展库 `matplotlib` 在可视化方面的应用

9.1 tkinter 应用开发

9.1.1 tkinter 基础知识

Python 标准库 `tkinter` 是对 Tcl/Tk 的进一步封装，是一套完整的 GUI 开发模块的组合或套件，这些模块共同提供了强大的跨平台 GUI 编程功能，所有的源码文件位于 Python 安装目录中的 `lib\tkinter` 文件夹下。除了在 `__init__.py` 文件中提供了导入 `tkinter` 就可以使用的常用组件、常量和变量类型之外，`tkinter` 还通过 `ttk` 模块提供了 `Combobox`、`Progressbar` 和 `Treeview` 等组件，`scrolledtext` 模块提供了带滚动条的文本框，`messagebox`、`commondialog`、`dialog`、`colorchooser`、`simpledialog`、`filedialog` 等模块提供了各种对话框，`font` 模块提供了与字体有关的对象，这些需要导入相应的模块之后才能使用。

表 9-1 中列出了 `tkinter` 常用的组件，`ttk`、`scrolledtext` 等其他子模块中包含的组件可以查阅相关资料。

表 9-1 tkinter 常用组件

组件名称	说 明
`Button`	按钮
`Canvas`	画布，用于绘制直线、椭圆、多边形等各种图形
`Checkbutton`	复选框形式的按钮

续表

组件名称	说　　明
Entry	单行文本框
Frame	框架，可作为其他组件的容器，常用来对组件进行分组
Label	标签，常用来显示单行文本
Listbox	列表框
Menu	菜单
Message	多行文本框
Radiobutton	单选钮，同一组中的单选钮任何时刻只能有一个处于选中状态
Scrollbar	滚动条
Toplevel	常用来创建新的窗口

本节以 Button 组件和 Entry 组件为例介绍一下组件的创建和用法，其他组件可以结合 9.1.2 节的例题和官方文档理解和使用。

下面的代码用来创建并返回一个按钮组件：

```
buttonImport = tkinter.Button(root, text='导入学生信息',
                              command=buttonImportClick)
```

其中，Button 类创建按钮组件时的参数 root 用来说明这次创建的按钮是要放置在 root 这个应用程序主界面上的，参数 text 用来设置按钮上显示的文本，参数 command 用来指定单击该按钮时要执行的操作，这里 buttonImportClick 是一个自定义函数的名字，单击按钮之后会执行 buttonImportClick 函数中的代码。除此之外，常用的参数还有 background(背景色)、bitmap(按钮上显示的位图)、borderwidth(边框宽度)、cursor(鼠标形状)、font(字体)、foreground(前景色)、justify(文本对齐方式)、height(高度)、width(宽度)等。

按钮创建成功后使用变量 buttonImport 保存，然后可以通过这个变量访问按钮属性或调用按钮的方法。例如，按钮组件的 pack()和 place()方法用来把按钮组件放置到界面上。下面的代码使用 place()方法把按钮放置到界面上距离左边界和上边界均为 20 个像素的位置：

```
buttonImport.place(x=20, y=20, height=30, width=100)
```

下面的代码用来创建一个字符串变量，然后再创建一个输入框(或单行文本框)组件 Entry 放置到界面上，并把字符串变量和输入框绑定到一起。

```
xuehao = tkinter.StringVar(root)
entryXuehao = tkinter.Entry(root,
                            # 设置字体、字号
                            font=('simhei', 20),
```

```
                                        # 设置前景色、背景色
                                        fg='red', bg='#66dddd',
                                        # 绑定变量
                                        textvariable=xuehao)
# 放置到窗口上指定位置，并设置组件尺寸
entryXuehao.place(x=100, y=5, width=150, height=40)
```

其中，参数 textvariable 用来指定一个 tkinter 字符串变量 xuehao。这样一来，当用户在界面上修改了输入框的内容以后，在代码中可以通过变量 xuehao 的 get()方法获取最新的内容。同样，如果在代码中使用 set()方法修改了变量 xuehao 的值，也会立刻把最新的内容显示到界面上的输入框中。除了使用 place()或 pack()方法把组件放置到界面上，Entry 组件还支持使用 get()方法获取输入的内容，支持 delete(first, last)方法删除输入框中下标介于[first, last)之间的文本，支持 insert(index, string)方法在指定位置插入字符串，等等。

使用 tkinter 开发 GUI 程序的基本步骤为：

(1) 编写通用代码，例如数据库操作、程序中需要多次调用的函数，这需要在编写代码之前对软件的功能进行分析和整理，最终提炼出通用部分的代码封装成类、函数。可以把这些类和函数的定义单独放在一个模块中。

(2) 创建应用程序，搭建界面，放置菜单、标签、按钮、输入框、单选钮、复选框、组合框等组件，设置组件的位置、宽度、高度、文本、颜色、字体等属性以及必要的事件处理函数。

(3) 编写组件的事件处理函数代码，实现预定的业务逻辑。例如，当单击"登录"按钮时，代码应检查输入的用户名和密码是否正确，然后决定是否允许登录；单击"保存"按钮时，代码应检查输入的数据是否合法，如果通过了检查则把这些数据写入数据库或文件中；单击"发送"按钮时，代码应检查数据是否合法并通过 Socket 或其他方式把这些数据发送给一个或多个接收方；单击"删除"按钮时，代码应删除数据库或文件中符合条件的数据，然后更新界面上显示的数据。除了完成预定功能之外，还应该有必要的反馈信息提示用户刚才的操作是成功还是失败；对重要操作尤其是删除操作进行二次确认以免用户误操作；对重要数据的修改和删除操作做好日志记录和备份。所有这些都应该在软件的设计环节定义好。

(4) 启动消息主循环，启动应用程序。

可以把下面的代码作为一个简单的 tkinter 应用程序开发框架，然后在需要的位置增加代码即可。

```
# ====================
# 根据需要导入用到的模块
import tkinter
import tkinter.ttk
import tkinter.messagebox
import tkinter.simpledialog
```

```
# ====================
```
```
# ====================
# 这里编写通用代码，或单独放置到另外的模块中再导入
# ====================

# ====================
# 创建 tkinter 应用程序主窗口
root = tkinter.Tk()
# 此处编写设置窗口属性的代码
# ====================

# ====================
# 此处编写创建窗口上各种组件的代码
# 以及按钮、组合框等交互式组件的事件处理代码
# ====================

# 启动消息主循环，启动应用程序
root.mainloop()
```

9.1.2 tkinter 应用开发综合案例

例 9-1 安装 Python 之后，自带的 IDLE 是一个简单的 Python 代码编辑和运行环境，具有语法高亮、智能提示、自动缩进等功能，详见本书 1.2 节。本例要求编写程序，使用 tkinter 编写 Python 代码编辑器，实现代码自动缩进与反缩进以及语法高亮等基本功能，支持对直接输入的代码和复制来的代码进行自动处理。

```
import string
from keyword import kwlist
import tkinter
import tkinter.scrolledtext

root = tkinter.Tk()
root.geometry('500x300+300+300')
root.title('Python 代码编辑器-董付国')

# 内置类型
bifs = dir(__builtins__)

# 关键字
kws = kwlist

def process_key(key):
```

```python
# 获取当前光标的位置，行号、列号
current_line_num, current_col_num = map(int,
                                        (workArea
                                         .index(tkinter.INSERT)
                                         .split('.')))
# 按下回车键，自动调整缩进
if key.keycode==13:
    # 获取上一行输入的内容
    last_line_num = current_line_num - 1
    last_line = workArea.get(f'{last_line_num}.0',
                             tkinter.INSERT).rstrip()
    # 计算最后一行的前导空格数量
    num = len(last_line) - len(last_line.lstrip(' '))
    # 最后一行以冒号结束，或者冒号后面有#单行注释
    if (last_line.endswith(':') or
        (':' in last_line and
         last_line.split(':')[-1].strip().startswith('#'))):
        num = num+4
    elif last_line.strip().startswith(('return', 'break',
                                       'continue', 'pass',
                                       'raise')):
        num = num-4
    workArea.insert(tkinter.INSERT, ' '*num)
# 按下退格键 Backspace
elif key.keysym == 'BackSpace':
    # 当前行从开始到鼠标位置的内容
    current_line = workArea.get(f'{current_line_num}.0',
                               f'{current_line_num}.{current_col_num}')
    # 当前光标位置前面的空格数量
    num = len(current_line) - len(current_line.rstrip(' '))
    # 最多删除 4 个空格
    # 这段代码是按下退格键删除一个字符之后才执行的，需要再删除最多 3 个空格
    num = min(3, num)
    if num > 1:
        workArea.delete(f'{current_line_num}.{current_col_num-num}',
                       f'{current_line_num}.{current_col_num}')
else:
    lines = (workArea.get('0.0', tkinter.END)
             .rstrip('\n').splitlines(keepends=True))
```

```
# 删除原来的内容
workArea.delete('0.0', tkinter.END)
# 再把原来的内容放回去，给不同子串加不同标记
for line in lines:
    # flag1 表示当前是否处于单词中
    # flag2 表示当前是否处于双引号的包围范围之内
    # flag3 表示当前是否处于单引号的包围范围之内
    flag1, flag2, flag3 = False, False, False
    for index, ch in enumerate(line):
        # 单引号和双引号优先
        if ch == "'" and not flag2:
            # 左右单引号之间切换
            flag3 = not flag3
            workArea.insert(tkinter.INSERT, ch, 'string')
        elif ch == '"' and not flag3:
            # 左右双引号之间切换
            flag2 = not flag2
            workArea.insert(tkinter.INSERT, ch, 'string')
        # 引号之内，直接绿色显示
        elif flag2 or flag3:
            workArea.insert(tkinter.INSERT, ch, 'string')
        # 不是引号，也不在引号之内
        else:
            # 当前字符不是字母
            if ch not in string.ascii_letters:
                # 但是前一个字符是字母，说明一个单词结束
                if flag1:
                    flag1 = False
                    # 获取该位置前面的最后一个单词
                    word = line[start:index]
                    # 内置函数，加标记
                    if word in bifs:
                        workArea.insert(tkinter.INSERT,
                                        word, 'bif')
                    # 关键字，加标记
                    elif word in kws:
                        workArea.insert(tkinter.INSERT,
                                        word, 'kw')
                    # 普通字符串，不加标记
```

```
                    else:
                            workArea.insert(tkinter.INSERT, word)
                # 单行注释，加标记，后面字符全部作为注释内容
                if ch == '#':
                    workArea.insert(tkinter.INSERT,
                                        line[index:], 'comment')
                    break
                else:
                    workArea.insert(tkinter.INSERT, ch)
            else:
                # 一个新单词的开始
                if not flag1:
                    flag1 = True
                    start = index
        # 考虑该行最后一个字符是字母的情况
        # 正在输入的当前行最后一个字符大部分情况下是字母
        if flag1:
            flag1 = False
            word = line[start:]
            if word in bifs:
                workArea.insert(tkinter.INSERT, word, 'bif')
            elif word in kws:
                workArea.insert(tkinter.INSERT, word, 'kw')
            else:
                workArea.insert(tkinter.INSERT, word)
    # 原来的内容重新着色以后，光标位置会在文本框最后
    # 这一行用来把光标位置移动到指定的位置，也就是正在修改的位置
    workArea.mark_set('insert',
                        f'{current_line_num}.{current_col_num}')

workArea = tkinter.scrolledtext.ScrolledText(root,
                                                font=('consolas', 16))
workArea.pack(side=tkinter.LEFT,
            expand=tkinter.YES,
            fill=tkinter.BOTH)
workArea.bind('<KeyRelease>', process_key)

# 给内置函数、关键字、注释、字符串设置颜色，语法高亮
workArea.tag_config('bif', foreground='purple')
workArea.tag_config('kw', foreground='orange')
```

```
workArea.tag_config('comment', foreground='red')
workArea.tag_config('string', foreground='green')

root.mainloop()
```

程序运行界面如图 9-1 所示。

```
from itertools import permutations
from string import ascii_letters, digits

n = int(input('请输入密码长度：'))
characters = 'abcd'
for item in permutations(characters, n):
    print(''.join(item))     # 连接字符串
print('='*10)
print(*map(''.join, permutations(characters, n)), sep='\n')
# 包含单引号的字符串，这个注释里有的break不会被认为是关键字
s = "abc'def这里有print也不会认为是函数名称"
s = 'abcd"ef字符串里有return也不认为是关键字'     # 包含双引号的字符串
for _ in range(10):
    for _ in ['a', "b", 'cde']:
        pass
```

图 9-1   Python 代码编辑器程序运行界面

例 9-2   编写程序，使用 tkinter 设计界面，输入网址 URL 之后，使用 Python 扩展库 qrcode 生成一个二维码图片，微信扫描二维码可以直接跳转到指定的页面。

```
from os import startfile
import tkinter
from qrcode import make

# 创建应用程序，设置标题和初始大小、位置
root = tkinter.Tk()
root.title('URL 二维码生成器-董付国')
root.geometry('500x100+400+200')

# 用来输入 URL 的文本框
url = tkinter.StringVar(root, value='请输入 URL')
entryUrl = tkinter.Entry(root, textvariable=url)
entryUrl.place(x=10, y=10, width=480, height=20)
def clear(event):
    url.set('')
# 鼠标左键单击文本框后清除其中的内容
entryUrl.bind('<Button-1>', clear)

# 按钮，生成二维码图片文件，并自动打开该文件
def generate():
    fn = 'result.png'
```

例 9-2 代码讲解

· 290 ·

```
        img = make(url.get())
        img.save(fn)
        startfile(fn)
buttonGenerate = tkinter.Button(root,
                                text='生成二维码',
                                command=generate)
buttonGenerate.place(x=200, y=40, width=80, height=20)

root.mainloop()
```

程序运行界面如图 9-2 所示。

图 9-2　根据 URL 生成跳转二维码

9.2　SQLite 数据库操作

9.2.1　SQLite 数据库基础

数据库技术的发展为各行各业都带来了很大的方便，数据库不仅支持各类数据的长期保存，更重要的是支持各种跨平台、跨地域的数据查询、共享以及修改，极大地方便了人们的生活和工作。电子邮箱、金融行业、聊天系统、各类网站、办公自动化系统、各种管理信息系统以及论坛、社区等，都少不了数据库技术的支持。

SQLite 是内嵌在 Python 中的轻量级、基于磁盘文件的数据库管理系统，不需要安装和配置服务器，支持使用 SQL 语句来访问数据库。该数据库使用 C 语言开发，支持大多数 SQL91 标准，支持原子的、一致的、独立的和持久的事务，不支持外键限制；通过数据库级的独占性和共享锁来实现独立事务，当多个线程同时访问同一个数据库并试图写入数据时，每一时刻只有一个线程可以写入数据。默认情况下，SQLite 数据库必须和相应的服务端程序在同一台服务器上，除非自己编写专门的代理程序。

SQLite 支持最大 140TB 大小的单个数据库，每个数据库完全存储在单个磁盘文件中，一个数据库就是一个文件，通过直接复制数据库文件就可以实现备份。如果需要使用可视化管理工具来操作 SQLite 数据库，可以使用 SQLiteManager、SQLite Database Browser 或其他类似工具。

许多 SQL 数据库引擎使用静态、严格的数据类型，每个字段只能存储指定类型的数据，而 SQLite 则使用更加通用的动态类型系统。SQLite 的动态类型系统兼容静态类型系统的数据库引擎，每种数据类型的字段都可以支持多种类型的数据。在 SQLite 数据库中，主要有以下几种数据类型(或者说是存储类别)：

- NULL：值为一个 NULL 空值。
- INTEGER：值被标识为整数，依据值的大小可以依次被存储为 1,2,3,4,6 或 8 个字节。
- REAL：所有值都是浮点数值，被存储为 8 字节的 IEEE 浮点数。
- TEXT：值为文本字符串，使用数据库编码存储，如 UTF-8、UTF-16-BE 或 UTF-16-LE。
- BLOB：值是数据的二进制对象，如何输入就如何存储，不改变格式。

Python 标准库 sqlite3 提供了 SQLite 数据库访问接口，不需要额外配置，连接数据库之后可以使用 SQL 语句对数据进行增、删、改、查等操作。下面的代码简单演示了 sqlite3 模块的用法。关于更多 SQL 语句的用法请参考 9.2.2 节，标准库 sqlite3 的更多用法可以参考官方文档。

```
>>> import sqlite3
>>> conn = sqlite3.connect('test.db')        # 连接或创建数据库
>>> cur = conn.cursor()                       # 创建游标
>>> cur.execute('CREATE TABLE tableTest(field1 numeric, field2 text)')
                                              # 创建数据表
<sqlite3.Cursor object at 0x000001C7AB3B43B0>
>>> data = zip(range(5), 'abcde')
>>> cur.executemany('INSERT INTO tableTest values(?,?)', data)
                                              # 问号是占位符，执行时被替换
                                              # 插入多条记录
<sqlite3.Cursor object at 0x000001C7AB3B43B0>
>>> cur.execute('SELECT * FROM tableTest ORDER BY field1 DESC')
                                              # 查询记录
<sqlite3.Cursor object at 0x000001C7AB3B43B0>
>>> for rec in cur.fetchall():
    print(rec)

(4, 'e')
(3, 'd')
(2, 'c')
(1, 'b')
(0, 'a')
>>> conn.commit()                             # 提交事务，保存数据
```

9.2.2 常用 SQL 语句

目前有很多成熟的数据库管理系统，例如 MS SQLServer、Oracle、MySQL、Sybase、Access、SQLite 等关系型数据库和近几年比较流行的 MongoDB 等 NoSQL 数据库。关系型数据库管理系统主要使用 SQL 语句进行数据的增、删、改、查操作，主流的关系型数据

库管理系统所支持的 SQL 语句基本上都遵循同样的规范，但是在具体实现上仍略有区别。本节重点介绍 SQL 语句的通用语法和 SQLite 数据库的专用语法，其中 SQL 关键字或函数使用大写单词表示。

1. 创建数据表

可以使用 CREATE TABLE 语句来创建数据表，并指定所有字段的名字、类型、是否允许为空以及是否为主键。格式如下：

```
CREATE TABLE tablename(col1 type1 [NOT NULL] [PRIMARY KEY],col2 type2 [NOT NULL],..)
```

2. 删除数据表

可以使用 DROP TABLE 语句删除数据表。格式如下：

```
DROP TABLE tablename
```

3. 插入记录

可以使用 INSERT INTO 语句往数据表中插入记录，同时设置指定字段的值。格式如下：

```
INSERT INTO tablename(field1,field2) VALUES(value1,value2)
```

4. 查询记录

(1) 从指定的数据表中查询并返回字段 field1 大于 value1 的那些记录的所有字段：

```
SELECT * FROM tablename WHERE field1>value1
```

(2) 模糊查询，返回字段 field1 中包含字符串 value1 的那些记录的 3 个字段：

```
SELECT field1,field2,field3 FROM tablename WHERE field1 LIKE '%value1%'
```

(3) 查询并返回字段 field1 的值介于 value1 和 value2 之间的那些记录的所有字段：

```
SELECT * FROM tablename WHERE field1 BETWEEN value1 AND value2
```

(4) 查询并返回所有记录的所有字段，按字段 field1 升序、field2 降序排列：

```
SELECT * FROM tablename ORDER BY field1,field2 DESC
```

(5) 查询并返回数据表中所有记录总数：

```
SELECT COUNT(*) AS totalcount FROM tablename
```

(6) 对数据表中指定字段 field1 的值进行求和：

```
SELECT SUM(field1) AS sumvalue FROM tablename
```

(7) 对数据表中指定字段 **field1** 的值求平均：

```
SELECT AVG(field1) AS avgvalue FROM tablename
```

(8) 对数据表中指定字段 **field1** 的值求最大值、最小值：

```
SELECT MAX(field1) AS maxvalue FROM tablename
SELECT MIN(field1) AS minvalue FROM tablename
```

(9) 查询并返回数据表中符合条件的前 **10** 条记录：

```
SELECT TOP 10 * FROM tablename WHERE field1 LIKE '%value1%' ORDER BY field1
```

或

```
SELECT * FROM tablename WHERE field1 LIKE '%value1%' ORDER BY field1 LIMIT 10
```

5. 更新记录

可以使用 UPDATE 语句来更新数据表中符合条件的那些记录指定字段的值，如果不指定条件则默认把所有记录的指定字段都修改为指定的值，一定要慎重操作。格式如下：

```
UPDATE tablename SET field1=value1 WHERE field2=value2
```

6. 删除记录

可以使用 DELETE 语句来删除符合条件的记录，如果不指定条件，则默认删除数据表中所有记录，一定要慎重操作。格式如下：

```
DELETE FROM tablename WHERE field1=value1
```

9.2.3 使用 tkinter+SQLite 开发个人通信录管理系统

本节通过一个通信录管理系统来演示 SQLite 数据库的应用，程序界面使用 tkinter 开发，可以结合 9.1 节的内容和代码中的注释进行理解。更多数据库操作案例可以通过微信公众号 "Python 小屋" 历史文章清单 https://mp.weixin.qq.com/s/u9Feqo BaA3Mr0fPCUMbpqA 搜索 "数据库" 找到相关技术文章进行阅读学习。

例 9-3 编写程序实现通信录管理系统，使用 SQLite 数据库存储数据，使用 tkinter 设计界面。

```
import sqlite3
import tkinter
from tkinter.ttk import Treeview
from tkinter.messagebox import showerror, showinfo, askyesno
```

例 9-3 代码讲解

```python
def doSql(sql):
    '''用来执行 SQL 语句'''
    with sqlite3.connect('data.db') as conn:
        conn.execute(sql)
        conn.commit()

# 创建 tkinter 应用程序窗口
root = tkinter.Tk()
# 设置窗口大小和位置，第 1 个 500 后面是小写字母 x，不是乘号
root.geometry('500x500+400+300')
# 不允许改变窗口大小
root.resizable(False, False)
# 设置窗口标题
root.title('通信录管理系统')

# 在窗口上放置标签组件和用于输入姓名的文本框组件
lbName = tkinter.Label(root, text='姓名：')
lbName.place(x=10, y=10, width=40, height=20)
entryName = tkinter.Entry(root)
entryName.place(x=60, y=10, width=150, height=20)

# 在窗口上放置标签组件和用于选择性别的组合框组件
lbSex = tkinter.Label(root, text='性别：')
lbSex.place(x=220, y=10, width=40, height=20)
comboSex = tkinter.ttk.Combobox(root, values=('男', '女'))
comboSex.place(x=270, y=10, width=150, height=20)

# 在窗口上放置标签组件和用于输入年龄的文本框组件
lbAge = tkinter.Label(root, text='年龄：')
lbAge.place(x=10, y=50, width=40, height=20)
entryAge = tkinter.Entry(root)
entryAge.place(x=60, y=50, width=150, height=20)

# 在窗口上放置标签组件和用于输入部门的文本框组件
lbDepartment = tkinter.Label(root, text='部门：')
lbDepartment.place(x=220, y=50, width=40, height=20)
entryDepartment = tkinter.Entry(root)
entryDepartment.place(x=270, y=50, width=150, height=20)

# 在窗口上放置标签组件和用于输入电话号码的文本框组件
lbTelephone = tkinter.Label(root, text='电话：')
```

```
lbTelephone.place(x=10, y=90, width=40, height=20)

entryTelephone = tkinter.Entry(root)

entryTelephone.place(x=60, y=90, width=150, height=20)


# 在窗口上放置标签组件和用于输入 QQ 号码的文本框组件

lbQQ = tkinter.Label(root, text='QQ: ')

lbQQ.place(x=220, y=90, width=40, height=20)

entryQQ = tkinter.Entry(root)

entryQQ.place(x=270, y=90, width=150, height=20)


# 创建面板组件，用来在窗口上放置显示通信录信息的表格

frame = tkinter.Frame(root)

frame.place(x=0, y=180, width=480, height=280)

# 创建属于面板组件的滚动条

scrollBar = tkinter.Scrollbar(frame)

# 放在面板的右侧，Y 方向高度始终与父组件一致

scrollBar.pack(side=tkinter.RIGHT, fill=tkinter.Y)

# Treeview 组件，模拟表格

treeAddressList = Treeview(frame,
                              columns=('c1', 'c2',
                                        'c3', 'c4',
                                        'c5', 'c6'),
                              show="headings",
                              yscrollcommand=scrollBar.set)

# 设置每列的宽度和对齐方式

treeAddressList.column('c1', width=70, anchor='center')

treeAddressList.column('c2', width=40, anchor='center')

treeAddressList.column('c3', width=40, anchor='center')

treeAddressList.column('c4', width=120, anchor='center')

treeAddressList.column('c5', width=100, anchor='center')

treeAddressList.column('c6', width=90, anchor='center')

# 设置每列的标题

treeAddressList.heading('c1', text='姓名')

treeAddressList.heading('c2', text='性别')

treeAddressList.heading('c3', text='年龄')

treeAddressList.heading('c4', text='部门')

treeAddressList.heading('c5', text='电话')

treeAddressList.heading('c6', text='QQ')
```

```
treeAddressList.pack(side=tkinter.LEFT, fill=tkinter.Y)
# Treeview 组件与垂直滚动条结合
scrollBar.config(command=treeAddressList.yview)

# 定义 Treeview 组件的左键松开事件，并绑定到 Treeview 组件上
# 单击鼠标左键，设置变量 nameToDelete 的值，然后可以使用"删除"按钮来删除
nameToDelete = tkinter.StringVar('')
def treeviewClick(event):
    if not treeAddressList.selection():
        return
    # 获取选择的第一项
    item = treeAddressList.selection()[0]
    # 获取第一列的内容，也就是姓名
    name = treeAddressList.item(item, 'values')[0]
    nameToDelete.set(name)
# 鼠标在组件上单击左键后松开，执行 treeviewClick 函数的代码
treeAddressList.bind('<ButtonRelease-1>', treeviewClick)

def bindData():
    '''把数据库里的通信录记录读取出来，然后在表格中显示'''
    # 删除表格中原来的所有行
    for row in treeAddressList.get_children():
        treeAddressList.delete(row)
    # 读取数据库中的所有数据
    with sqlite3.connect('data.db') as conn:
        cur = conn.cursor()
        cur.execute('SELECT * FROM addressList ORDER BY id ASC')
        temp = cur.fetchall()
    # 把数据插入表格
    for i, item in enumerate(temp):
        treeAddressList.insert('', i, values=item[1:])
# 调用函数，启动程序时把数据库中的记录显示到表格中
bindData()

# 在窗口上放置用于添加通信录的按钮，并设置按钮单击事件函数
def buttonAddClick():
    # 检查姓名
    name = entryName.get().strip()
```

```python
    if not name:
        showerror(title='很抱歉', message='必须输入姓名')
        return

    # 姓名不能重复，如果返回值不为 0 说明数据库中已存在这个姓名的信息
    with sqlite3.connect('data.db') as conn:
        cur = conn.cursor()
        sql = f'SELECT COUNT(id) FROM addressList WHERE name="{name}"'
        cur.execute(sql)
        c = cur.fetchone()[0]
    if c != 0:
        showerror(title='很抱歉', message='姓名不能重复')
        return

    # 获取选择的性别，必须为男或女二者之一
    sex = comboSex.get()
    if sex not in '男女':
        showerror(title='很抱歉', message='性别不合法')
        return

    # 检查年龄，必须为 1 到 100 之间的整数
    age = entryAge.get().strip()
    if not (age.isdigit() and 1<int(age)<100):
        showerror(title='很抱歉',
                  message='年龄必须为 1 到 100 之间的数字')
        return

    # 检查部门，必须输入内容
    department = entryDepartment.get().strip()
    if not department:
        showerror(title='很抱歉', message='必须输入部门')
        return

    # 检查电话号码，必须为整数，但没有检查有效性
    telephone = entryTelephone.get().strip()
    if not telephone.isdigit():
        showerror(title='很抱歉', message='电话号码必须是数字')
        return

    # 检查 QQ 号码，必须为整数，但没有检查有效性
```

```
        qq = entryQQ.get().strip()
        if not qq.isdigit():
            showerror(title='很抱歉', message='QQ 号码必须是数字')
            return

        # 所有输入都通过检查，执行 SQL 语句把数据插入数据库
        sql = (f'INSERT INTO addressList(name,sex,age,'+
               f'department,telephone,qq) '+
               f'VALUES("{name}","{sex}",{age},'+
               f'"{department}","{telephone}","{qq}")')
        doSql(sql)

        # 添加记录后，更新表格中的数据
        bindData()
    buttonAdd = tkinter.Button(root, text='添加',
                                    command=buttonAddClick)
    buttonAdd.place(x=120, y=140, width=80, height=20)

    # 在窗口上放置用于删除通信录的按钮，并设置按钮单击事件函数
    def buttonDeleteClick():
        name = nameToDelete.get()
        if name == '':
            showerror(title='很抱歉', message='请选择一条记录')
            return

        # 如果已经选择了一条通信录，执行 SQL 语句将其删除
        sql = f'DELETE FROM addressList WHERE name="{name}"'
        if askyesno('请确认', '确定要删除') == tkinter.YES:
            doSql(sql)
            showinfo('恭喜', '删除成功')
            # 重新设置变量为空字符串
            nameToDelete.set('')
            # 更新表格中的数据
            bindData()
    buttonDelete = tkinter.Button(root, text='删除',
                                    command=buttonDeleteClick)
    buttonDelete.place(x=240, y=140, width=80, height=20)

    # 启动消息主循环，启动应用程序
    root.mainloop()
```

运行结果界面如图 9-3 所示。

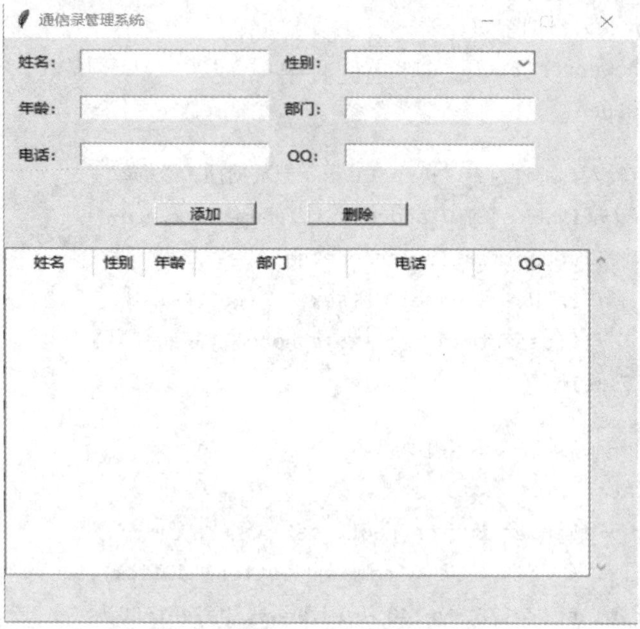

图 9-3　通信录管理系统运行界面

9.3　Office 文档操作

9.3.1　docx、xlsx、pptx 文件操作基础

扩展库 python-docx、docx2python 提供了 docx 格式的 Word 文档操作接口。扩展库 python-docx 可以使用 pip install python-docx 命令进行安装，安装之后叫作 docx。扩展库 docx2python 的安装名称和使用名称是一致的。

在真正操作 docx 文件之前，需要对这种类型的文件结构有一定的了解。在 docx 文件中，有很多 sections(节)、paragraphs(段落)、tables(表格)、inline_shapes(行内元素)，其中每个段落又包括一个或多个 run(一段连续的具有相同格式的文本)，每个表格又包含一个或多个 rows(行)和 columns(列)，每行或列又包括多个 cells(单元格)。所有这些对象都具有大量的属性，通过这些属性来读取或控制 Word 文档中的内容和格式。

Python 扩展库 openpyxl 提供了操作 xlsx 格式 Excel 文件的接口，可以使用 pip install openpyxl 安装这个扩展库。Anaconda3 安装包中已经集成安装了 openpyxl，不需要再次安装。

每个 Excel 文件称为一个 workbook(工作簿)，由若干 worksheet(工作表)组成，每个工作表又由若干 rows(行)和 columns(列)组成，每个行和列由若干单元格组成。在单元格中可以存储整数、实数、字符串、公式、图表等对象。

Python 扩展库 python-pptx 提供了 pptx 格式的 PowerPoint 文件操作接口，可以使用 pip install python-pptx 命令安装，安装之后的名字叫作 pptx。

每个 PowerPoint 文件称为一个 Presentation(演示文档)，每个 Presentation 对象包含一个由所有幻灯片组成的属性 slides，每个幻灯片对象的属性 Shapes 包含了这一页幻灯片上的所有元素，可以是 TEXT_BOX(文本框)、PICTURE(图片)、CHART(图表)、TABLE(表格)或其他元素，分别对应不同的 shape_type 属性值。

9.3.2 查找包含特定关键字的 Word、Excel、PowerPoint 文件

在本节中通过一个案例来演示如何使用 Python 读取和检查 Word 文档、Excel 文件和 PowerPoint 文件中的内容，适用于 Office 2007 之后版本的.docx、.xlsx、.pptx 格式的文件。更多 Office 文档操作案例可以通过微信公众号"Python 小屋"历史文章清单 https://mp.weixin.qq.com/s/u9FeqoBaA3Mr0fPCUMbpqA 搜索"文件操作"找到。

例 9-4　编写程序，搜索并输出当前文件夹中包含特定关键字字符串的 Word、Excel、PowerPoint 文件名。

```python
from sys import argv
from os import listdir
from os.path import join, isfile, isdir
from docx import Document
from openpyxl import load_workbook
from pptx import Presentation

def checkdocx(dstStr, fn):
    # 打开 docx 文档
    document = Document(fn)
    # 遍历所有段落文本
    for p in document.paragraphs:
        if dstStr in p.text:
            return True
    # 遍历所有表格中的单元格文本
    for table in document.tables:
        for row in table.rows:
            for cell in row.cells:
                if dstStr in cell.text:
                    return True
    return False

def checkxlsx(dstStr, fn):
    # 打开 xlsx 文件
    wb = load_workbook(fn)
    # 遍历所有工作表的单元格
```

```
        for ws in wb.worksheets:
            for row in ws.rows:
                for cell in row:
                    try:
                        if dstStr in cell.value:
                            return True
                    except:
                        pass
        return False

def checkpptx(dstStr, fn):
    # 打开 pptx 文档
    presentation = Presentation(fn)
    # 遍历所有幻灯片
    for slide in presentation.slides:
        for shape in slide.shapes:
            # 表格中的单元格文本
            if shape.shape_type == 19:
                for row in shape.table.rows:
                    for cell in row.cells:
                        if dstStr in cell.text_frame.text:
                            return True
            # 普通文本框中的文本
            elif shape.shape_type == 14:
                try:
                    if dstStr in shape.text:
                        return True
                except:
                    pass
    return False

def main(dstStr, flag):
    # 一个圆点表示当前文件夹
    dirs = ['.']
    while dirs:
        # 获取第一个尚未遍历的文件夹名称
        currentDir = dirs.pop(0)
        for fn in listdir(currentDir):
            path = join(currentDir, fn)
            if isfile(path):
```

```
        if path.endswith('.docx') andcheckdocx(dstStr, path):
            print(path)
        elif path.endswith('.xlsx') andcheckxlsx(dstStr, path):
            print(path)
        elif path.endswith('.pptx') andcheckpptx(dstStr, path):
            print(path)
    # 广度优先遍历目录树
    elif flag and isdir(path):
        dirs.append(path)

# 标准库 sys 中的 argv 用来接收命令行参数
# argv 是个列表，其中 argv[0]为程序文件名
# argv[1]表示是否要检查所有子文件夹中的文件
if argv[1] != '/s':
    dstStr = argv[1]
    flag = False
else:
    dstStr = argv[2]
    flag = True

main(dstStr, flag)
```

程序的两种使用方式如下：

```
c:\Python38\Python.exe findStrOffice.py 董付国
c:\Python38\Python.exe findStrOffice.py /s 董付国
```

　　第一种方式只搜索当前文件夹中包含字符串"董付国"的 Office 文档，第二种方式会搜索当前文件夹及其所有文件夹中包含字符串"董付国"的 Office 文档。

9.4　网络爬虫实战

9.4.1　requests 基本操作

　　在本书例 8-3 和例 8-4 中介绍了使用 Python 标准库 urllib 和 re 编写网络爬虫程序的用法，而 Python 扩展库 requests 提供了比标准库 urllib 更简洁的形式来处理 HTTP 协议和获取网页内容。requests 也是比较常用的爬虫工具之一，使用 pip 可以直接在线安装。

　　requests 安装成功之后，使用下面的方式导入这个库：

```
>>> import requests
```

然后可以通过 get()、post()、put()、delete()、head()、options()等函数以不同方式请求指定 URL 的资源,请求成功之后会返回一个 response 对象。通过 response 对象的 status_code 属性可以查看状态码,通过 text 属性可以查看网页源代码(有时候可能会出现乱码),通过 content 属性可以返回二进制形式的网页源代码,通过 encoding 属性可以查看和设置编码格式。

下面的代码演示了增加头部并设置访问代理的用法:

```
>>> url = 'https://api.github.com/some/endpoint'
>>> headers = {'user-agent': 'my-app/0.0.1'}
>>> r = requests.get(url, headers=headers)
```

下面的代码演示了以 POST 方式访问网页并提交数据的用法:

```
>>> payload = {'key1': 'value1', 'key2': 'value2'}
>>> r = requests.post("http://httpbin.org/post", data=payload)
>>> print(r.text)          #查看网页信息,略去输出结果
>>> url = 'https://api.github.com/some/endpoint'
>>> payload = {'some': 'data'}
>>> r = requests.post(url, json=payload)
>>> print(r.text)          #查看网页信息,略去输出结果
>>> print(r.headers)       #查看头部信息,略去输出结果
>>> print(r.headers['Content-Type'])
application/json; charset=utf-8
>>> print(r.headers['Content-Encoding'])
gzip
```

下面的代码演示了 get()方法的 cookies 参数的用法:

```
>>> r = requests.get("http://www.baidu.com/")
>>> print(r.cookies)                         #查看 cookies
<RequestsCookieJar[Cookie(version=0, name='BDORZ', value='27315', port=None,
                port_specified=False, domain='.baidu.com',
                domain_specified=True,domain_initial_dot=True, path='/',
                path_specified=True, secure=False, expires=1521533127,
                discard=False, comment=None, comment_url=None, rest={},
                rfc2109=False)]>
>>> url = 'http://httpbin.org/cookies'
>>> cookies = dict(cookies_are='working')
>>> r = requests.get(url, cookies=cookies)  #设置 cookies
>>> print(r.text)
{
  "cookies":
```

```
{
   "cookies_are": "working"
  }
}
```

9.4.2　BeautifulSoup 基本操作

BeautifulSoup 是一个非常优秀的 Python 扩展库，可以用来从 HTML 或 XML 文件内容中提取感兴趣的数据，允许指定使用不同的解析器。BeautifulSoup 可以使用 pip install beautifulsoup4 直接进行安装，安装之后应使用 from bs4 import BeautifulSoup 导入并使用。下面的代码在 IDLE 中演示了 BeautifulSoup 的基本操作和常用功能，完整的学习资料请参考官方链接 https://www.crummy.com/software/BeautifulSoup/bs4/doc/。

```
>>> from bs4 import BeautifulSoup
>>> BeautifulSoup('hello world!', 'lxml')        # 自动添加和补全标签
<html><body><p>hello world!</p></body></html>
>>> html_doc = """
<html><head><title>The Dormouse's story</title></head>
<body>
<p class="title"><b>The Dormouse's story</b></p>

<p class="story">Once upon a time there were three little sisters; and their
names were
<a href="http://example.com/elsie" class="sister" id="link1">Elsie</a>,
<a href="http://example.com/lacie" class="sister" id="link2">Lacie</a> and
<a href="http://example.com/tillie" class="sister" id="link3">Tillie</a>;
and they lived at the bottom of a well.</p>

<p class="story">...</p>
"""
>>> soup = BeautifulSoup(html_doc, 'html.parser')
                                          # 也可以使用 lxml 或其他解析器
>>> print(soup.prettify())                # 以优雅的方式显示出来
<html>
  <head>
    <title>
      The Dormouse's story
    </title>
  </head>
  <body>
```

Python 程序设计入门与实践

```
      <p class="title">
        <b>
          The Dormouse's story
        </b>
      </p>
      <p class="story">
      Once upon a time there were three little sisters; and their names were
      <a class="sister" href="http://example.com/elsie" id="link1">
      Elsie
      </a>
      ,
      <a class="sister" href="http://example.com/lacie" id="link2">
      Lacie
      </a>
      and
      <a class="sister" href="http://example.com/tillie" id="link3">
      Tillie
      </a>
      ;
and they lived at the bottom of a well.
      </p>
      <p class="story">
      ...
      </p>
      </body>
</html>
>>> print(soup.title)                              # 访问特定的标签
<title>The Dormouse's story</title>
>>> print(soup.title.name)                         # 标签名字
title
>>> print(soup.title.text)                         # 标签文本
The Dormouse's story
>>> print(soup.title.string)
The Dormouse's story
>>> print(soup.title.parent)                       # 上一级标签
<head><title>The Dormouse's story</title></head>
>>> print(soup.head)
<head><title>The Dormouse's story</title></head>
>>> print(soup.b)                                  # 使用不同形式访问标签
```

```
<b>The Dormouse's story</b>
>>> print(soup.body.b)
<b>The Dormouse's story</b>
>>> print(soup.name)                        # 把整个 BeautifulSoup 对象看作标签对象
[document]
>>> print(soup.body)
<body>
<p class="title"><b>The Dormouse's story</b></p>
<p class="story">Once upon a time there were three little sisters; and their
names were
<a class="sister" href="http://example.com/elsie" id="link1">Elsie</a>,
<a class="sister" href="http://example.com/lacie" id="link2">Lacie</a> and
<a class="sister" href="http://example.com/tillie" id="link3">Tillie</a>;
and they lived at the bottom of a well.</p>
<p class="story">...</p>
</body>
>>> print(soup.p)
<p class="title"><b>The Dormouse's story</b></p>
>>> print(soup.p['class'])                   # 标签属性
['title']
>>> print(soup.p.get('class'))               # 也可以这样查看标签属性
['title']
>>> print(soup.p.text)
The Dormouse's story
>>> print(soup.p.contents)
[<b>The Dormouse's story</b>]
>>> print(soup.a)
<a class="sister" href="http://example.com/elsie" id="link1">Elsie</a>
>>> print(soup.a.attrs)                       # 查看标签所有属性
{'class': ['sister'], 'href': 'http://example.com/elsie', 'id': 'link1'}
>>> print(soup.find_all('a'))                 # 查找所有<a>标签
[<a class="sister" href="http://example.com/elsie" id="link1">Elsie</a>, <a
class="sister" href="http://example.com/lacie" id="link2">Lacie</a>, <a class=
"sister" href="http://example.com/tillie" id="link3">Tillie</a>]
>>> print(soup.find_all(['a', 'b']))          # 同时查找<a>和<b>标签
[<b>The Dormouse's story</b>, <a class="sister" href=
    "http://example.com/ elsie" id="link1">Elsie</a>,
    <a class="sister" href="http://example.com/lacie" id="link2">Lacie</a>,
    <a class="sister" href="http://example.com/tillie" id=
```

```
                    "link3">Tillie</a>]
>>> import re                          # 导入正则表达式模块
>>> print(soup.find_all(href=re.compile('elsie')))
                                       # 查找 href 中包含特定关键字的标签
[<a class="sister" href="http://example.com/elsie" id="link1">Elsie</a>]
>>> print(soup.find(id='link3'))
<a class="sister" href="http://example.com/tillie" id="link3">Tillie</a>
>>> print(soup.find_all('a', id='link3'))
[<a class="sister" href="http://example.com/tillie" id="link3">Tillie</a>]
>>> for link in soup.find_all('a'):
    print(link.text,':',link.get('href'))


Elsie : http://example.com/elsie
Lacie : http://example.com/lacie
Tillie : http://example.com/tillie
>>> print(soup.get_text())             # 返回所有文本
The Dormouse's story
The Dormouse's story
Once upon a time there were three little sisters; and their names were
Elsie,
Lacie and
Tillie;
and they lived at the bottom of a well.
...
>>> soup.a['id'] = 'test_link1'        # 修改标签属性的值
>>> print(soup.a)
<a class="sister" href="http://example.com/elsie" id="test_link1">Elsie</a>
>>> soup.a.string.replace_with('test_Elsie') # 修改标签文本
'Elsie'
>>> print(soup.a.string)
'test_Elsie'
>>> print(soup.prettify())
<html>
  <head>
    <title>
      The Dormouse's story
    </title>
  </head>
```

```
  <body>
    <p class="title">
      <b>
        The Dormouse's story
      </b>
    </p>
    <p class="story">
      Once upon a time there were three little sisters; and their names were
  <a class="sister" href="http://example.com/elsie" id="test_link1">
    test_Elsie
  </a>
  ,
  <a class="sister" href="http://example.com/lacie" id="link2">
    Lacie
  </a>
  and
  <a class="sister" href="http://example.com/tillie" id="link3">
    Tillie
  </a>
  ;
and they lived at the bottom of a well.
    </p>
    <p class="story">
    ...
    </p>
    </body>
</html>
>>> for child in soup.body.children:     # 遍历直接子标签
      print(child)


<p class="title"><b>The Dormouse's story</b></p>
    <p class="story">Once upon a time there were three little sisters; and their
names were
    <a class="sister" href="http://example.com/elsie" id="test_link1">test_Elsie
</a>,
    <a class="sister" href="http://example.com/lacie" id="link2">Lacie</a> and
    <a class="sister" href="http://example.com/tillie" id="link3">Tillie</a>;
    and they lived at the bottom of a well.</p>
    <p class="story">...</p>
```

```
>>> for string in soup.strings:          # 遍历所有文本，结果略
    print(string)

>>> test_doc = '<html><head></head><body><p></p><p></p></body></heml>'
>>> s = BeautifulSoup(test_doc, 'lxml')
>>> for child in s.html.children:          # 遍历直接子标签
    print(child)

<head></head>
<body><p></p><p></p></body>
>>> for child in s.html.descendants:       # 遍历子孙标签
    print(child)

<head></head>
<body><p></p><p></p></body>
<p></p>
<p></p>
```

9.4.3 爬取微信公众号历史文章

本节通过一个网络爬虫综合案例演示相关技术的应用，更多案例可以通过微信公众号"Python 小屋"历史文章清单 https://mp.weixin.qq.com/s/u9FeqoBaA3Mr0fPCUMbpqA 搜索"网络爬虫"找到。

例 9-5 编写网络爬虫程序，爬取微信公众号"Python 小屋"历史文章并把内容写入本地 Word 文件，每篇文章生成一个 Word 文件。

```
from time import sleep
from os import mkdir
from os.path import isdir
import requests
from bs4 import BeautifulSoup
from docx import Document, opc, oxml
from docx.shared import Inches

# 用来存放 Word 文档的文件夹，如果不存在就创建
dstDir = 'words'
if not isdir(dstDir):
    mkdir(dstDir)

# 获取公众号历史文章清单
url = r'https://mp.weixin.qq.com/s/u9FeqoBaA3Mr0fPCUMbpqA'
content = requests.get(url)
```

例 9-5 代码讲解

```
# 设置编码格式
content.encoding = 'utf8'
# 解析网页源代码
soupMain = BeautifulSoup(content.text, 'lxml')

# 遍历每篇文章的链接，分别生成独立的 Word 文档
for a in soupMain.find_all('a', target="_blank"):
    # 每隔 5 秒钟爬一篇文章
    sleep(5)
    # text 属性会自动忽略内部的所有 HTML 标签
    # 替换文章标题中不能在文件名使用的反斜线和竖线符号
    title = a.text.replace("\\", '').replace('|', '_').replace('/', '_')
    # 输出正在爬取的文章标题
    print(title)
    # 获取每篇文章的链接地址
    link = a['href']

    # 创建空白 Word 文档
    currentDocument = Document()
    # 写入文章标题
    currentDocument.add_heading(title)
    # 读取文章链接的网页源代码，创建 BeautifulSoup 对象
    content = requests.get(link)
    content.encoding = 'utf8'
    # 查找 id 为 js_content 的 div
    soup = BeautifulSoup(content.text,
                        'lxml').find('div', id='js_content')

    # 遍历该 div 下的所有直接子节点，如果没有符合条件的 div 就跳过
    if not soup:
        continue
    for child in soup.children:
        child = BeautifulSoup(str(child), 'lxml')
        # 包含<a>的子节点，在 Word 文档中插入超链接
        if child.a:
            # 增加一个新的段落
            p = currentDocument.add_paragraph(text=child.text)
            try:
                # 在段内增加一个 run，设置超链接地址
                p.add_run()
```

```
                r_id = p.part.relate_to(child.a['href'],
                        opc.constants.RELATIONSHIP_TYPE.HYPERLINK,
                        is_external=True)
            hyperlink = oxml.shared.OxmlElement('w:hyperlink')
            hyperlink.set(oxml.shared.qn('r:id'), r_id)
            hyperlink.append(p.runs[0]._r)
            p._p.insert(1, hyperlink)
        except:
            pass
    # 包含<img>的子节点，在 Word 文档中插入对应的图片
    elif child.img:
        pic = 'temp.png'
        with open(pic, 'wb') as fp:
            fp.write(requests.get(child.img['data-src']).content)
        try:
            currentDocument.add_picture(pic, width=Inches(4))
        except:
            pass
    # 包含<tr>的字节点，在 Word 文档中插入表格
    elif child.tr:
        rows = child.find_all('tr')
        cols = rows[0].find_all('td')
        # 创建空白表格
        table = currentDocument.add_table(len(rows), len(cols))
        # 往对应的单元格中写入内容
        for rindex, row in enumerate(rows):
            for cindex, col in enumerate(row.find_all('td')):
                try:
                    cell = table.cell(rindex, cindex)
                    cell.text = col.text
                except:
                    pass
    # 纯文字，直接写入 Word 文件
    else:
        para = child.text
        currentDocument.add_paragraph(text=para)

# 保存当前文章的 Word 文档
currentDocument.save(dstDir+'\\'+title+'.docx')
```

9.5　数据可视化实战

9.5.1　matplotlib 扩展库基本操作

Python 扩展库 matplotlib 依赖于扩展库 numpy 和标准库 tkinter，可以绘制多种形式的二维或三维图形，包括折线图、散点图、饼状图、柱状图、雷达图，可以绘制直角坐标系图形和极坐标系图形，图形质量可以达到出版要求。matplotlib 不仅在数据可视化领域有重要的应用，也常用于科学计算可视化。

Python 扩展库 matplotlib 包括 pylab、pyplot 等绘图模块以及大量用于字体、颜色、图例等图形元素的管理与控制的模块。其中 pylab 和 pyplot 模块提供了类似于 MATLAB 的绘图接口，支持线条样式、字体属性、轴属性以及其他属性的管理和控制，可以使用非常简洁的代码绘制出各种优美的图案。

使用 pylab 或 pyplot 绘图的一般过程为：读入或创建数据，根据实际需要创建直角坐标系或极坐标系轴域，绘制折线图、散点图、柱状图、饼状图、雷达图或三维曲线和曲面，接下来设置轴和图形属性，最后显示或保存绘图结果。

在绘制图形以及设置轴和图形属性时，大多数函数都具有很多可选参数支持个性化设置，其中很多参数又具有多个可能的值，例如颜色、线型、线宽、顶点符号等。本节并没有给出每个参数的所有可能取值，这些可以通过 Python 的内置函数 help() 或者通过查阅 matplotlib 官方在线文档 https://matplotlib.org/index.html 来获知，或者通过查阅 Python 安装目录中的 Lib\site-packages\matplotlib 文件夹中的源代码来获取更加完整的帮助信息。

9.5.2　数据可视化案例

本节通过一个模拟转盘抽奖游戏的案例来演示扩展库 matplotlib 在可视化方面的应用，更多案例可以在微信公众号"Python 小屋"的历史文章清单链接 https://mp.weixin.qq.com/s/u9FeqoBaA3Mr0fPCUMbpqA 中找到。

例 9-6　编写程序，模拟转盘抽奖游戏。程序运行之后，绘制一个饼状图模拟转盘上的奖项划分，绘制一条从饼状图中心到边缘的半径模拟转盘上的指针，在饼状图下面创建一个按钮。单击按钮之后，指针开始以越来越慢的速度转动，根据最终停下时所处的位置判断中了几等奖。

```
from random import random
from math import sin, cos, pi
from tkinter.messagebox import showinfo
import matplotlib.pyplot as plt
from matplotlib.widgets import Button

# 设置图形上的中文字体，支持在图形上显示中文
```

```
plt.rcParams['font.sans-serif'] = ['SimHei']

# 划分转盘上的区域
data = {'一等奖':0.08, '二等奖':0.22, '三等奖':0.7}

fig = plt.figure()
# 创建轴域，用来绘制饼状图和折线图
ax1 = plt.axes([0.1, 0.15, 0.8, 0.8])
# 绘制饼状图，模拟转盘
ax1.pie(data.values(), labels=data.keys(), radius=1)
# 绘制直线段模拟转盘上的指针
# [0,1]表示起点和终点的 x 坐标，[0,0]表示起点和终点的 y 坐标
ax1.plot([0, 1], [0, 0], lw=3, color='white')

def motion(event):
    # 禁用按钮，避免重复响应鼠标单击
    buttonStart.set_active(False)
    # 用来控制指针角度的变量
    position = 0
    step = random()*2
    ax1.lines.clear()
    ax1.plot([0, cos(position)], [0, sin(position)],
             lw=3, color='white')
    # 强制更新图形
    plt.draw_all(True)

    # 模拟转盘上指针的转动
    for i in range(150):
        # 不断减小 step 的值，模拟指针越转越慢
        if i%15 == 0:
            step = max(0, step-0.2)
        # 如果已经转得很慢了，提前结束循环
        if step < 1e-2:
            break
        position = position + step
        # 暂停，参数越小，转得越快
        plt.pause(0.05)
        # 删除图形上的所有直线
        ax1.lines.clear()
        # 重新绘制一条直线，模拟指针的转动
```

```
            # [0, cos(position)]表示直线起点和终点的横坐标
            # [0, sin(position)]表示直线起点和终点的纵坐标
            # lw=3 表示设置指针的宽度为 3 个像素
            # color='white'表示绘制白色直线来模拟指针
            ax1.plot([0, cos(position)], [0, sin(position)],
                    lw=3, color='white')
            # 强制更新图形
            plt.draw_all(True)
    # 启用按钮
    buttonStart.set_active(True)
    position = position % (2*pi)
    ratio = position / (2*pi)
    # 判断所中奖项等级，弹出消息框提示
    if ratio > data['一等奖']+data['二等奖']:
        showinfo('恭喜', '三等奖')
    elif ratio > data['一等奖']:
        showinfo('恭喜', '二等奖')
    else:
        showinfo('恭喜', '一等奖')

# 创建子图，放置按钮
ax2 = plt.axes([0.45, 0.1, 0.1, 0.05])
buttonStart = Button(ax2, 'Start', color='white', hovercolor='red')
# 设置单击按钮之后执行的函数
buttonStart.on_clicked(motion)

# 显示图形
plt.show()
```

程序运行界面如图 9-4 所示。

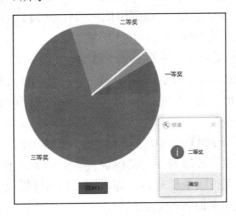

图 9-4　模拟转盘抽奖游戏程序运行界面

本章知识要点

(1) Python 标准库 tkinter 是对 Tcl/Tk 的进一步封装，是一套完整的 GUI 开发模块的组合或套件，这些模块共同提供了强大的跨平台 GUI 编程的功能，所有的源码文件位于 Python 安装目录中 lib\tkinter 文件夹下。

(2) 使用 tkinter 开发 GUI 程序的基本步骤为：

① 编写通用代码，例如数据库操作、程序中需要多次调用的函数，这需要在编写代码之前对软件的功能进行分析和整理，最终提炼出通用部分的代码封装成类、函数。可以把这些类和函数的定义单独放在一个模块中。

② 创建应用程序，搭建界面，放置菜单、标签、按钮、输入框、选择框等组件，并设置组件属性。

③ 编写组件的事件处理代码实现业务逻辑。

④ 启动消息主循环，启动应用程序。

(3) Python 标准库 sqlite3 提供了 SQLite 数据库访问接口，连接数据库之后可以使用 SQL 语句对数据进行增、删、改、查等操作。

(4) 关系型数据库管理系统主要使用 SQL 语句进行数据的增、删、改、查操作，主流的关系型数据库管理系统所支持的 SQL 语句基本上都遵循同样的规范，但是在具体实现上略有区别。

(5) 扩展库 python-docx、docx2python 提供了 docx 格式的 Word 文档操作接口。扩展库 python-docx 可以使用 pip install python-docx 命令进行安装，安装之后叫作 docx。扩展库 docx2python 的安装名称和使用名称是一致的。

(6) Python 扩展库 openpyxl 提供了 xlsx 格式的 Excel 文件操作接口，可以使用 pip install openpyxl 安装这个扩展库。Anaconda3 安装包中已经集成安装了 openpyxl，不需要再次安装。

(7) Python 扩展库 python-pptx 提供了 pptx 格式的 PowerPoint 文件操作接口，可以使用 pip install python-pptx 命令安装，安装之后的名字叫作 pptx。

(8) Python 扩展库 requests 可以使用比标准库 urllib 更简洁的形式来处理 HTTP 协议和获取网页内容，也是比较常用的爬虫工具之一。

(9) BeautifulSoup 是一个非常优秀的 Python 扩展库，可以用来从 HTML 或 XML 文件内容中提取感兴趣的数据，允许指定使用不同的解析器。BeautifulSoup 可以使用 pip install beautifulsoup4 直接进行安装，安装之后应使用 from bs4 import BeautifulSoup 导入并使用。

(10) Python 扩展库 matplotlib 包括 pylab、pyplot 等绘图模块以及大量用于字体、颜色、图例等图形元素的管理与控制的模块。其中 pylab 和 pyplot 模块提供了类似于 MATLAB 的绘图接口，支持线条样式、字体属性、轴属性以及其他属性的管理和控制，可以使用非常简洁的代码绘制出各种优美的图案。

（11）使用 pylab 或 pyplot 绘图的一般过程为：首先读入数据，然后根据实际需要绘制折线图、散点图、柱状图、饼状图、雷达图或三维曲线和曲面，接下来设置轴和图形属性，最后显示或保存绘图结果。

习　题

1. tkinter 应用程序的_____方法用来启动消息主循环和应用程序。

2. tkinter 组件_____一般用来在窗体上创建标签显示静态文本。

3. tkinter 应用程序的_____方法用来设置窗体的标题。

4. 假设 entryNumber 是一个 tkinter 的 Entry 组件，那么语句 entryNumber['state'] = _____可以将其设置为禁用状态。

5. 在创建 tkinter GUI 应用程序时，可以使用按钮组件的_____属性为其指定单击事件处理函数。

6. 在创建 tkinter GUI 应用程序时，假设 button 是窗体上的一个 Button 组件，那么使用语句 button[_____] = 'Start Game'可以设置该按钮上显示的文本信息。

7. 填空题：在 docx 格式的文档中，一段具有相同格式和属性的连续文本称作一个_____。

8. 填空题：在 Word 文档中，如果前一段文字设置段后距离为 1 行，后面紧邻的一段文字设置段前距离为 1.5 行，那么这两段之间的实际距离是_____行。

9. 判断题：使用扩展库 python-docx 读取 docx 文档时，inline_shapes 属性中也包括文档中的浮动图片。

10. 判断题：docx 格式的文档把扩展名改为 zip 之后，在资源管理器中就无法打开了，提示文件损坏。

11. 判断题：使用扩展库 openpyxl 的函数 Workbook()创建新工作簿时，默认情况下是完全空白的，里面没有工作表，必须自己使用工作簿对象的 create_sheet()方法创建工作表才能写入数据。

12. 单选题：扩展库 matplotlib.pyplot 中的函数 plot()可以用来绘制哪种图形。

A．柱状图　　B．折线图　　C．饼状图　　D．雷达图　　E．散点图

13. 单选题：扩展库 matplotlib.pyplot 中的函数 pie()可以用来绘制哪种图形。

A．柱状图　　B．折线图　　C．饼状图　　D．雷达图　　E．散点图

14. 单选题：使用可视化扩展库 matplotlib 的模块 pyplot 中的 scatter()函数绘制散点图时，下面哪个参数可以用来设置散点的颜色。

A．c　　B．s　　C．marker　　D．alpha

15. 单选题：使用可视化扩展库 matplotlib 的模块 pyplot 中的 bar()函数绘制柱状图时，下面哪个参数可以用来设置柱的位置。

A．color　　B．left　　C．width　　D．fill　　E．hatch　　F．lw

16. 单选题：使用可视化扩展库 matplotlib 的模块 pyplot 中的 xlabel()函数设

置 x 轴标签时，下面哪个参数可以用来设置字号。

A. fontproperties   B. font   C. prop   D. fontsize

17．单选题：使用可视化扩展库 matplotlib 的模块 pyplot 中的 pie()函数绘制饼状图时，下面哪个参数用来设置饼状图是否显示阴影。

A. explode   B. colors   C. shadow   D. startangle

E. radius   F. center

18．单选题：使用可视化扩展库 matplotlib 的模块 pyplot 中的 pie()函数绘制饼状图时，下面哪个参数用来设置饼状图的半径。

A. explode   B. colors   C. shadow   D. startangle

E. radius   F. center

19．编程题：查阅资料，编写程序，使用 tkinter 开发界面模拟 QQ 登录界面，当输入账号 123456 和密码 654321 时提示登录成功，否则提示账号或密码不正确。

20．编程题：查阅资料，编写程序，爬取微信公众号"Python 小屋"分享过的教学 PPT、报告 PPT 的文章，采集每个文章中的图片，然后把每个文章中的图片导入扩展名为.pptx 的文件中，并以文章标题为名保存。

21．编程题：查阅资料，编写程序，把一个 xlsx 格式的 Excel 文件中所有工作表中的数据导入到一个 docx 格式的 Word 文件中，每个工作表的数据生成一个独立的表格。

22．编程题：查阅资料，编写程序，把若干 JPG 图片文件导入并生成一个 html 格式的网页文件，并且每个图片进行一定的旋转，要求每个图片旋转的角度随机设置，但都介于-8°和 8°之间。

23．编程题：查阅资料，编写程序，生成一个 docx 格式的 Word 文档，其中包含一个 50 行 4 列的表格，每个单元格中存放一个口算题，要求口算题中每个数字都是小于 100 的正整数，只包含加法运算和减法运算，并且保证每个题目的计算结果大于或等于 0。

24．编程题：已知文件"超市营业额.xlsx"中记录了某超市 2019 年 3 月 1 日至 5 日各员工在不同时段、不同柜台的销售额。部分数据如图 9-5 所示，要求编写程序，读取该文件中的数据，并统计每个员工的销售总额、每个时段的销售总额、每个柜台的销售总额。

	A	B	C	D	E	F
1	工号	姓名	日期	时段	交易额	柜台
2	1001	张三	20190301	9：00-14：00	2000	化妆品
3	1002	李四	20190301	14：00-21：00	1800	化妆品
4	1003	王五	20190301	9：00-14：00	800	食品
5	1004	赵六	20190301	14：00-21：00	1100	食品
6	1005	周七	20190301	9：00-14：00	600	日用品
7	1006	钱八	20190301	14：00-21：00	700	日用品
8	1006	钱八	20190301	9：00-14：00	850	蔬菜水果
9	1001	张三	20190301	14：00-21：00	600	蔬菜水果
10	1001	张三	20190302	9：00-14：00	1300	化妆品
11	1002	李四	20190302	14：00-21：00	1500	化妆品
12	1003	王五	20190302	9：00-14：00	1000	食品
13	1004	赵六	20190302	14：00-21：00	1050	食品
14	1005	周七	20190302	9：00-14：00	580	日用品
15	1006	钱八	20190302	14：00-21：00	720	日用品
16	1002	李四	20190302	9：00-14：00	680	蔬菜水果
17	1003	王五	20190302	14：00-21：00	830	蔬菜水果

图 9-5　超市营业额.xlsx 中的部分数据

25．编程题：已知文件"每个人的爱好.xlsx"中保存了一些人的爱好，要求在表格最后增加 1 列，对每个人的爱好进行汇总并写入汇总结果，如图 9-6 所示。图中矩形框内是由程序汇总并写入的内容，左侧是原始数据。

	A	B	C	D	E	F	G	H	I J K
1	姓名	抽烟	喝酒	写代码	打扑克	打麻将	吃零食	喝茶	所有爱好
2	张三	是		是				是	抽烟，写代码，喝茶
3	李四	是	是		是				抽烟，喝酒，打扑克
4	王五		是	是		是	是		喝酒，写代码，打麻将，吃零食
5	赵六	是		是		是		是	抽烟，打扑克，喝茶
6	周七		是	是	是		是		喝酒，写代码，打麻将
7	吴八	是					是		抽烟，吃零食
8									
9									
10									

图 9-6　每个人的爱好.xlsx 文件中的演示数据

26．编程题：查阅资料，编写程序，统计给定 docx 格式的 Word 文档中段落、表格、图片、字符、空格的数量。

27．编程题：查阅资料，安装扩展库 docxcompose 和 python-docx，然后编写程序，合并多个给定的 docx 文档内容，生成一个 docx 文档，并保持原来多个文档内容的格式。

28．编程题：查阅资料，使用 matplotlib 绘制两个周期的正弦曲线和余弦曲线，要求：在同一个图形中的同一个轴域中显示；使用不同的颜色、线型、线宽；带有图例、标题、坐标轴标签；能够正常显示中文。

29．编程题：查阅资料，生成一些递增的随机数据，然后使用 matplotlib 绘制极坐标系中的柱状图，也就是南丁格尔玫瑰图，结果可参考图 9-7。

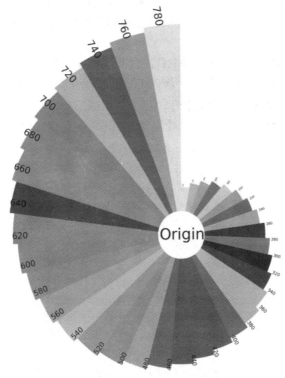

图 9-7　南丁格尔玫瑰图参考图形

参 考 文 献

[1]   Python 官方网站：https://python.org/
[2]   Python 包索引网站：https://pypi.org/
[3]   微信公众号：Python 小屋
[4]   董付国．Python 程序设计[M]．3 版．北京：清华大学出版社，2020
[5]   董付国．Python 程序设计基础[M]．2 版．北京：清华大学出版社，2018
[6]   董付国．Python 程序设计实验指导书[M]．北京：清华大学出版社，2019
[7]   董付国．Python 可以这样学[M]．北京：清华大学出版社，2017
[8]   董付国．Python 程序设计开发宝典[M]．北京：清华大学出版社，2017
[9]   董付国，应根球．中学生可以这样学 Python(微课版)[M]．北京：清华大学出版社，2017
[10]   董付国．Python 数据分析、挖掘与可视化(慕课版)[M]．北京：人民邮电出版社，2020
[11]   董付国．Python 程序设计基础与应用[M]．北京：机械工业出版社，2018
[12]   董付国．大数据的 Python 基础[M]．北京：机械工业出版社，2019
[13]   董付国．Python 程序设计实例教程[M]．北京：机械工业出版社，2019
[14]   董付国，应根球．Python 编程基础与案例集锦(中学版)[M]．北京：电子工业出版社，2019
[15]   董付国．Python 也可以這樣學[M]．台北：博碩文化股份有限公司，2017
[16]   董付国．玩转 Python 轻松过二级[M]．北京：清华大学出版社，2018
[17]   董付国译．Python 程序设计[M]．北京：机械工业出版社，2018
[18]   董付国．Python 程序设计实用教程[M]．北京：北京邮电大学出版社，2020